MULTI - COPTER

# 무인멀티콥터(드론)
# 국가자격증
# 이론&필기 수험서

송태섭, 임진택, 이우람, 오웅진 공저

21세기사

### ■ 시행처

- 한국교통안전공단(http://kotsa.or.kr) 항공/초경량 자격시험
- 응시자격신청 → 응시자격부여 → 실기시험접수가능

### ■ 시험 과목

- 필기시험 : 항공법규, 항공기상, 항공역학, 비행 운용과 이론
- 실기시험 : 초경량비행장치 실기비행(교관동반 8시간, 단독비행 12시간)

### ■ 응시자격

- 만 14세 이상
- 운전면허증 보통2종이상 면허 소지자 또는 체검사증명서(제2종보통 이상의 자동차 운전면허 시험에 응시할 수 있는 자)

### ■ 검정 방법

- 필기: 40문제 출제, 70점 이상 합격
- 실기: 구술시험, 실기비행

최근 드론 산업의 시장이 확대되면서 드론의 이해와 활용에 대한 부분이 매우 미흡하다. 다양한 드론 관련 뉴스와 신문으로 전해지고 대중의 관심이 높아지고 있다. 또한 이산화탄소 배출 문제와 관련된 국내의 주요 에너지 정책은 신재생에너지 및 무공해 에너지 자원의 활용도를 높이고 있다. 기존의 배송 관련 부분에서 자동차의 연료로 사용되는 가솔린, 경유 등의 에너지원은 국내 이산화탄소 배출의 상당 부분을 발생시키고 있어 이에 대응책으로 무공해인 배터리를 이용한 드론 산업관련 기술의 더욱 부추기고 있는 실정입니다.

드론 산업시장은 매년 급격하게 성장하고 있어 차세대 미래 먹거리 산업으로 주목받고 있다. 특히 에너지 융합산업, 운송산업, 연구개발, 수색구조, 영상촬영 등 다양한 분야에서 활용되고 있다. 그러나 상업적 드론 사업의 한계성이 존재하고 다양한 역할을 수행하기 위한 안전성 확보의 부재, 기존의 유인항공법을 토대로 시행되고 있는 항공법의 문제, 국가에서 시행하고 있는 제도적 문제, 조종자의 교육학습 문제, 비행 금지구역 및 기체 분류에 대한 정확한 이해, 비행허가 문제, 기타 위험요소들이 드론 산업의 성장을 막고 있습니다.

본 교재는 초경량비행장치 무인멀티콥터 국가 자격증 취득을 위한 진주무인항공교육원의 주 교재로 중요 내용을 중심으로 이해하기 쉽게 설명하였으며 조종자로서 기본적으로 숙지해야 될 기체운용 방법과 법규, 기상, 운용론, 역학을 수록하고자 노력하였다. 또한 드론의 정확한 숙지와 안전한 비행을 통하여 건전하고 올바른 취미 생활 및 개인 사업을 위한 기초 지식을 제공하는 내용을 수록하기 위해 노력하였습니다.

내용이 많이 부족하지만 드론 산업의 발전에 작은 씨앗이 되고 일반 드론 이용자들이 쉽게 활용하는데 조금이나마 보탬이 되고자 한다. 본 교재는 진주무인항공교육원의 원장님 외 직원들이 노력하여 완성하였으며 그 외 도움을 주신분들께 감사의 말씀을 드립니다.

# 항공 법규

# 1 초경량 비행장치의 개념과 기준

## 1.1 초경량 비행장치의 개념과 기준

    **"초경량비행장치"**란 항공기와 경량항공기 외에 공기의 반작용으로 뜰 수 있는 장치로서 자체중량, 좌석 수 등 국토교통부령으로 정하는 기준에 해당하는 동력비행장치, 행글라이더, 패러글라이더, 기구류 및 무인비행장치 등을 말한다.(항공안전법 제2조 3호) 초경량비행장치의 기준은 법 제2조제3호에서 "자체중량, 좌석 수 등 국토교통부령으로 정하는 기준에 해당하는 동력비행장치, 행글라이더, 패러글라이더, 기구류 및 무인비행장치 등"이란 다음 각 호의 기준을 충족하는 동력비행장치, 행글라이더, 패러글라이더, 기구류, 무인비행장치, 회전익비행장치, 동력패러글라이더 및 낙하산류 등을 말한다. 드론(Drone)은 대형 무인항공기와 소형 무인항공기를 다 포함하는 개념이지만 일반적으로는(특히 우리나라) 일정 무게 이하의 소형 무인항공기를 지칭하고 있는 것으로 이해되고 있다. 드론이란 용어의 유래는 1930년 영국 해군에서 연습용 무인항공기에 드론이라는 용어를 칭하였으며, 드론의 원래 의미는 "그다지 쓸모없고 독침도 없는 수컷 꿀벌"을 말한다. 우리나라 항공법 상으로는 소형 무인항공기를 무인비행장치로 분류하고 있으며 초경량 비행 장치에 포함시키고 있다.

## 1.2 무인항공기와 무인비행장치의 구별

    우리 항공 법규상으로는 무인항공기와 무인비행장치는 무게에 의하여 구별하고 있으며 그 기준은 150kg이다. 국제민간항공협약에서는 협약 제8조에 무 조종사 항공기라고 규정하고 있다. 국제민간

항공기구(ICAO)에서는 최근 부속서에 무인항공기에 관한 정의 규정을 신설하고 이를 RPAS(Remotedly Piloted Aircraft System)라고 하고 비행체만은 RPA(1) (Remotedly Piloted Aircraft), 지상통제시스템을 RPS(Remotedly Pilot Station)라고 하고 있다.

우리나라 항공법에서는 무인항공기를 "항공기에 사람이 탑승하지 아니하고 원격·자동으로 비행할 수 있는 항공기"라고 정의하고 있다. 미국에서는 무인비행장치를 소형 무인항공기라고 하고 있으며 무게 기준은 55lbs(25kg) 이하이며, 4.4lbs(2kg) 이하는 초소형 무인항공기로 분류된다.

## 1.3  초경량 비행장치의 종류

(그림 1-1) 초경량 비행장치의 분류

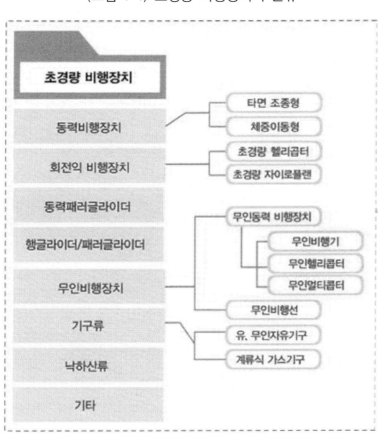

## (표 1-1) 초경량 비행장치 개념과 범위

| 동력비행장치 | ☐ **정의** : 동력을 이용하는 것으로서 다음 각 목의 요건에 적합한 비행장치. |
|---|---|
| | <table><tr><td>중량</td><td>115kg 이하(탑승자, 연료, 비상용 장비 중량 제외)</td></tr><tr><td>좌석</td><td>1개</td></tr><tr><td>추진력</td><td>프로펠러</td></tr><tr><td>착륙장치</td><td>륜, 스키드, Float</td></tr><tr><td>기타</td><td>고정익 비행장치</td></tr></table> |

| 회전익<br>비행장치 | ☐ **정의** : 동력비행장치의 동일한 요건을 만족하고 1개 이상의 회전익에서 양력을 얻는 비행장치. |
|---|---|
| | <table><tr><td>중량</td><td>115kg 이하(탑승자, 연료, 비상용 장비 중량 제외)</td></tr><tr><td>좌석</td><td>1개</td></tr><tr><td>추진력</td><td>1개 이상 회전익</td></tr><tr><td>착륙장치</td><td>륜, 스키드, Float</td></tr><tr><td>기타</td><td>초경량 자이로플레인, 초경량 헬리콥터</td></tr></table> |

| 무인비행장치 | ☐ **정의** : 사람이 탑승하지 아니하는 비행장치<br><br>1) 무인동력 비행장치 |
|---|---|
| | <table><tr><td>중량</td><td>115kg 이하(연료 중량 제외)</td></tr><tr><td>기타</td><td>무인 비행기, 무인 회전익 비행장치</td></tr></table><br>2) 무인 비행선<br><table><tr><td>중량</td><td>180kg 이하(연료 중량 제외)</td></tr><tr><td>기타</td><td>길이 : 20m 이하</td></tr></table> |

| 동력<br>패러글라이더 | ☐ **정의** : 낙하산류에 추진력 장치를 부착한 비행장치<br>1) 착륙장치가 없는 비행장치<br>2) 착륙장치가 있는 비행장치 |
|---|---|
| | <table><tr><td>중량</td><td>115kg 이하(탑승자, 연료, 비상용 장비 중량 제외)</td></tr><tr><td>좌석</td><td>1개</td></tr></table> |

| 인력활공기 | ☐ **정의** : 인력을 이용하여 조종하는 비행장치 |
|---|---|
| | <table><tr><td>중량</td><td>70kg 이하(탑승자, 비상용 장비 중량 제외)</td></tr><tr><td>조종</td><td>체중이동, 타면조종</td></tr><tr><td>기타</td><td>행글라이더, 패러글라이더</td></tr></table> |

| 기구류 | ☐ **정의** : 기체의 성질, 온도차 등을 이용하는 비행장치 |
|---|---|
| | <table><tr><td>기타</td><td>자유기구, 계류식 기구</td></tr></table> |

| 낙하산류 | ☐ **정의** : 항력을 발생시켜 대 중을 낙하하는 사람 또는 물체의 속도를 느리게 하는 비행장치 |
|---|---|

# 2 초경량 비행장치 항공안전법

## 2.1 초경량 비행장치 조종자 신고

초경량 비행장치의 **자체 중량이 12kg** 초과하는 비행장치 또는 중량에 관계없이 모든 사업용 비행장치는 관할 **지방항공청에 신고**하고 신고증명서를 교부받아야 한다.

① 초경량비행장치를 소유하고 있음을 증명하는 서류
② 초경량비행장치의 제원 및 성능표
③ 초경량비행장치의 사진(가로 15cm × 세로 10cm의 측면사진)

## 2.2 보관처

비행장치를 항공에 사용하지 아니할 때 비행장치를 보관하는 지상의 주된 장소를 말한다.

## 2.3 비행장치 신고증명서의 번호

항공안전법 시행규칙 제301조의 규정에 의한 초경량비행장치 신고증명서

## 2.4 신고번호 표시방법

① 내구성이 있는 방법으로 선명하게 표시
② 색은 신고번호를 표시하는 장소의 색과 선명하게 구분
③ 신고번호의 표시위치(좌우 대칭을 이루는 두 개의 프레임 암)
④ 문자 및 숫자크기(가로세로 2:3 비율, 동체 15cm 이상, 선 굵기 세로길이의 1/6)

## 2.5 초경량 비행장치 변경신고

신고인의 표시 변경, 비행장치 보관처의 변경 및 제원, 구조, 성능 등이 변경된 경우 그 변경일로부터 **변경신고 30일 이내**에 하여야 한다. 지방항공청장은 7일 이내 수리(7일 이후부터는 신고가 수리된 것으로 간주)

## 2.6 말소신고

비행장치 소유자는 신고된 비행장치에 대하여 다음 각 호에 해당되는 경우 그 사유가 발생한 날로부터 **말소신고 15일 이내**에 말소신고를 하여야 한다.

## 2.7 조종자 준수사항

초경량비행장치 조종자는 다음과 같은 준수사항을 반드시 지켜야 한다.

① 낙하물 투하 금지

② 인구 밀집 지역 및 사람이 많이 모인 장소 비행 금지

③ 관제공역, 통제공역, 주의공역 비행 금지

　　단, 승인을 받은 경우 가능(군사목적 사용 비행)

④ 비행금지구역이 아닌 곳에서 비행 가능한 비행기

　　■ 무인비행기, 무인헬리콥터 또는 무인멀티콥터 중 **최대이륙중량이 25킬로그램 이하인 것**

　　■ 무인비행선 중 연료의 무게를 제외한 **자체 무게가 12kg 이하이고, 길이가 7m 이하**인 것

⑤ 안개 등으로 지상목표물을 육안으로 식별할 수 없는 상태 비행 금지

⑥ 비행시정 및 구름으로부터 거리기준을 위반하여 비행금지

⑦ 일몰 후 ~ 일출 전 야간비행 금지

⑧ 마약, 주류등을 섭취하여 비행하는 행위

⑨ 항공기, 경량항공기를 육안으로 식별하여 미리 피하여 비행

⑩ 동력을 이용하는 초경량비행장치 조종자는 모든 항공기에 대하여 진로 양보

⑪ 비행 전 이상 유무를 점검하고, 이상시 비행 준단

⑫ 최대이륙중량을 초과하지 않도록 비행할 것

⑬ 인적사항(성명, 생년월일 및 주소)을 기록하고 유지할 것

## 2.8　초경량 비행장치 사고보고

초경량비행장치 사고를 일으킨 조종자 및 소유자는 **지방항공청장에게 보고**를 한다.

① 조종자 및 그 초경량비행장치소유자등의 성명 또는 명칭

② 사고가 발생한 일시 및 장소

③ 초경량비행장치의 종류 및 신고번호

④ 사고의 경위

⑤ 사람의 사상(死傷) 또는 물건의 파손 개요

⑥ 사상자의 성명 등 사상자의 인적사항 파악을 위하여 참고가 될 사항

## 2.8.1 사고 발생 시 조치사항

① 인명구호를 위해 신속히 필요한 조치를 취할 것.

② 사고 조사를 위해 기체, 현장을 보존할 것.

- 사고 현장 유지
- 현장 및 장비 사진 및 동영상 촬영

③ 사고 조사의 보상 처리

- 사고 발생 시 지체 없이 가입 보험사의 보험대리점 담당자에게 연락하여 보상/수리 절차를 진행한다. 이때 사고 현장에 대한 영상자료들이 정확히 제시되어야 한다.

# 3 비행 계획 및 승인

## 초경량 비행장치 조종자 비행계획 및 승인기관

초경량 비행 장치를 사용하여 국토교통부장관이 고시하는 초경량비행장치로 비행하려는 사람은 미리 비행계획을 제출하여 국토교통부장관의 승인을 받아야 한다. 비행승인은 지역에 따라 승인기관이 다르게 되어 있으며, 항공사진촬영허가는 모든 지역 에서 국방부에서 승인하고 있다.

서울시내 비행금지공역(P-7(3))은 수도방위사령부에서 비행승인을 담당하며, 한강 이남을 포함하여 P-73공역 외곽으로 설정되어 있는 R-75 비행제한 공역도 수도방위사령부의 규정에 의거하여 고도에 상관없이 사전에 비행승인을 득하여야 한다.

### 3.1.1 비행제한공역 비행승인

(비행제한공역 → 비행계획승인신청서 → 지방항공청장에게 서류제출 → 국토교통부장관의 승인 처리 3일)

### 3.1.2 비행정보구역 비행승인

(비행정보구역 → 비행계획승인신청서 → 관할 항공교통업무기관 → 비행시작 최소 60분 전)

### 3.1.3 비행승인 기관

(표 1-2) 비행승인 기관

| 구분 | 비행금지구역 | 비행제한구역 | 민간 관제권 | 군 관제권 | 그 밖의 지역 |
|---|---|---|---|---|---|
| 촬영허가 (국방부) | ○ | ○ | ○ | ○ | ○ |
| 비행허가 (군) | ○ | × | × | ○ | × |
| 비행승인 (국토교통부) | × | × | ○ | × | × |

## 3.2 초경량 비행장치 비행 승인

초경량비행장치 비행 승인은 최대 이륙중량 **25kg 이하의 기체**, 고도 150m 이하로 적용된다. 특히 **공역이 2개 이상 겹치고 담당 기관이 2개 이상일 경우 모두 비행 승인**을 허가 받아야 한다. 고도 150m 이상 비행이 필요한 경우 공역에 관계없이 국토교통부 비행계획 승인을 받아야 한다.

## 3.3 항공사진 촬영 승인

항공사진 촬영을 위해서는 모든 지역에서 **7일전 비행승인 및 촬영허가**를 별도로 받고 촬영하여야 한다.

# 4 조종자 준수사항 및 안전규칙

## 조종자 세부 준수사항

- 낙하물 투하 금지

- 인구 밀집 지역 및 사람이 많이 모인 장소 비행 금지

- 관제공역, 통제공역, 주의공역 비행 금지
  단, 승인을 받은 경우 가능(군사목적 사용 비행)

- 비행금지구역이 아닌 곳에서 비행 가능한 비행기

- 안개 등으로 지상목표물을 육안으로 식별할 수 없는 상태 비행 금지

- 비행시정 및 구름으로부터 거리기준을 위반하여 비행금지

- 일몰 후 ~ 일출 전 야간비행 금지

- 마약, 주류등을 섭취하여 비행하는 행위

- 항공기, 경량항공기를 육안으로 식별하여 미리 피하여 비행

- 동력을 이용하는 초경량비행장치 조종자는 모든 항공기에 대하여 진로 양보

- 비행 전 이상 유무를 점검하고, 이상시 비행 중단

- 최대이륙중량을 초과하지 않도록 비행할 것

- 인적사항(성명, 생년월일 및 주소)을 기록하고 유지할 것

- 조종자는 항상 경각심을 가지고 사고를 예방할 수 있는 방법으로 비행해야 한다.

- 비행 중 비상사태에 대비하여 비상절차를 숙지하고 있어야 하며, 비상사태에 직면하여 비행장치에 의해 인명과 재산에 손상을 줄 수 있는 가능성을 최소화 할 수 있도록 고려하여야 한다.

- 드론 비행장소가 안개등으로 인하여 지상 목표물을 식별할 수 있는지 비행 중의 드론을 명확히 식별할 수 있는 시정인지를 비행 전에 필히 확인하여야 한다.

- 가급적 이륙 시 육안을 통해 주변상황을 지속적으로 감지 할 수 있는 보조요원 등과 이착륙 시 활주로에 접근하는 내, 외부인의 부주의한 접근을 통제 할 수 있는 지상안전 요원이 배치된 장소에서 비행하여야 한다.

- 아파트 단지, 도로, 군부대 인근, 원자력 발전소 등 국가 중요시설 등에서 비행해서는 안 된다.

- 전신주 주위 및 전선 아래에 저고도 미식별 장애물이 존재한다는 의식 하에 회피기동을 하여야 하며, 사고 예방을 위해 전신주 사이를 통과하는 것은 자제하여야 한다.

- 비행 중 원격 연료량 및 배터리 지시 계를 주의 깊게 관찰하며, 잔여 연료량 및 배터리 잔량을 확인하여 계획된 비행을 안전하게 수행하여야 한다.

- 드론에 탑재되는 짐벌 등을 안전하게 고정하여 추락사고가 발생하지 않도록 하여야 하며, 드론 비행성능을 초과하는 무게의 탑재물을 설치하지 말아야 한다.

- 비행 중 원격제어장치, 원격계기 등의 이상이 있음을 인지하는 경우에는 즉시 가까운 이착륙 장소에 안전하게 착륙해야 한다.

- 연료공급 및 배출 시, 이착륙 직후, 밀폐된 공간 작업수행 시 흡연을 금지하여야하며, 음주 후 비행은 금지하여야 한다.

- 충돌사고를 방지하기 위해 다른 비행체에 근접하여 드론을 비행하여서는 안 되며 편대비행을 하여서는 안 된다.

- 드론조종사는 항공기를 육안으로 식별하여 미리 피할 수 있도록 주의하여 비행하여야 하며 다른 모든 항공기에 대하여 최우선적으로 진로를 양보하여야 하고, 발견 즉시 충돌을 회피할 수 있도록 조치를 해야 한다.

- 가능한 운영자 또는 보조자를 배치하여 다른 비행체 발견과 회피를 위해 외부 경계를 지속적으로 유지하여야 한다.

- 군 작전 중인 헬기, 전투기가 불시에 저고도, 고속으로 나타날 수 있음을 항상 유의하여야 하며, 군 방공비상사태 인지 시 즉시 비행을 중지하고 착륙해야 한다.

## 4.2 　비행 시 유의 사항

- 군 방공비상사태 인지 시 즉시 비행을 중지하고 착륙할 것
- 기체의 부근에 접근하지 말 것. 특히 헬리콥터의 아래쪽에는 Down Wash가 있고, 대형/고속기체의 뒤쪽 부근에는 Turbulence가 있음을 유의할 것
- 군 작전 중인 전투기가 불시에 저고도/고속으로 나타날 수 있음을 항상 유의 할 것
- 다른 초경량 비행 장치에 불필요하게 가깝게 접근하지 말 것
- 비행 중 사주경계를 철저히 할 것
- 태풍/돌풍이 불거나 번개가 칠 때, 및 비나 눈이 내릴 때에는 비행하지 말 것
- 비행 중 비정상적인 방법으로 기체를 흔들거나, 자세를 기울이거나 급상승/급강하하거나, 급선회하지 말 것
- 제원에 표시된 최대이륙중량을 초과하여 비행하지 말 것
- 이륙 전 제반 기체/엔진 안전점검을 철저히 할 것
- 주변에 지상 장애물이 없는 장소에서 이착륙 할 것
- 야간에는 비행하지 말 것
- 음주/약물복용 상태에서 비행하지 말 것
- 초경량 비행 장치를 정해진 용도 이외의 목적으로 사용하지 말 것
- 비행금지공역/비행제한공역/위험공역/경계구역/군부대상공/화재 발생 지역 상공/해상/화학공업단지/기타 위험한 구역의 상공에서 비행하지 말 것
- 공항/대형비행장 반경 9.3km 이내에서 관할 관제탑의 사전승인 없이 비행하지 말 것
- 고압송전선 주위에서 비행하지 말 것
- 추락/비상착륙 시 인명/재산의 보호를 위해 노력할 것
- 인명이나 재산에 위험을 초래할 우려가 있는 낙하물을 투하하지 말 것
- 인구가 밀집된 지역 기타 사람이 운집한 장소의 상공을 비행 하지 말 것

## 4.3 통신 안전 수칙

드론은 무선 조종기와 수신기간의 전파로 조종, 지상통제소(Ground Station)와 비행징치 내 프로세서 또는 관성측정장치(IMU)와 Data Radio Link를 이용하여 조종 또는 자율 비행을 수행하고, 역시 Data Radio Link (Telemetry)를 통한 비행 정보를 받아가면서 원격으로 조종되므로 항상 통신두절 및 제어불능 상황발생을 염두에 두고, 사고 피해를 최소화하도록 운영하여야 한다.

① GPS 장애 및 교란에 대비 Fail Safe/Throttle cut 기능사용 등 삼중의 안전대책을 강구할 필요가 있다.
② GPS의 장애요소는 태양의 활동변화, 주변 환경(주변 고층 빌딩 산재, 구름이 많이 낀 날씨 등)에 의한 일시적인 문제, 의도적인 방해, 위성의 수신 장애 등 다양하며, 이로 인해 GPS에 장애가 오면 드론이 조종 불능(No Control)이 될 수 있다.
③ 조종불능의 경우 비행체가 조종자의 의도와 상관없이 비행하게 되어 수십 미터 또는 수십 킬로미터 비행하다가 안전사고가 발생할 수 있으므로 No Control이 되면 자동으로 동력을 차단 또는 는 기능을 회복하여 의도하지 않은 비행을 막아 주는 Fail, Safe 기능이 있는지 확인해야 한다.

## 4.4 공역

### 4.4.1 공역의 개념

항공기 활동을 위한 공간으로서 공역의 특성에 따라 항행안전을 위한 적합한 통제와 필요한 항행지원이 이루어지도록 설정된 공간으로서 영공과는 다른 항공교통업무를 지원하기 위한 책임공역이다.

## 4.4.2 공역의 설정 기준

### (표 1-3) 비행 승인 제외 범위

| 구 분 | | 내 용 |
|---|---|---|
| 관제 공역 | 관제권 | 비행장 또는 공항과 그 주변의 공역으로서 항공교통의 안전을 위하여 국토교통부장관이 지정·공고한 공역 |
| | 관제구 | 지표면 또는 수면으로부터 200미터 이상 높이의 공역으로서 항공교통의 안전을 위하여 국토교통부장관이 지정·공고한 공역 |
| 비관 제 공역 | 조언구역 | 항공교통조언업무가 제공되도록 지정된 비관제공역 |
| | 정보구역 | 비행정보업무가 제공되도록 지정된 비관제공역 |
| 통제 공역 | 비행금지구역 | 안전, 국방상 그 밖의 이유로 항공기의 비행을 금지하는 공역 |
| | 비행제한구역 | 항공사격, 대공사격 등으로 인한 위험으로부터 항공기의 안전을 보호하고 그 밖의 이유로 비행허가를 받지 아니한 항공기의 비행을 제한하는 공역 |
| | 초경량 비행장치 비행제한구역 | 초경량 비행장치의 비행안전을 확보하기 위하여 초경량 비행장치의 비행활동에 대한 제한이 필요한 공역 |

### (표 1-4) 비행 주의 공역

| | | |
|---|---|---|
| 주의 공역 | 훈련구역 | 민간항공기의 훈련공역으로서 계기비행항공기로부터 분리를 유지할 필요가 있는 공역 |
| | 군작전구역 | 군사작전을 위하여 설정된 공역으로서 계기비행항공기로부터 분리를 유지할 필요가 있는 공역 |
| | 위험구역 | 항공기의 비행 시 항공기 또는 지상시설물에 대한 위험이 예상되는 공역 |
| | 경계구역 | 대규모 조종사의 훈련이나 비정상 형태의 항공활동이 수행되는 공역 |

## 4.4.3 비행정보구역(FIR : Flight Information Region)

① 해당구역을 비행 중인 항공기에게 항공교통업무(ATS: Air Traffic Service)를 제공하는 국제적 공역분할의 기본단위 공역으로 한다.

② 우리나라의 공역 관할권은 인천 비행정보구역 내이며, 우리나라의 모든 공역들이 이 구역 내에 설정된다.

# 연습문제

**01** 다음 중 공항시설법상 유도로 등의 색은?

가. 녹색

나. 청색

다. 백색

라. 황색

**02** 초경량비행장치 조종자 진문교육기관 지정을 위해 국토교통부 장관에게 제출할 서류가 아닌 것은?

가. 보유한 비행장치의 제원

나. 교육훈련계획 및 훈련 규정

다. 교육시설 및 장비의 현황

라. 초경량비행장치 교관의 현황

**03** 초경량비행장치의 용어 설명으로 틀린 것은?

가. 초경량비행장치의 종류에는 동력비행장치, 행글라이더, 패러글라이더, 기구류 및 무인비행장치 등

나. 무인동력비행장치는 연료의 중량을 제외한 자체 중량이 120kg 이하인 무인비행기, 무인헬리콥터 또는 무인멀티콥터

다. 회전익비행장치에는 초경량자이로플레인, 초경량헬리콥터 등이 있다.

라. 무인비행선은 연료의 중량을 제외한 자체 중량이 180kg이하이고, 길이가 20m이하인 무인비행선을 말한다.

**04** 초경량비행장치를 사용하여 영리 목적을 할 경우 보험에 가입하여야 한다. 그 경우가 아닌 것은?

가. 항공기 대여업에서의 사용

나. 초경량비행장치 사용 사업에의 사용

다. 초경량비행장치 조종교육에의 사용

라. 초경량비행장치의 판매 시 사용

**05** 초경량비행장치의 변경신고는 사유발생일 로부터 몇일 이내에 신고하여야 하는가?

가. 30일

나. 60일

다. 90일

라. 180일

**06** 초경량비행장치 조종자 전문교육기관 지정 기준으로 가장 적절한 것은?

가. 비행시간이 100시간 이상인 지도조종자 1명이상 보유

나. 비행시간이 150시간 이상인 지도조종자 2명이상 보유

다. 비행시간이 100시간 이상인 실기평가 조종자 1명이상 보유

라. 비행시간이 150시간 이상인 실기평가 조종자 2명이상 보유

**07** 초경량비행장치의 인증검사 종류 중/초도 검사 이후 안전성 인증서의 유효기간이 도래하여 새로운 안전성 인증서를 교부받기 위하여 실시하는 검사는 무엇인가?

가. 정기검사                              나. 초도검사

다. 수시검사                              라. 재검사

**08** 초경량비행장치를 이용하여 비행시 유의 사항이 아닌 것은?

가. 태풍 및 돌풍 등 악기상 조건하에서는 비행하지 말아야 한다.

나. 제원표에 표시된 최대이륙중량을 초과하여 비행하지 말아야 한다.

다. 주변에 지상 장애물이 없는 장소에서 이·착륙하여야 한다.

라. 날씨가 맑은 날이나 보름 달 등으로 시야가 확보되면 야간비행도 하여야 한다.

**09** 비행장(헬기장 포함) 또는 활주로의 설치, 폐쇄 또는 운용상 중요한 변경, 비행금지구역, 비행제한구역, 위험구역의 설정, 폐지(발효 또는 해제포함) 또는 상태의 변경 등의 정보를 수록하여 항공종사자들에게 배포하는 공고문은?

가. AIC                                   나. AIP

다. NOTAM                               라. AIRAC

**10** 초경량비행장치 조종자의 준수사항에 어긋나는 것은?

가. 인명이나 재산에 위험을 초래할 우려가 있는 낙하물을 투하하는 행위

나. 관제공역, 통제공역, 주의공역에서 비행하는 행위

다. 안개 등으로 인하여 지상목표물을 육안으로 식별할 수 없는 상태에서 비행하는 행위

라. 일몰 후부터 일출 전이라도 날씨가 맑고 밝은 상태에서 비행하는 행위

**11** 초경량비행장치를 이용하여 비행시 유의 사항이 아닌 것은?

　가. 군 방공비상사태 인지 시 즉시 비행을 중지하고 착륙하여야 한다.

　나. 항공기 부근에는 접근하지 말아야 한다.

　다. 유사 초경량비행장치끼리는 가까이 접근이 가능하다.

　라. 비행 중 사주경계를 철저히 하여야 한다.


**12** 초경량비행장치 운용시간으로 가장 맞는 것은?

　가. 일출부터 일몰 30분전까지　　　　나. 일출 30분전부터 일몰까지

　다. 일출 후 30분부터 일몰 30분 전까지　　라. 일출부터 일몰까지


**13** 다음 중 초경량비행장치의 비행 가능한 지역은 어느 것인가?

　가. UA-14　　　　　　　　　　나. R35

　다. CP-16　　　　　　　　　　라. P-73A


**14** 초경량무인비행장치의 비행안전을 위한 기술상의 기준에 적합하다는 안전성 인증을 받지 아니하고 비행한 사람의 1차 과태료는 얼마인가?

　가. 50만원　　　　　　　　　　나. 100만원

　다. 250만원　　　　　　　　　　라. 500만원


**15** 모든 항공사진촬영은 사전 승인을 득하고 촬영하여야 한다. 그러나 명백히 주요 국가/ 군사시설이 없는 곳은 허용이 된다. 이중 명백한 주요 국가/군사시설이 아닌 곳은?

　가. 국가 및 군사보안목표 시설, 군사시설

　나. 군수산업시설 등 국가 보안상 중요한 시설 및 지역

　다. 비행금지구역(공익 목적 등인 경우 제 한적으로 허용 가능)

　라. 국립공원


**16** 위반행위에 대한 과태료 금액이 잘못된 것은?

　가. 신고번호를 표시하지 않았거나 거짓으로 표시한 경우 1차 위반은 10만원이다.

　나. 말소 신고를 하지 않은 경우 1차 위반은 5만원이다.

다. 조종자 증명을 받지 아니하고 비행한 경우 1차 위반은 30만원이다.

라. 조종자 준수사항을 위반한 경우 1차 위반은 50만원이다.


**17** 항공종사자가 업무를 정상적으로 수행할 수 없는 혈중 알콜농도의 기준은?

가. 0.02% 이상                      나. 0.03% 이상

다. 0.05% 이상                      라. 0.5% 이상


**18** 초경량비행장치 지도 조종자 자격증명 시험 응시 기준으로 틀린 것은?

가. 나이가 만 14세 이상인 사람

나. 나이가 만 20세 이상인 사람

다. 해당 비행장치의 비행경력이 100시간 이상인 사람

라. 단, 유인 자유기구는 비행경력이 70시 간 이상인 사람


**19** 다음중 안전관리제도에 대한 설명으로 틀린 것은?

가. 이륙중량이 25kg이상이면 안정성검사와 비행시 비행승인을 받아야 한다.

나. 자체 중량이 12kg이하이면 사업을 하더라도 안정성검사를 받지 않아도 된다.

다. 무게가 약 2kg인 취미, 오락용 드론은 조종자 준수사항을 준수하지 않아도 된다.

라. 자체 중량이 12kg이상이라도 개인 취미용으로 활용하면 조종자격증명이 필요 없다.


**20** 초경량비행장치의 사고 중 항공철도사고조사위원회가 사고의 조사를 하여야 하는 경우가 아닌 것은?

가. 차량이 주기된 초경량비행장치를 파손시킨 사고

나. 초경량비행장치로 인하여 사람이 중상 또는 사망한 사고

다. 비행 중 발생한 화재사고

라. 비행 중 추락, 충돌 사고


**21** 초경량비행장치로 위규비행을 한 자가 지방항공청장이 고지한 과태료 처분에 이의가 있어 이의를 제기할 수 있는 기간은?

가. 고지를 받은 날로부터 10일 이내        나. 고지를 받은 날로부터 15일 이내

다. 고지를 받은 날로부터 30일 이내        라. 고지를 받은 날로부터 60일 이내

22 초경량무인비행장치 비행 시 조종자 준수사항을 3차 위반할 경우 항공안전법에 따라 부과되는 과태료는 얼마인가?

가. 100만원　　　　　　　　　　　　나. 200만원

다. 300만원　　　　　　　　　　　　라. 500만원

23 초경량 비행장치의 등록일련번호 등은 누가 부여하는가?

가. 국토교통부장관　　　　　　　　　나. 교통안전공단 이사장

다. 항공협회장　　　　　　　　　　　라. 지방항공청장

24 비행금지, 제한구역 등에 대한 설명 중 틀린 것은?

가. P-73, P-518, P-61~65 지역은 비행 금지구역이다.

나. 군/민간 비행장의 관제권은 주변 9.3km까지의 구역이다.

다. 원자력 발전소, 연구소는 주변 19km까지의 구역이다.

라. 서울지역 R-75내에서는 비행이 금지되어 있다.

25 초경량비행장치를 이용하여 비행정보구역 내에 비행 시 비행계획을 제출하여야 하는데 포함사항이 아닌 것은?

가. 항공기의 식별부호　　　　　　　나. 항공기 탑재 장비

다. 출발비행장 및 출발예정시간　　　라. 보안 준수사항

26 초경량동력비행장치를 소유한 자는 지방항공청장에게 신고하여야 한다. 이때 첨부하여야 할 것이 아닌 것은?

가. 장비의 제원 및 성능표

나. 소유하고 있음을 증명하는 서류

다. 비행안전을 확보하기 위한 기술상의 기준에 적합함을 증명하는 서류

라. 비행장치의 설계도, 설계 개요서, 부품 목록 등

27 다음 중 초경량비행장치를 사용하여 비행 할 때 자격증명이 필요한 것은?

가. 패러글라이더　　　　　　　　　나. 낙하산

다. 회전익 비행장치　　　　　　　　라. 계류식 기구

**28** 다음의 초경량비행장치 중 국토부로 정하는 보험에 가입하여야 하는 것은?

가. 영리 목적으로 사용되는 인력 활공기

나. 개인의 취미활동에 사용되는 행글라이더

다. 영리 목적으로 사용되는 동력비행장치

라. 개인의 취미활동에 사용되는 낙하산

**29** 다음 중 초경량비행장치에 속하지 않는 것은?

가. 동력비행장치

나. 회전익 비행장치

다. 패러플레인

라. 비행선

**30** 신고를 하지 않아도 되는 초경량비행장치는?

가. 동력비행장치

나. 인력활공기

다. 회전익비행장치

라. 초경량헬리콥터

**31** 항공고시보(NOTAM)의 최대 유효기간은?

가. 1개월

나. 3개월

다. 6개월

라. 12개월

**32** 초경량비행장치를 소유한 자가 신고 시 누구에게 신고하는가?

가. 지방항공청장

나. 국토부 첨단항공과

다. 국토부 자격과

라. 초경량헬리콥터

**33** 초경량비행장치를 멸실하였을 경우 신고기간은?

가. 15일

나. 30일

다. 3개월

라. 6개월

**34** 다음 중 초경량비행장치의 비행 가능한 지역은 어느 것인가?

가. (RK)R-14

나. UFA

다. MOA

라. P65

**35**  다음 중 초경량비행장치의 기준이 잘못된 것은?

　　가. 동력비행장치는 1인석에 115kg 이하

　　나. 행글라이더 및 패러글러이더는 중량 70kg 이하

　　다. 무인동력비행장치는 연료 제외 자체 중량 115kg 이하

　　나. 무인비행선은 연료 제외 자체중량 180kg 이하

 **정답**

| | | | | | |
|---|---|---|---|---|---|
| 1 | 나 | 13 | 가 | 25 | 나 |
| 2 | 다 | 14 | 나 | 26 | 다 |
| 3 | 나 | 15 | 라 | 27 | 다 |
| 4 | 나 | 16 | 라 | 28 | 다 |
| 5 | 가 | 17 | 가 | 29 | 라 |
| 6 | 가 | 18 | 가 | 30 | 나 |
| 7 | 나 | 19 | 다 | 31 | 나 |
| 8 | 라 | 20 | 가 | 32 | 가 |
| 9 | 다 | 21 | 다 | 33 | 가 |
| 10 | 라 | 22 | 나 | 34 | 나 |
| 11 | 다 | 23 | 가 | 35 | 다 |
| 12 | 다 | 24 | 라 | | |

# 항공 기상

# 1 지구과학

태양계

태양을 중심으로 8개의 행성이 공전하며, 태양의 인력에 의해서 주위를 회전하고 있다. 이때, 8개의 행성은 수성-금성-지구-화성-목성-토성-천왕성-해왕성의 순으로 정렬되어 있다. 태양의 측면에서 보면, 지구도 하나의 행성에 불과하고, 엷은 대기층으로 구성되어 있으며, 달이라는 위성을 가지고 있다.

(그림 1-1) 태양계

## 1.1.1 태양

태양은 지구의 기상과 생명체의 주요 에너지원으로서 없어서는 안될 아주 중요한 위치에 자리매김하고 있다. 지구의 약 109배정도의 반경과 33만 배의 질량을 가진 항성이며 표면온도는 약 6,000℃

에 달한다. 태양으로부터 마이크로웨이브, 적외선, 가시선, 자외선, 광선(X-ray), 무선파 형태의 전자기 에너지가 방사되고 있다. 또한 이러한 태양광으로부터 열에너지는 복사, 전도, 그리고 대류 현상에 의해서 지구까지 전달된다. 이의 현상에 대해서 간략하게 설명하면 다음과 같다.

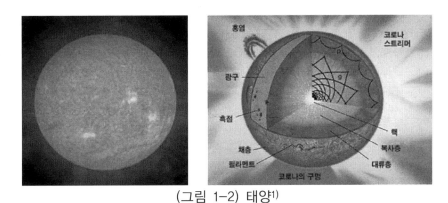

(그림 1-2) 태양[1]

## 1) 복사

절대 영도이상의 모든 물체는 주변 환경에 광속으로 이동하는 전자기 파장의 형태로 에너지를 배출하며, 즉 열이 물질의 도움 없이 직접 전달되는 현상을 말한다. 이때, 물체의 최대 복사의 파장 길이는 절대 온도에 반비례한다.

또한, 태양에서 복사되는 에너지를 단파 파장 길이라 하고, 지구에서 복사되는 에너지를 장파 파장 길이라 한다.

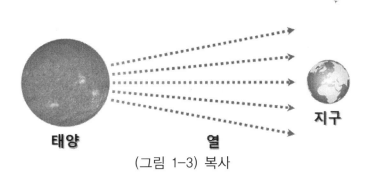

(그림 1-3) 복사

---

1) https://astro.kasi.re.kr:444/learning/pageView/5126(우-)

## 2) 대류

가열된 공기와 냉각된 공기의 수직 순환 형태를 말한다. 즉, 가열된 공기는 팽창하여 밀도가 낮아져 상승하고 반대로 냉각된 공기는 수축되고 밀도가 높아져 밑으로 가라앉는 성질이 있다. 이러한 대류현상에 의해 지구는 적도에서는 공기가 상승하고 극지방에서는 공기가 하강하여 대순환이 현상이 발생한다. 또한, 기상 상태를 결정하는 중요한 요인으로 작용하며 기상학적으로 대기의 수직적 이동을 대류, 수평적 이동을 이류[2]라고 한다.

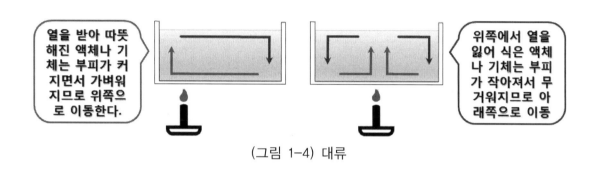

열을 받아 따뜻해진 액체나 기체는 부피가 커지면서 가벼워지므로 위쪽으로 이동한다.

위쪽에서 열을 잃어 식은 액체나 기체는 부피가 작아져서 무거워지므로 아래쪽으로 이동

(그림 1-4) 대류

## 3) 전도

물체의 직접 접촉에 의해서 열에너지가 전달되는 과정을 전도라고 한다.

〈전도 현상의 예〉

① 청진기가 몸에 닿을 때 차갑게 느껴진다.
② 뜨거운 국에 넣어 둔 숟가락이 점점 뜨거워진다.
③ 프라이팬의 아래쪽을 가열하면 전체가 뜨거워진다.
④ 뜨거운 물에 손을 넣으면 뜨겁게 느껴진다.

---

2)  바람, 습기, 열 등이 수평으로 어느 한 위치에서 다른 위치로 운반하는 현상

# 지구

우리가 살고 있는 푸른 행성이 바로 지구이다. 우주에서 봤을 때 푸른색의 바다, 녹색의 산과 갈색의 흙에 흰색의 구름이 조화를 이루고 있는 행성이다.

- 지축을 중심으로 약 23.5° 정도 기울어져 있음 → 자전축의 기울기
- 적도의 직경: 12,756,270km (반지름 약 6,378km)
- 양극의 직경: 12,713,500km (반지름 약 6,357km)
- 원형이 아닌 타원체 (가로세로비는 약 0.996, 타원율 0.003)
- 지구 ↔ 태양: 150,000,000km

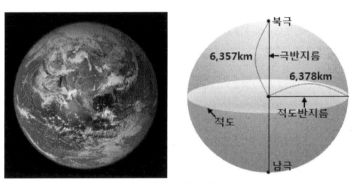

(그림 1-5) 지구

## 1.2.1 자전과 공전

- 자전: 지축을 중심으로 회전하는 운동 (약 24시간)
- 공전: 태양 주위를 일정한 궤도를 기리면서 회전하는 운동 (약 365일)
- 자전과 공전에 의해 생기는 현상
① 일주운동 (별과 다른 행성들이 동쪽에서 서쪽으로 지는 현상)
② 계절변화 (지구의 자전축이 공전면에 대해 기울어져 있기 때문에 계절변화가 발생)

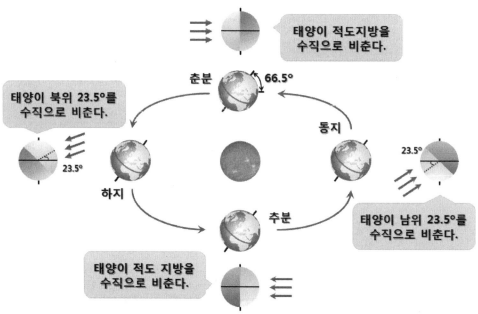

(그림 1-6) 자전과 공전에 의한 계절변화

## 1.2.2 지구의 구성

지구는 육지(29.2%), 물(70.8%)로 구성되어져 있으며, 지구의 표면은 5개의 대양(태평양, 대서양, 인도양, 남극해, 북극해)과 6개의 대륙(아시아, 아프리카, 북아메리카, 남아메리카, 유럽, 오세아니아)으로 구분되어져 있다.

(그림 1-7) 5대양 6대주

### 1.2.3 해수면

어느 한 지점을 대상으로 해수면의 높이를 "0"으로 선정한 후 해수면의 높이를 측정하게 됩니다. 우리나라의 경우에는 인천만의 평균 해수면의 높이를 "0"으로 선정하며, 실제 높이를 알기 위해서는 인천 인하대학교 구내에 수준 원점의 높이를 26.6871m로 지정하여 활용하고 있다. 또한, 각 나라별로 해수면의 기준은 판이하다.

(그림 1-8) 대한민국 수준원점[3]

### 1.2.4 방위

지구는 매우 커다란 자석으로 볼 수 있으며, 막대자석에 철가루를 주위에 뿌려두면 생기는 자기력선과 같이, 지구의 자기력선도 비슷한 형태로 나타나며 이것이 나침반의 바늘이 항상 북극을 가리키는 이유이다. 따라서 공중에서 항공기나 드론을 운행하기 위해서는 방향결정은 매우 중요한 요소이며, 방향 결정의 중요 수단은 나침반을 이용하고 있다.

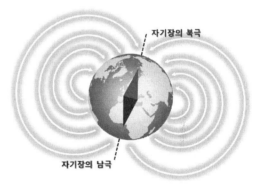

(그림 1-9) 지구의 자기장

3) http://blog.daum.net/_blog/BlogTypeView.do?blogid=0GNP4&articleno=2480945&categoryId=75125&regdt= 20130313105049

## 1.3 대기

대기는 지구 중력에 의해서 지구를 둘러쌓고 있는 기체를 의미한다. 구성요소로는 실소($N_2$)(약 78%), 산소(약 21%), 미량의 기체가 (약 1%)로 이루어져 있다. 산소는 질소와는 다르게 항공기 및 드론 운항에 절대적으로 필요한 성분이며, 산소가 인체에 영향을 주듯이, 연료가 연소하는데 밀접한 관계를 가지고 있다. 실제로 대기 속의 산소밀도는 지상에서 성층권까지 약 21%로 일정하게 존재하고 있다.

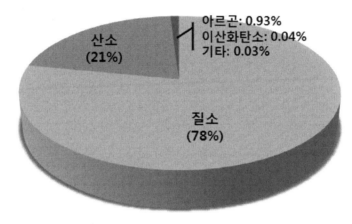

(그림 1-10) 대기의 구성요소

### 1.3.1 대기권

지구 대기권은 지구를 둘러싸고 있는 대기를 일컬으며 고도에 따라서 생기는 중력의 차이와 구성 분자의 밀도에 따라서 대류권, 성층권, 중간권, 열권으로 구분되며, 각각의 층은 고도에 따라서 기온이 차가 심한 것을 관측할 수 있다. 항공기나 드론의 경우에는 대류권에서 운항 및 운전된다. 따라서 대류권의 특징을 보면 다음과 같다.

**1) 대류권 (지표면 ~ 약 11km)**

- 지구 전체 공기의 약 75%가 분포하므로 공기의 밀도가 가장 크다.
- 위로 올라갈수록 지구 복사 에너지가 적게 도달하므로 기온이 낮아진다.
- 공기의 대류현상이 발생하며 기상현상이 나타난다.

## 2) 대류권 계면 (지표면 ~ 약 11km)

- 대류권과 성층권의 경계면을 뜻하며, 계절에 따라 그 높이가 달라진다.
- 적도지역 상공에서는 보통 더 높고(적도지방: 16~18km)
- 극지방 상공으로 갈수록 낮아진다(양극지방: 6~8km)
- 대류권 계면에서는 기온의 변화 현상이 발생하지 않는다.
- 두 권계면이 서로 연결되어 있다기보다는 상호 분리되어있기 때문에 분리된 구역에서 강한 난기류(turbulence)가 발생한다.
- 제트기류, 청천난기류 또는 뇌우를 일으키는 기상현상이 발생한다.


## 1.3.2 물과 대기

물은 액체, 고체, 기체등의 세 가지 형태로 존재하는 유일무이한 존재이며, 이러한 물 분자를 변화시킬 수 있는 것은 열이고, 상태가 변화할 때는 열 교환이 이루어진다.(열의 흡수와 방출) 이러한 물의 증발에 의해 상층부에 많은 수분이 존재하고 이들이 응결되면서 여러 형태의 강수가 내리는 원인이 된다. 이러한 물의 특성은 다음과 같다.

- 높은 비열[4]
- 양호한 열전도성
- 표면장력으로 물을 확대하여 관찰해 보면 물은 접착력을 가짐


### 1) 물의 순환

물은 액체, 고체 그리고 기체 상태로 지표면 그리고 대기에 존재하면서 기상 현상을 지배하는 요인이 되며 이러한 물의 순환은 주로 강수[5]와 증발[6]로 이루어진다. 또한 기체 상태의 물이 액체로 변하는 현상을 응결이라 하며 이러한 수증기의 응결로 인해서 구름이나 안개가 생긴다.

---

4) 어떤 물질 1g의 온도를 1℃ 올리는 데 필요한 열량
5) 대기에서 지표면으로 물을 운반하는 매체로 비, 눈, 우박, 진눈깨비 등의 형태로 내리는 현상
6) 물이 액체에서 기체로 변화하는 현상

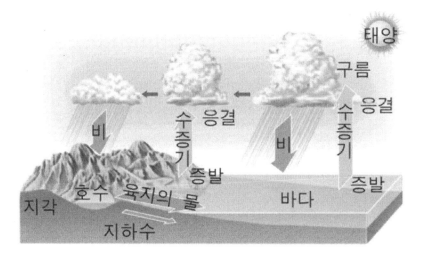

(그림 1-11) 물의 순환[7]

---

7)    http://study.zum.com/book/11588

# 2 기온과 습도

## 2.1 온도와 열

기온을 정의하기에 앞서서 온도에 대한 용어에 대한 정의를 하고자 한다. 일반적으로 온도는 공기 분자의 평균 운동 에너지의 속도를 측정한 값으로 정의되며, 이해를 돕기 위해서 쉽게 풀이하면 물체의 뜨거운 정도 또는 강도를 측정한 값이 된다. 또한 열은 물체에 존재하는 열에너지의 양을 측정한 값이다. 이러한 온도는 전도, 대류, 이류, 복사현상에 의해서 전이된다. 물체의 온도와 열에 있어서 많이 사용되는 용어는 다음과 같다.

- 열량: 물질의 온도가 증가함에 따라 열에너지를 흡수할 수 있는 양
- 비열: 물질 1g의 온도를 1℃ 올리는데 요구되는 열
- 현열: 일반적으로 온도계에 의해서 측정된 온도 (섭씨, 화씨, 켈빈등)
- 잠열: 물질의 상위 상태로 변화시키는데 요구되는 열에너지, 열을 방출하거나 흡수함.
- 비등점: 액체에서 증기기포가 생겨 기화하는 현상을 비등, 그때의 온도를 비점, 또는 비등점이라 함.
- 빙점: 액체를 냉각시켜 고체로 상태변화가 일어나는 시점의 온도

## 2.2 기온

우리가 살고 있는 지구는 태양으로부터 태양 복사형태의 에너지를 받으며 그 중 대류권에서 55%

를 반사하고 약 45%의 복사 에너지를 열로 전환하여 흡수된다. 이 복사열에 의한 대기의 열을 기온이라 하고 대기 변화의 중요한 매체가 된다.

## 2.2.1 기온의 단위

기온의 단위로는 사용 용도와 국가에 따라서 섭씨온도(Celsius temperature scale, ℃), 화씨온도(Fahrenheit's temperature scale, ℉), 절대온도(Absolute temperature/Kelvin temperature, K)로 나뉘며, 일반적으로 우리가 일상생활에서는 섭씨온도와 화씨온도를 사용한다. 또한, 절대온도는 화학 분야에서 주로 사용되고 있다. 참고로 우리나라의 경우에는 섭씨온도를 미국의 경우에는 화씨온도를 사용한다. 그렇다면 각각의 온도의 특징을 살펴보면 다음과 같다.

- 섭씨온도(℃): 어는점을 0℃로, 끓는점을 100℃로 하여 그 사이를 100등분한 온도
- 화씨온도(℉): 물의 어는점(0℃)을 32℉ 끓는점(100℃)을 212℉로 정하고, 이를 180 등분한 눈금을 나타내며, 섭씨온도에서 화씨온도로 변화하는 공식은 다음과 같다. (화씨온도(℉)=9/5×섭씨온도(℃)+32))
- 절대온도(K): 주로 화학자들에 의해서 쓰이며, 분자운동의 활발한 정도를 나타낸다. (절대온도(K)=섭씨온도(℃)+273)

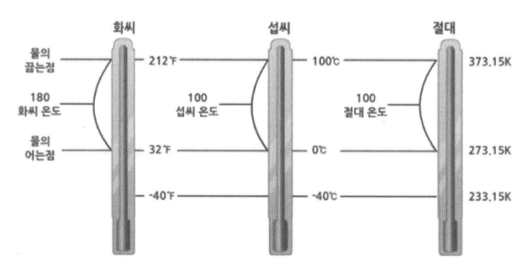

(그림 2-1) 섭씨온도, 화씨온도, 절대온도 (출처: 에듀넷)

## 2.2.2 기온의 측정

기온을 측정하기 위해서는 국제적 기준으로는 지상으로부터 1.25~2m 높이에서 관측된 공기의 온도를 나타내며 우리나라에서는 지상으로부터 약 1.5m에서 표준 기온 측정대인 백엽상에서 측정하게 된다. 여기서 백엽상은 직사광선을 피하고 통풍이 잘 될 수 있는 위치에 설치되어져야 한다. 참고로 상공에서는 철탑에 온도계를 부착하고 그 이상의 높이는 체류 기구나 라디오존데를 사용하여 기온을 측정한다.

(그림 2-2) 백엽상

## 2.2.3 기온의 변화

### 1) 일일변화

일일변화는 일일 자전현상에 의해 발생하며 이는 밤낮의 기온차를 의미한다. 여기서, 기온 강하의 주원인은 다음과 같다.

- 일몰 후부터 지표면에서 지구 복사의 균형이 음성으로 변화하기 시작.
- 지표면의 가열된 공기는 전도와 대류 현상에 의해서 위로 올라가고 찬 공기로 대치됨

### 2) 지형에 따른 변화

동일한 지역일지라도 지형의 형태에 따라 기온 변화의 요인이 된다.
- 물은 육지에 비해서 기온 변화가 그리 크지 않다.
- 불모지일 경우는 기온 변화가 매우 크다. (ex. 사막)
- 눈 덮인 지형일 경우는 기온의 변화가 심하진 않음. (눈은 약 95%를 반사함)
- 초목 지형의 경우도 기온의 변화는 그리 크지 않다.

---

8)　http://mkm5669.tistory.com/406

### 3) 계절적 변화

- 공전에 인하여 태양으로부터 받아들이는 복사열의 변화에 따라 기온이 변화하는 원인

## 2.3 습도

습도는 대기 중에 포함된 수증기의 양의 정도를 뜻한다. 여기서, 수증기는 대기의 구성 물질로 분석했을 때 대기 중에 대략 0~4%에 불과하지만 다양한 형태의 물방울과 강수의 구성 요소로서 매우 중요한 역할을 하는 기체이다. 기준에 따라서 4종류의 습도 표기가 있다. 상대습도, 절대습도, 비습도, 이슬점으로 나뉘며, 날씨 관련해서 우리가 일상적으로 습도라고 이야기할때는 이는 상대습도를 뜻한다.

- 상대 습도: 공기가 최대로 품을 수 있는 수증기 양에 대해 현재 실제 포함된 수증기 양을 비율로 나타낸 것이다. 상대습도는 보통 %로 나타낸다. 또한, 이는 수증기량과 기온에 따라서 변화한다.
- 절대 습도: 단위 부피($1m^3$)당 공기 중에 포함된 수증기의 양을 나타낸다.
- 비습도: 일정 질량의 공기에 대한 수증기 질량의 비율이다.
- 이슬점: 불포화[9]상태의 공기가 냉각될 때, 포화[10]상태에 도달하여 수증기의 응결이 시작되는 온도

### 2.3.1 기온의 단위 응결핵

포화된 공기에서 수증기가 응결하려면 공기 중에 먼지와 같은 불순물[11]이 있어야 한다. 이와 같이 수증기가 응결할 때 수증기가 붙어 응결하는 작은 입자를 응결핵이라고 한다. 공기 중에 응결핵이 없으면 습도가 100% 이상이 되어도 수증기가 응결하지 않고 과포화 상태로 남게 된다.

### 2.3.2 과냉각수

---

9) 공기 중의 수증기량이 상습도가 100% 이하의 상태
10) 공기 중 수증기량의 상대습도가 100%가 되었을 때
11) 흙 먼지와 같은 토양의 입자, 소금 입자, 물보라, 암모니아, 화산재, 아황산 가스등

과냉각수는 0℃ 이상의 물을 냉각시켜 0℃ 이하로 온도가 내려가도 응결되지 않고 액체상태로 남아 있는 경우를 말한다. 이러한 현상으로 인해서 항공기나 드론의 착빙현상을 초래하는 원인이 되기도 한다. 0℃~15℃ 사이의 기온에서 구름 속에 존재하며, -15℃ 이하의 기온에서는 승화 현상이 우세하며, 구름과 안개는 대부분 과냉각수를 포함한 빙정의 상태로 존재한다.

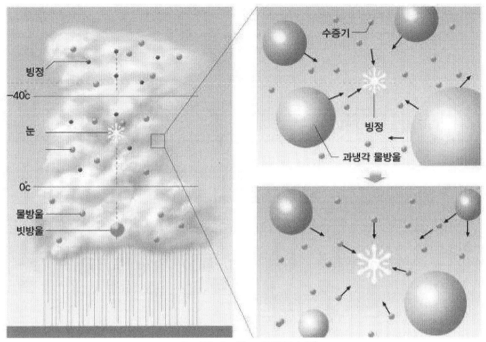

(그림 2-3) 과냉각수[12]

## 2.3.3 이슬과 서리

이슬은 바람이 없거나 미풍이 존재하는 맑은 야간에 복사 냉각에 의해서 주변 공기의 노점 또는 그 이하까지 냉각될 때를 나타낸다. 유사한 현상으로는 서리가 있으며, 여기서 두 현상의 차이점은 주변 공기의 노점이 결빙 기온보다 낮아야 한다는 점이다. 쉽게 말해서 물체의 표면에 물방울 형태로 응결하면 이슬, 반면 얼음 형태로 얼어붙으면 서리라고 생각하면 된다.

---

12) www.encyber.com

# 3 대기압

## 3.1 대기압

대기의 무게를 나타내며 지구를 둘러싸고 있는 대기에 의한 압력을 말한다. 즉, 단위 면적($1m^2$)에 작용하는 공기의 무게에 의한 압력이라고도 정의하며 이를 우리는 기압 또는 대기압이라고 한다. 이러한 대기압은 전 세계적으로 나라별 지역별로 다르게 측정된다. 또한, 대기에서 대기압의 변화는 바람을 일으키는 원인이며, 주요 기상 현상을 초래한다.

### 3.1.1 기압

이탈리아의 과학자 겸 물리학자인 토리첼리(Evangelista Torricelli; 1608~1647)에 의해서 최초로 측정되었다. 그의 실험에서는 수은조에 약 $1cm^2$의 단면적을 가진 1.2m의 유리관을 세웠으며, 이때 유리관을 따라 약 760mm까지 상승하는 것을 확인하였다. 이때부터 우리는 이를 1기압으로 정의하였으며 국제적으로 1기압의 표준이 되었다.

참고로, 13.6의 비중을 가진 수은과 비교해서 1의 비중을 가진 물로 똑같은 실험을 하였을 경우에는 약 10m까지 상승한다.

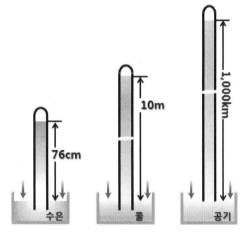

(그림 3-1) 1 기압의 높이

## 3.1.2 기압 측정법

### 1) 수은 기압계

아래 그림과 같이 수은조에 빈 유리관을 넣으면 주변의 대기압에 의해서 수은이 빈 유리관을 따라서 상승하게 된다. 이때, 수은은 일정이상 상승하다가 정지하게 되는데 이때의 수은의 높이를 측정하면, 760mm 가 된다. 이를 우리는 1기압이라고 하며, 1atm 또는 1,013hPa(헥토파스탈)로 나타낸다.

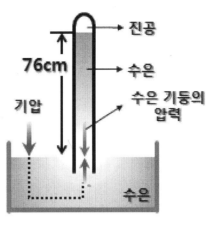

(그림 3-2) 수은 기압계의 원리

$$1atm = 760mmHg = 29.92inHg = 1,013hPa$$

### 2) 아네로이드 기압계

액체를 사용하지 않는 기압계로서, 기압의 변화에 따른 수축과 팽창으로 공합(금속용기)의 두께가 변화는 것을 이용하여 기압을 측정하는 기압계이다. 수은보다 정확성이 떨어지나 변화에 강하고 부피가 작아 휴대에 편하다.

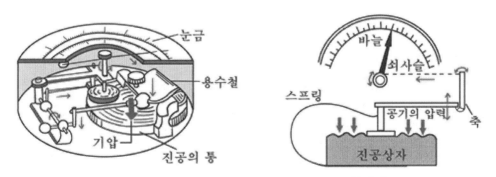

(그림 3-3) 아네로이드 기압계 구조와 원리[13]

---

13) http://www.water.or.kr

# 표준 대기조건과 가정 사항(국제 민간 항공기구[ICAO])

국제 민간 항공기구(ICAO)에서는 항공기 운항의 기초가 되는 대기의 표준을 정하였으며, 이는 다음의 가정 사항을 바탕으로 측정되었다.

## 3.2.1 대기조건

- 해수면 표준기압 : 29.92inch.Hg (1013.2mb)
- 해수면 표준기온 : 15℃ (59℉)
- 음속 : 340m/sec (1,116ft/sec)
- 기온 감률[14]: 2℃/1,000ft (지표 : 36,000ft), 그 이상은 -56.5℃로 일정

## 3.2.2 가정사항

- 대기는 수증기가 포함되어 있지 않은 건조한 공기
- 대기의 온도는 따뜻한 온대지방의 해면상의 15℃를 기준
- 해면상의 대기 압력은 수은주의 높이 760mm를 기준
- 해면상의 기밀도는 12,250kg/㎥를 기준
- 고도에 따른 온도강하는 -56.5℃ (-69.7℉)가 될 때까지는, -0.0065℃/m이고, 그 이상 고도에서는 변함이 없음

---

14) 고도가 증가함에 따라 기온이 감소하는 현상

## 3.3 일기도

### 3.3.1 일기도

어떤 지역의 특정 시각의 기상 상태를 파악하기 위해서 기온, 기압, 풍향, 풍속 등을 숫자, 기호, 등압선등으로 표현한 지도이며, 관측한 기상 요소를 숫자나 기호를 이용하여 지도 위에 기입한 후, 등압선을 그리고 기압 배치와 전선을 나타낸 지도이기도 하다.

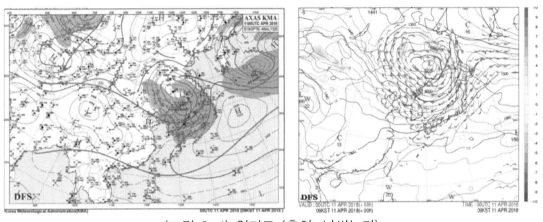

(그림 3-4) 일기도 (출처: 날씨누리)

### 1) 기단

대규모의 공기덩어리가 일정한 성질을 가지려면, 기단이 생성되는 지역은 넓은 범위에 걸쳐 일정한 성질을 가지고 평지이며 바람이 약해야 한다. 따라서 기단은 주로 넓은 대륙 위나 해양 위에서 발생한다. 일반적으로 바람이 약한 저위도 지방과 고위도 지방에서 형성되며, 특히 정체성 고기압권이나 기압경도가 작은 거대한 저기압권에서 형성되기 쉽다. 중위도대는 편서풍이 강하고 저기압이나 전선 등이 자주 발생하기 때문에 기단이 형성되기 어렵다.

우리나라에 영향을 주는 기단으로는 시베리아기단(한랭건조), 오호츠크해기단(한랭다습), 북태평양기단(고온다습), 양쯔강기단(온난건조) 등이 있다. 각 기단마다 특성이 있으므로 어느 기단이 지배적인가에 따라 날씨를 예측할 수 있다.

- 시베리아 기단(한랭건조): 시베리아의 넓은 지역에서 발달하며, 대륙성 고기압으로 나타나기 때문에 시베리아 고기압이라고도 한다. 발원 지역은 대부분 눈이나 얼음으로 뒤덮여 있기 때문에 방사 냉각이 강하다. 그렇기 때문에 기온은 낮고, 습도도 매우 낮다. 겨울철에 한반도는 거의 이 기단에 덮이게 된다.

- 오호츠크해 기단(한랭다습): 해양성 한대 기단의 일종으로, 오호츠크 해 방면의 차가운 해상에서 발생한다. 오호츠크 해 기단은 고기압의 형태로 나타나기 때문에 오호츠크 해 고기압 또는 오호츠크 고기압이라고도 한다. 하층은 저온 다습하지만 상공은 비교적 따뜻하다. 장마나 가을비가 내리는 시기에 한반도 동쪽에는 주로 이 기단의 영향을 받는다. 참고로 장마가 생기는 이유는 북태평양 기단과 부딪치기 때문이다.

- 북태평양기단(고온다습): 해양성 열대 기단으로, 태평양 아열대기단의 서부에 해당하여 주로 따뜻한 계절에 발달한다. 북태평양 기단은 고기압의 형태로 나타나기 때문에 북태평양 고기압이라고도 한다. 북태평양 기단은 기온이 높고, 하층은 습하지만 상공은 건조하며, 고온 다습하다. 한반도는 한여름에 거의 이 기단의 영향을 받는다.

- 양쯔강기단(온난건조): 중국 양쯔 강 유역에서 발원하여 봄과 가을에 한반도 및 일본 일대에 영향을 주는 이동성 고기압이다. 봄에는 약화된 시베리아 기단으로부터 떨어져 나오고, 가을에는 약화된 북태평양 기단으로부터 갈라져 나와 이동성 고기압이 된다.

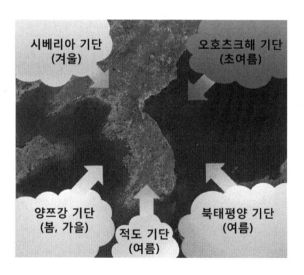

(그림 3-5) 기단[15]

---

15) http://study.zum.com/book/11668

## 2) 전선

성질이 다른 두 개의 기단이 대치되어 있는 현상을 전선이라 한다. 전선은 크게 온난전선과 한랭전선으로 나뉘는데 이의 형태에 따라서 폐색전선과 정체전선으로 나뉜다. 이들 각각의 특성은 다음과 같다.

- 한랭 전선 : 찬 공기가 더운 공기를 파고들어 위로 밀어 올리면서 이동하는 전선이며, 이때 소나기, 우박, 뇌우 등이 잘 나타나고 돌풍도 불기도 한다.
- 온난 전선 : 더운 공기가 찬 공기를 타고 올라가면서 이동하는 전선이며, 구름이 생성되면서 비또는 눈이 내리지만 비의 경우 대게 이슬비가 내린다.
- 폐색 전선 : 온난 전선과 한랭 전선이 겹쳐진 전선
- 정체 전선 : 전선이 한 곳에 오랫동안 머물러 있는 전선 (장마전선)

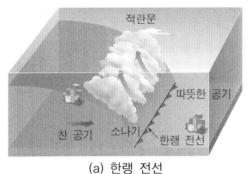
(a) 한랭 전선

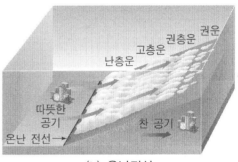
(b) 온난전선

(그림 3-6) 한랭전선과 온난전선[16]

(표 3-1) 한랭전선과 온난전선의 특징

|  | 한랭전선 | 온난전선 |
|---|---|---|
| 전선면의 기울기 | 급경사 | 완만 |
| 전선의 이동속도 | 빠르다 | 느리다 |
| 강수구역 및 시간 | 좁고 짧다 | 넓고 길다. |
| 구름 및 강수형태 | 적란운, 소나기, 뇌우 | 층운, 이슬비 |

---

16) http://study.zum.com/book/11527

## 3) 고기압

고기압은 주위보다 상대적으로 기압이 높은 곳을 가리킨다. 일기도 상의 기호는 "H"로 표시한다.

- 기압이 높은 중심쪽에서 낮은 바깥쪽으로 바람이 분다. 이때 북반구에서는 시계방향으로, 남반구에서는 시계반대방향으로 불어나간다.
- 풍속은 중심에 가까워질수록 약하다.
- 하강기류로 인해 날씨가 맑다.
- 구름이 있어도 소멸되며 전선이 형성되기 어렵다.
- 그러나 쇠약단계의 고기압 또는 고기압 후면에서 하층이 가열되면 대기가 불안정하여 대류성 구름이 발생하고 심하면 소나기, 뇌우를 동반한다.
- 소규모의 이동성 고기압을 제외하면 대체로 제자리에 있거나 아주 느리게 이동한다. 상당히 넓은 지역에서 발생한다.

## 4) 저기압

저기압은 주위에 비해 기압이 낮은 곳을 말하며, 일기도 상의 기호는 "L"로 표시한다.

- 저기압 내에서는 주위보다 기압이 낮으므로 바깥쪽부터 안쪽으로 바람이 불어 들어온다.
- 지구의 자전으로 지상에서의 바람은 북반구에서는 저기압 중심을 향하여 반시계방향으로, 남반구에서는 시계방향으로 분다.
- 저기압 중심 부근의 상승기류에서 단열냉각에 의해 구름이 만들어지고 비가 내리므로, 일반적으로 저기압 내에서는 날씨가 나쁘고 비바람이 강하다.

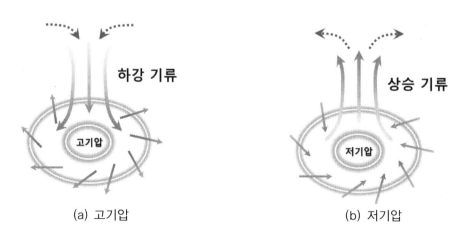

(a) 고기압   (b) 저기압

(그림 3-7) 고기압과 저기압에서의 바람과 기류

## 5) 등압선

등압선(等壓線)은 일기도에서 같은 기압의 점들을 이은 선으로, 일기도를 해석할 수 있으며 날씨를 이해하는데 도움이 된다. 여기서, 등압선의 간격이 좁을수록 바람이 강하게 불고, 바람은 지구 자전의 영향으로 등압선이 비스듬하게 보인다.

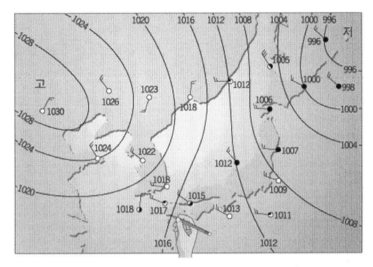

* 출처: 대교학습백과

(그림 3-8) 등압선

## 6) 기압경도

어느 한 등압선과 다음 등압선사이를 측정한 거리에 대하여 기압이 변화하는 비율을 말한다. 기압경도의 방향은 고기압에서 저기압으로 향한 방향을 양의 방향으로 한다. 또한, 일기도상으로는 등압선이 밀집하여 있는 기압경도가 큰 곳에서 바람이 강하게 분다.

## 7) 일기도의 기호

일기도의 각 기호에는 등압선, 저기압, 고기압, 구름의 양, 풍향과 풍속 등에 대한 정보가 들어 있다. 구름의 양은 작은 원에 표시하고, 풍향은 바람이 불어오는 방향을 그려서 나타낸다. 풍속은 길거나 짧은 직선으로 나타낸다.

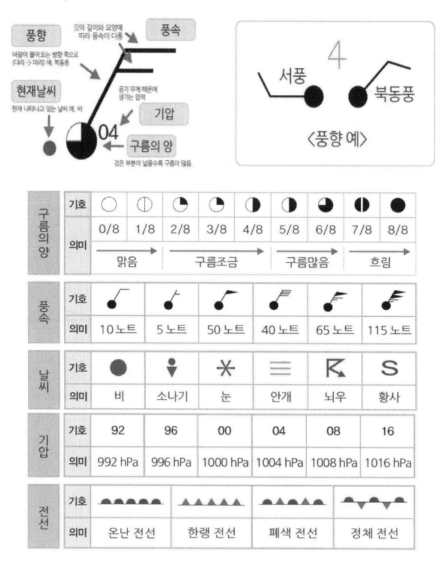

(그림 3-9) 일기도 기호[17]

17) https://m.blog.naver.com/PostView.nhn?blogId=kma_131&logNo=220152212997&proxyReferer=https%3A%2F%2Fwww.google.co.kr%2F

## 3.4 일기예보

여러 기상요소를 관측하여 일기도를 그린 후 분석하여 앞으로의 날씨를 예측하는 것이다. 1~2일 후의 일기를 예측하는 단기예보, 3일~1주일의 일기를 예측하는 중기예보, 한 달 또는 3개월간의 일기를 예측하는 장기예보, 태풍, 홍수, 안개 등의 재해가 예상될 때 발령하는 기상 특보(주의보, 경보) 등이 있다. 일기예보 과정은 다음과 같다.

- 기상요소 관측 → 기상청의 관측 자료 수집 → 일기도 작성 및 현재 일기 분석 → 예상 일기도 작성 → 일기예보

참고로,
기상의 7대 요소는 기온, 기압, 습도, 구름, 강수, 시정, 바람이 된다.

### 3.4.1 경보와 주의보

- 어떠한 기상현상이 강화되어 주의를 요할 시 "주의보"를 발령
- 이후 더욱 주의의 필요성이 있을 때 "경보"를 발령
- 정규외 갑작스런 기상변화는 기상정보를 발표하고 악기상은 "기상 특보"로 발령
- 특보발령 전에는 앞서 종류, 예상구역, 예상일시 및 내용의 "예비특보"를 발령

#### 1) 강수확률

강수확률은 눈이나 비가 1mm 이상 내릴 것을 확률로 나타낸 것입니다. 기본적으로 확률을 바탕으로 하기 때문에 강수확률이 높다고 하여 비가 내린다는 것을 의미하는 것은 아니다. 예를 들어 강수확률이 80%라고 한다면, 오늘과 같은 기상 조건이었던 과거 100일 중 80일이 1mm 이상의 비가 내렸다는 의미가 된다.

#### 2) 고도

고도란 평균 해수면 따위를 0으로 하여 측정한 대상 물체의 높이를 의미한다. 여기서 우리는 기준에 따라서 고도를 다음과 같이 분류할 수 있다.

- 절대 고도: 지구표면 위의 항공기 실제 높이 (지표면으로부터의 고도)
- 진고도(실제고도): 평균해수면(MSL)으로부터의 실제 고도
- 기압고도: 표준대기 상대의 해면(Sea Level)으로부터의 고도

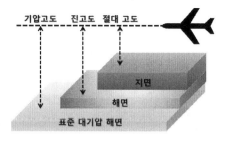

(그림 3-10) 고도

# 4 바람

## 4.1 바람

일반적으로 바람은 기압이 높은 곳에서 낮은 곳으로 이동하며, 두 지점의 기압 차이에 의해 수평 방향으로 이동하는 공기의 흐름을 뜻한다. 이때, 같은 고도에서도 장소와 시각에 따라 기압이 달라지고, 같은 시각에도 기압이 높은 곳과 낮은 곳이 생긴다. 지표가 가열되거나 냉각될 때 지역에 지표의 성질에 따라 기온 차가 생기면서 기압 차가 나타나고 이러한 기압 차에 의해 바람이 분다.

### 4.1.1 바람의 측정

풍속은 같은 장소에서도 지면에서부터의 높이에 따라 상이하게 나타나며, 일반적으로는 높은 곳일수록 바람은 강하게 분다.

보통 바람 측정기기는 풍향과 풍속을 구분하여 관측을 하는데, 그 목적에 따라서 풍향계, 풍속계에 의해서 측정한다. 일반적으로 풍향, 풍속계는 한 set로 구성되어 바람의 측정이 이루어지는데 풍향계는 그레이 코드식, 전위차계식 풍향계를 사용하며, 풍속계는 광초퍼식 풍속계(보통은 3개의 컵으로 구성) 또는 자기유도식 풍속계를 사용하는 것이 표준으로 되어 있다.

(그림 4-1) 풍향, 풍속계[18]

## 1) 풍속의 단위

일반적으로 풍속의 단위는 초속(m/s) 또는 노트(knot, kt, kn)를 사용합니다. 참고로, 기상청이나 뉴스에서는 초속(m/s)을 공항업무에서는 노트(knot, kt)를 주로 사용합니다. 그 외에도 KPH(km/h), MPH(mi/h)등이 있다. 여기서 1노트를 기준으로 다른 단위와 비교하면 다음과 같다.

- 1kt = 0.5144m/s = 1.852km/h = 1.151mi/h
- 노트에서 초속으로 단위를 변환할 경우 약 1/2로 계산한다.

## 2) 풍향 (바람의 방향)

바람이 불어오는 방향. 보통 북, 북동, 동, 남동, 남, 남서, 서, 북서의 8방위, 더욱 상세하게는 그 중간을 포함한 16방위로 나타낸다.

이때, 풍속이 작고 풍향을 알 수 없을 때는 정온이라 한다. 북의 방향을 0, 동을 90, 남을 180 라는 식으로, 북의 방향을 기준으로 하고, 시계방향으로 10마다의 각도로 나타내기도 한다.

풍향을 읽을 때에는 북(N)이나 남(S)을 먼저 읽는다. 예를 들면, 남서풍이라고 읽으며, 서남풍이라고 하지는 않는다.

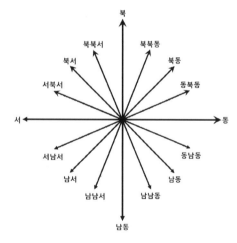

(그림 4-2) 16방위

---

18) http://company.kweather.co.kr/?page_id=7958

### 3) 풍향, 풍속의 측정

풍향이나 풍속을 측정할 경우 건물등과 같은 방해물이 존재한다면 이에 의해서도 많은 영향을 받을 수 있으므로 건물과 같은 장애물이 없는 지상에서의 10m 높이에서 10분간 관측한 것을 우리가 흔하게 접할 수 있는 풍향 및 풍속이 된다. 또한 기상청의 경우 진북으로 관측하고 있다. 풍속의 경우 평균 풍속과 순간 풍속으로 나뉠 수 있으며, 평균 풍속은 10분간 풍속을 측정한 평균을 나타내며, 반면 순간 풍속은 변하고 있는 순간순간의 풍속을 의미한다.

참고로, 풍속계가 없을 경우에는 주변의 나뭇가지가 흔들리는 모양이나 주변의 상태를 관찰하여 풍속을 어림짐작할 수 있으며, 0에서 12까지의 계급으로 나누고 있다. 0은 고요를 나타낸다.

- 1(실바람, 지경풍): 초속 0.3~1.5m/s, 가지를 가볍게 흔들 정도의 바람
- 2(남실바람, 경풍): 초속 1.6~3.3m/s, 나뭇잎이 살랑거리는 정도
- 3(산들바람, 연풍): 초속 3.4~5.4m/s, 깃발이 가볍게 나부끼는 정도
- 4(건들바람, 화풍): 초속 5.5~7.9m/s, 먼지가 일고 잔가지가 움직이는 정도
- 5(흔들바람, 질풍): 초속 8.0~10.7m/s, 작은 나무가 흔들리는 정도
- 6(된바람, 웅풍): 초속 10.8~13.8m/s, 큰 나뭇가지가 흔들리는 정도
- 7(센바람, 강풍): 초속 13.9~17.1m/s, 큰 나무 전체가 흔들리는 정도
- 8(큰바람): 초속 17.2~20.7m/s, 나뭇가지가 꺾이는 정도
- 9(큰센바람, 대강풍): 초속 20.8~24.4m/s, 건물에 약간의 피해가 발생할 정도
- 10(노대바람, 전강풍): 초속 24.5~28.4m/s, 나무가 뽑히며, 건물피해가 발생할 정도
- 11(왕바람, 폭풍): 초속 28.5~32.6m/s, 넓은 지역에 걸쳐 피해가 발생하는 정도
- 12(싹슬바람, 태풍): 초속 32.7m/s 이상

## 4.2　바람을 일으키는 힘

바람의 경우는 세 가지의 힘에 의해서 발생한다. 그 세 가지는 기압경도력과 전향력(코리올리의 힘) 그리고 지표면의 마찰력입니다.

### 4.2.1 기압경도력

기압 경도력이란 어떤 두 지점에서 각각 기압이 다른 경우에, 기압이 높은 지점에서 기압이 낮은 지점으로 가해지는 힘을 말한다. 기압 경도력으로 인하여 공기는 고기압에서 저기압으로 이동하게 된다. 등압선측면에서는 선에서 직각 방향으로 작용합니다.

참고로 한 가지 힘이 기압 경도력만 존재한다면 바람은 단순하게 높은 곳에서 낮은 곳으로 흐르는 것이 전부일 것이다.

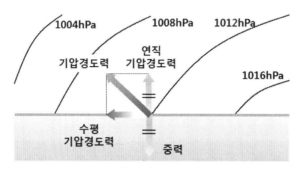

(그림 4-3) 기압경도력

### 4.2.2 전향력 (코리올리의 힘)

전향력은 코리올리의 힘이라고도 하며, 회전하는 물체 위에서 보이는 가상적인 힘으로 원심력과 같은 관성력이다. 크기는 운동하는 물체의 속력에 비례하고 운동방향에 수직방향으로 작용한다.

1828년 프랑스의 코리올리가 이론적으로 유도하여 그의 이름을 따서 부른다. 북반구에서 태풍이 시계 반대방향으로 돌고, 지상으로 낙하하는 물체는 서쪽으로 쏠리는 것이 이 힘으로 설명된다.

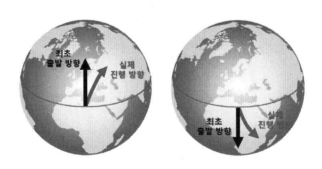

(그림 4-4) 전향력

### 4.2.3 마찰력

공기와 지표면 사이의 마찰이 있습니다. 육지의 지형과 나무 빌딩들 때문에 지면 가까이 지나는 바람은 속도가 줄어듭니다. 지면에서는 가벼운 미풍이 불지만 큰 나무 꼭대기에서는 훨씬 빠른 바람이 붑니다. 이처럼 지표면 가까이에서 부는 바람은 수천미터위에서 부는 바람보다 훨씬 느립니다. 실제로 고기압과 저기압 지대 사이에 작용하는 기압 경도력도 대류권의 상층에서 더 높습니다. 따라서 상층의 바람들이 저층의 바람들보다 빨리 이동합니다.

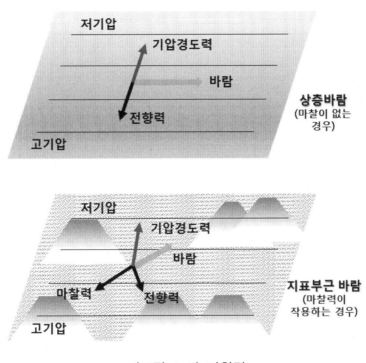

(그림 4-5) 마찰력

## 4.3  항공 및 드론에 미치는 바람의 영향

항공기나 드론은 공중에서 운전되기 때문에 바람의 영향을 피할 수는 없다. 이는 항공기나 드론의 성능에 치명적으로 작용하기 때문이다. 운전자 입장에서 바람을 어떻게 이용해야하는지와 주의해야 할 점이 어떤 것들이 있는지를 숙지하고 있어야 할 것이다.

### 4.3.1 맞바람

쉽게 말하면, 전방에서 기수(nose)로 정면에서 불어오는 바람을 맞바람(Head wind)라고 한다. 맞바람은 속도를 줄이는 상황이나 착륙할 경우 굉장히 많은 도움이 된다. 반면 이동방향에서 불어오는 바람이기 때문에 비행 중에는 속도가 줄어서 비행 효율을 나빠지게 만든다.

### 4.3.2 뒷바람

항공기의 후방에서 꼬리(Tail)로 후방에서 불어오는 바람이 뒷바람(Tail wind)이다. 뒷바람의 경우 맞바람과 달리 이착륙시 활주를 통해서 충분한 양력을 받는 것을 방해해서 활주거리가 길어지고 상승률을 저하시킨다. 하지만, 이러한 뒷바람을 잘 활용하면, 적은 연료로도 더 많은 거리를 빠르게 이동 할 수 있다.

### 4.3.3 측풍

항공기의 좌우에서 항공기 쪽으로 불어오는 바람이 측풍(Crosswind)이다. 측풍 또한 항공기 운용에 영향을 끼치는 바람인데, 항공기의 이착륙 시 활주로를 벗어나는 사고가 주로 측풍에 의해서 발생한다.

(그림 4-6) 맞바람, 뒷바람, 측풍

## 4.4 바람의 종류

### 4.4.1 상공풍과 지상풍

바람은 발생하는 고도에 따라 상공풍과 지상풍으로 구분한다. 일반적으로 고도 1km 이상에 서 부는 바람을 상공풍, 그 이하에서 부는 바람을 지상풍이라고 한다. 상공풍은 기압 경도력과 전향력이, 지상풍은 여기에 지표나 해수면과의 마찰력이 작용해 발생한다. 상공풍은 다시 직선의 등압선 사이에서 부는 지균풍과 원형의 등압선일 때 부는 경도풍으로 구분한다.

#### 1) 지균풍

전향력과 기압경도력의 크기가 같을 때 나타나는 바람을 지균풍이라고 한다. 이에 따라 북반구에서는 전향력이 바람의 오른쪽으로 작용하여 바람의 방향이 바뀌게 된다. 전향력은 풍속을 변하게 하지는 않지만 풍향을 변하게 한다. 기압경도력과 전향력이 평형을 이루게 되면 풍향과 풍속은 일정하게 된다. 결과적으로 바람은 그림과 같이 등압선에 평행하게 분다.

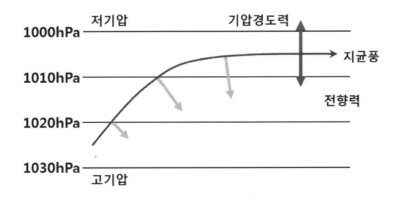

(그림 4-7) 지균풍

#### 2) 경도풍

지상 1km 이상에서 등압선이 원형인 경우, 기압경도력과 전향력, 원심력의 세 힘이 균형을 이룰 때 등압선에 평행하게 부는 바람이다. 지구 자전에 의한 전향력 때문에 북반구에서는 저기압에서 반시계 방향으로, 고기압에서는 시계 방향으로 불며, 남반구에서는 방향이 반대가 된다. 지면과의 마찰은 고려하지 않아도 되며, 지상 약 2㎞ 이상의 상층풍이 경도풍에 가깝다.

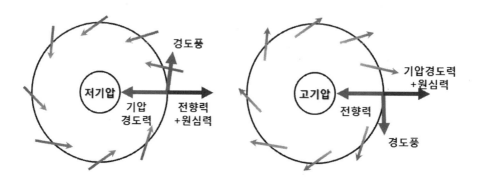

(그림 4-8) 경도풍

### 3) 지상풍

고도 1km 이하의 지표면 부근에서 부는 바람으로 지표 마찰로 인해 등압선을 비스듬히 가로지르며 분다. 지표면으로부터 고도 1km 이하의 낮은 곳에서 부는 바람으로 전향력과 마찰력의 합력이 기압경도력과 같은 경우에 나타나게 된다.(기압경도력=전향력+마찰력) 풍속은 상대적으로 상공풍 보다는 느리다.

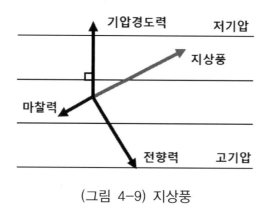

(그림 4-9) 지상풍

## 4.4.2 해륙풍

해륙풍(Sea and Land Breeze)은 해안 지방이나 큰 호수와 만나고 있는 지방에서 부는 바람이다.

낮에는 바다나 호수에서 육지로 해풍(해양풍)이 불고, 밤에는 육지에서 바다나 호수 쪽으로 육풍(대륙풍)이 분다. 풍속의 차이를 보면 낮에 바다와 육지의 기온 차가 크기 때문에 일반적으로 해풍이 육풍보다 풍속이 세다.

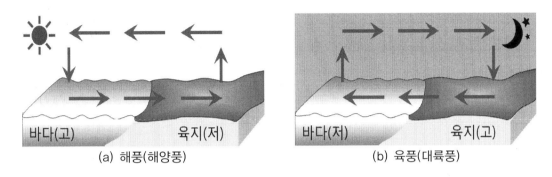

(a) 해풍(해양풍)          (b) 육풍(대륙풍)

(그림 4-10) 해륙풍

## 1) 원리

일반적으로 육지는 바다보다 비열이 작아 빨리 데워지고, 빨리 식는다. 반면에 바다는 육지보다 비열이 커 천천히 데워지고, 천천히 식는다. 이런 비열의 차이 때문에 바다와 육지 또는 호수와 육지 사이에서는 바람이 불게 된다.

## 4.4.3 계절풍

계절풍(Monsoon)은 1년 동안 계절에 따라 바뀌는 바람을 말한다. 여름에는 바다에서 육지쪽으로, 겨울에는 육지에서 바다쪽으로 부는 바람이다.

## 1) 원리

계절풍의 원인은 대륙과 해양의 비열 차이로 발생한다. 대륙은 해양보다 비열이 작아 대륙이 해양보다 빨리 데워지고, 냉각되는 특징이 나타난다.
- 여름: 대륙이 해양보다 온도가 상대적으로 높아 대륙 지역에 저압대가 형성되고, 해양 지역은 대륙보다 온도가 상대적으로 낮아 고압대가 형성되어 바람이 해양에서 대륙으로 불게 된다.
- 겨울: 대륙이 해양보다 온도가 낮아 대륙 지역에는 고압대가 형성되고, 해양 지역은 대륙보다 상대적으로 온도가 높아 저압대가 형성되어 바람이 대륙에서 해양으로 불게 된다.

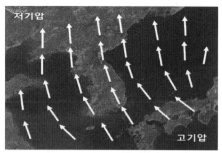
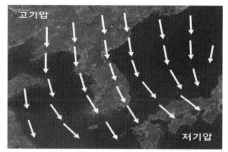

| (a) 여름철(남동 계절풍) | (b) 겨울철(북서 계절풍) |

(그림 4-11) 계절풍

## 4.4.4 산곡풍

곡풍과 산풍을 합하여 산곡풍이라 하며, 산간 지역에서 하루를 주기로 부는 바람이다.

낮동안 산의 정상 부분이 먼저 가열되면 가벼워진 공기가 상승하고, 부족한 공기는 골짜기로부터 불어 올라온다. 따라서 낮에는 골짜기로부터 정상부를 향해 바람이 불게 되는데, 이 바람을 곡풍(골바람)이라 한다.

밤이 되면 산의 정상부가 먼저 냉각되어 무거워진 공기가 하강하면서 골짜기를 향해 불어 내려오는데, 이 바람을 산풍(산바람)이라 한다.

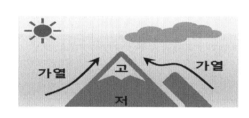

(그림 4-12) 산곡풍

## 4.4.5 돌풍

갑자기 강하게 불고 단시간에 그치는 바람을 뜻하며, 보통은 뇌우(雷雨)를 수반하는 한랭 전선과 함께 발생하고, 계속 시간은 20~30초 이하이며, 평균 풍속은 5m/s를 넘는데, 때로는 순간 최대 풍속 30m/sec 이상의 선풍(회오리 바람)이 되기도 한다. 날씨의 경우 많은 비 혹은 싸락눈이 쏟아지며, 때로는 우박이 떨어질 때도 있다. 기온이 급강하고 상대습도는 급상승한다. 그리고 접근 시에는 기압이 급강하지만 통과 후는 급상승한다.

돌풍의 대체적인 원인은 한랭한 하강기류가 온난한 공기와 마주치는 곳, 즉 한랭한 기단(air mass)이 따뜻한 아래로 급하게 침입하여 따뜻한 공기를 급상승시켜 일어난다.

### 4.4.6 스콜

갑자기 불기 시작하여 몇 분 동안 계속된 후 갑자기 멈추는 바람을 말한다. 돌풍과 다른 것은 지속시간이 돌풍보다 길다는 점이다. 풍향도 급변할 때가 많다. 흔히 강수와 뇌우 등의 변화를 가리키기도 하는데, 이 경우에도 바람의 돌연한 변화를 동반하는 경우에 한한다.

### 4.4.7 높새바람

높새바람은 늦은 봄에서 초여름에 걸쳐 차고 습기를 띤 한대 해양성 기단인 오호츠크해 고기압이 동해까지 확장되어 정체하다가 태백산맥을 넘어 서쪽으로 불어내리면서 푄(Föhn) 현상을 일으켜 고온 건조한 바람으로 부는 것이다.

높새바람은 우리나라에서 발생하는 푄현상이다. 원래 푄이란 지중해의 습기를 머금은 바람이 알프스를 넘으면서 고온건조해 진 채 스위스를 향해 부는 현상을 가리켰으나 현재는 보편적으로 산을 넘으면서 공기의 성질이 고온 건조한 바람으로 변하는 현상을 가리키는 말이 되었다. 푄현상이 일어나는 것은 바람이 산을 타고 넘어갈 때 일어나는 기온의 변화 때문이다. 기온이 15도인 공기가 산허리를 따라 올라가면 100m 상승할 때마다 기온이 약 0.5도씩 낮아진다.(이를 "습윤 단열률"이라고 한다.)

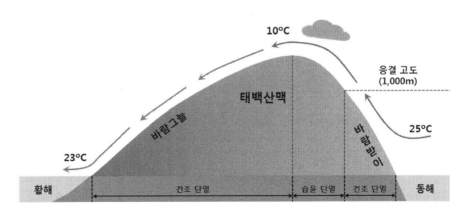

(그림 4-13) 높새바람

## 4.4.8 제트기류

제트 기류는 하늘 위의 공기 흐름이며, 바다의 해류처럼 하늘에도 공기가 흐르고 있다. 대류권의 상부 또는 성층권의 하부 영역에 좁고 수평으로 부는 강한 공기의 흐름을 제트 기류(Jet Stream)라고 한다. 제트 기류는 지상 9,000~1만m 높이에서 불고 풍속은 보통 100~250㎞/h 정도 되지만 최대 500㎞/h에 이르기도 한다. 만일 제트 기류가 없다면 지구의 대기가 제대로 섞이지 않아 지구의 온도는 부분적으로 정상적이지 못할 것이다.

(그림 4-14) 제트기류

# 5 구름과 강수

## 5.1 구름

공기 중의 수증기가 먼지 등의 물질과 응결하여 미세한 물방울이 되어 떠있는 것. 안개와 사실상 성분은 같으며, 지표면과 닿아 있는 것을 안개, 지표면과 떨어져 있는 것을 구름이라고 한다. 참고로, 구름이 하늘에 떠 있는 이유로는 구름 속에 존재하는 물방울의 생성과 소멸의 반복에 의해서이다.

### 5.1.1 형성조건

구름의 생성은 크게 몇 가지 요인으로 나누어진다. 이렇게 생성된 구름은 보통 10분이면 사라진다. 하지만 그것도 개체별로 차이가 있어서 몇 분 만에 사라지는 것도 있고, 약 1시간 동안 유지되는 것도 있다.

- 대기의 불안정: 태양광의 지표면 가열로 인해 뜨거워진 공기가 상공의 찬 공기 쪽으로 상승한다. 대류에 의해 찬 공기는 반대로 뜨거운 공기 밑으로 내려가려 한다. 뜨거운 공기가 상승기류를 만들어내는 곳에는 국지성 저기압이 형성되면서 구름이 만들어지는 여건이 갖추어진다. 충분한 수증기를 갖추고 있다면, 단열팽창을 통해 기온이 낮아진 공기는 이슬점에 도달, 응결고도에서 수증기의 포화를 일으켜 구름을 형성한다. 흔히는 보통 뭉게구름을 만들고 끝이지만, 열대에서는 열대성 저기압의 원인이 된다.
- 수증기의 유입: 대기가 불안정하다 해도 수증기가 없이 황량하고 건조한 날씨라면 구름은 쉽게 찾아보기 힘들다.

- 지형지물의 영향: 바람이 불어가는 쪽에 산맥 등이 장벽처럼 가로막고 있다면, 흐르던 공기는 산맥 위로 강제 상승한다. 이 과정에서 마찬가지로 응결고도에 도달하면 구름이 형성된다.
- 지역 간 기압의 차이: 일반적으로 저기압권에서는 날씨가 그리 좋지 못하다. 기압이 낮은 지역으로 모여든 공기는 하늘로 상승하면서 응결고도에 도달, 구름을 만들어 낸다.
- 성질이 다른 공기의 충돌: 온대저기압과 밀접한 관련이 있다. 만일 뜨거운 공기가 차가운 공기 쪽으로 진행하면, 차가운 공기의 위를 타고 부드럽게 흘러가며 온화한 비가 내리지만, 차가운 공기가 뜨거운 공기 쪽으로 진행하면, 뜨거운 공기의 아래쪽으로 빠르게 파고들기 때문에 천둥·번개를 동반한 많은 비가 내린다.

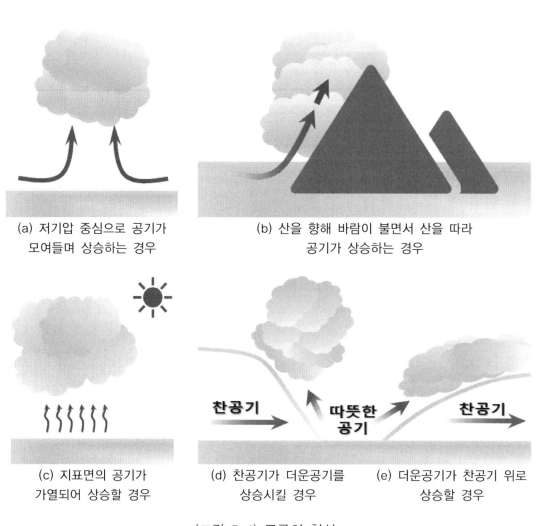

(a) 저기압 중심으로 공기가
모여들며 상승하는 경우

(b) 산을 향해 바람이 불면서 산을 따라
공기가 상승하는 경우

(c) 지표면의 공기가
가열되어 상승할 경우

(d) 찬공기가 더운공기를
상승시킬 경우

(e) 더운공기가 찬공기 위로
상승할 경우

(그림 5-1) 구름의 형성

## 5.1.2 구름의 관측

구름을 관측하는 데는 운형의 관측이 가장 중요하다. 구름의 분류를 잘 파악하여 구름도감을 보면서 비교·검토한 후에 결정하는 것이 좋다. 기본 운형과 변형의 구별도 명확히 해두지 않으면 혼동하기 쉽다. 다음에 운량을 정한다.

운량은 관측자를 기준으로 하늘을 8등급 또는 10등분하여서 판단하게 된다. 예를 들면 온 하늘이 권적운으로 덮여 있을 때를 10으로 하고, 온 하늘의 절반을 구름이 덮고 있을 때의 운량은 5, 1할이면 운량 1, 7할이면 운량 7로 관측한다. 운량은 운형의 구별 없이 관측할 때도 있으나, 상층, 중층, 하층의 구름으로 나누어서 상층운 5, 중층운 3, 하층운 2와 같이 관측하는 경우도 있다.

또한, 운량에 따라서 8등급으로 나뉘어서 구름의 양을 나타내기도 하며, 이의 단위는 옥타를 사용한다.

- 0: SKC (Sky Clear)
- 1~2: Few
- 3~4: SCT (Scatter)
- 5~7: BKN (Broken)
- 8: OVC (Overcast)

## 5.1.3 구름의 종류

구름은 크게 모양과 높이에 따라 분류할 수 있다. 모양에 따라, 상승기류가 강할 때 수직으로 발달하는 적운형 구름과 상승기류가 약할 때 수평으로 발달하는 층운형 구름으로 나눈다. 그리고 높이에 따라 분류하면, 상층에서는 권운, 권층운, 권적운이 발달하고, 중층에서는 고층운, 고적운이, 그리고 하층에서는 층적운, 난층운, 층운이 발달한다. 상층과 하층에 걸쳐서 수직으로 발달하는 적운, 적란운도 있다. 이의 형태와 특징을 살펴보면 다음과 같다.

멀티콥터를 운영하는 입장에서는 하층운(층적운, 층운, 난층운)과 중층운(고층운, 고적운)까지만 상세히 좀 알아둘 필요가 있다.

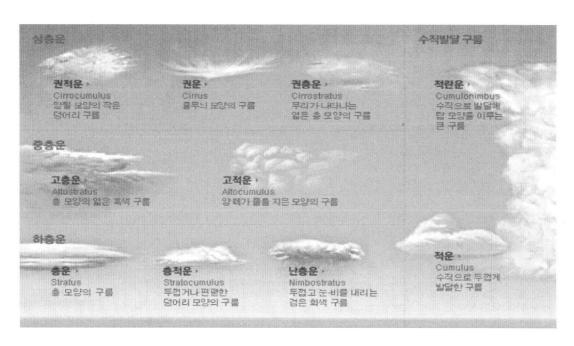

(그림 5-2) 구름의 종류[19]

(표 5-1) 구름의 특징

| 운저 고도 | 온도 (℃) | 이름 | 기호 | 특징 |
|---|---|---|---|---|
| 상층운<br>(6~15km) | -25이하 | 권운 | Ci | 연달아 있는 새털모양 |
| | | 권적운 | Cc | 작은 잔물결과 연기모양 |
| | | 권층운 | Cs | 반투명한 베일 |
| 중층운<br>(2~6km) | 0~-25 | 고적운 | Ac | 흰색부터 암회색의 연기, 잔물결 |
| | | 고층운 | As | 흰색부터 회색까지 고르게 하늘을 덮음 |
| 하층운<br>(2km미만) | -5이상 | 층적운 | Sc | 부드러운 회색의 조각 모양 |
| | | 층운 | St | 흐린 회색빛으로 하늘을 고르게 덮음 |
| | | 난층운 | Ns | 회색, 운량이 많음, 강수가 있음 |
| 수직운<br>(3km이내) | -50<br>(운정) | 적운 | Cu | 편평한 밑바닥을 가진 꽃양배추 모양 |
| | | 적란운 | Cb | 거대하게 부풀어 있으며 흰색, 회색, 검정색,<br>종종 모루 모양 |

---

19)  http://m.blog.daum.net/kanghan8/15960840

## 1) 층적운

구름의 밑면은 고도가 약 500m, 구름의 꼭대기는 약 2km에 이른다. 구름 사이로 푸른 하늘이 보이고 큼직한 구름덩어리들이 열을 지어 나타나기도 하고 둘둘 말린 모양이나, 파상으로 나타나기도 한다. 구름은 대부분 수적으로 되어 있으나 드물게 비나 눈을 포함하는 경우도 있다.

(그림 5-3) 층적운[20]

## 2) 층운

보통 지표면에서 0~2km 정도의 고도에서 나타난다. 대부분 균일한 운저를 갖는 회색의 구름으로 안개비, 가는 얼음, 가루눈이 내리는 경우가 있다. 이 구름은 안개와 비슷하지만 지면에 접해있지 않는 점이 다르다. 이 구름은 거의 수적으로 되어있다.

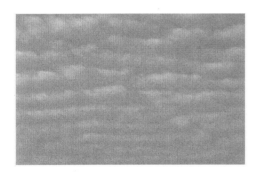

(그림 5-4) 층운[21]

---

20) https://ko.wikipedia.org/wiki/%EC%B8%B5%EC%A0%81%EC%9A%B4(좌),
   https://namu.moe/w/%EC%B8%B5%EC%A0%81%EC%9A%B4(우)

21) http://kids.dongascience.com/presscorps/newsview/3076(좌), https://namu.wiki/w/%EC%B8%B5%EC%9A%B4(우)

### 3) 난층운

보통 2~7km의 고도에서 나타난다. 암회색을 띠며, 비 또는 눈을 동반한다. 이 구름은 보통 하늘 전체를 덮으며, 두꺼워서 태양을 가린다. 이 구름의 운립은 대체로 수적과 빙정으로 되어있다. 비 또는 눈을 동반하므로 구름의 밑 부분은 혼란된 형태를 하고 있으며, 운저 밑에는 조각 구름이 생기는 일이 많다.

(그림 5-5) 난층운[22]

### 4) 고층운

보통 지표면에서 2~7km의 높이에서 나타나며, 때로는 상층에서 나타나기도 한다. 두께는 수백 m에서 수천 m에 이르며, 구름의 정상은 1km 높이까지 이르기도 한다. 얼룩이 없는 고른 모양을 나타낼 때도 있고, 줄기가 있는 섬유나 털 모양의 조직을 나타내기도 한다.

(그림 5-6) 고층운[23]

---

22) https://ko.wikipedia.org/wiki/%EB%82%9C%EC%8B%B5%EC%9A%B4(좌), http://widenmyhorizons.com/know/science_cloud.html#(-우-)

23) https://ko.wikipedia.org/wiki/%EA%B3%A0%EC%8B%B5%EC%9A%B4(좌),

## 5) 고적운

보통 지표면에서 2~7km 높이에서 나타난다. 양떼구름, 높쌘구름이라고도 한다.

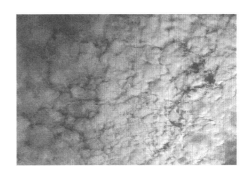

\* 출처: 위키백과

(그림 5-7) 고적운

## 5.2 강수

### 5.2.1 강수의 의미

강수란 수증기가 응결하여 비나 눈처럼 수적 혹은 빙정이 되어 지표면으로 떨어지는 것을 말한다. 넓은 의미로 보면 지표면에서 응결한 이슬이나 서리도 강수라 할 수 있다. 보통 일기라 함은 주로 강수 현상과 구름 및 하늘의 상태를 말한다. 강수는 구름 속에서 생기는 것이므로 대기의 상태와 밀접한 관계가 있다. 그러므로 강수의 유형과 상태를 관측하면 대기의 상태를 알아낼 수 있다.

### 5.2.2 강수의 조건

비가 오기 위해서는 그 지역에 습한 공기가 끊임없이 유입되어 상승하여야 한다. 저기압이나 전선이 많은 비를 뿌리는 것은 강한 수렴 및 상승기류가 있기 때문이다. 이처럼 강수는 상승기류의 영향을 받는데 4가지 종류로 나뉜다.

---

https://mir.pe/wiki/%EA%B3%A0%EC%B8%B5%EC%9A%B4(우)

● 대류성 강수: 하층의 공기가 주위보다 강하게 가열되면 불안정해진다. 이 공기는 수직으로 상승하여 비구름을 만들고 비를 내린다. 여름철에 내리는 소나기가 대표적이다.

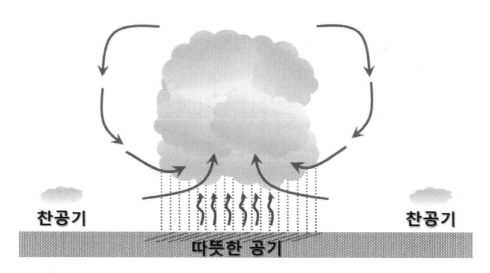

(그림 5-8) 대류성 강수

● 지형성 강수: 공기가 산맥을 강제적으로 상승할 때 만들어진 구름에서 비가 내린다. 상승하는 공기덩이가 습기를 많이 포함하고 있을수록 많은 비가 내린다.

(그림 5-9) 지형성 강수

- 수렴성 강수: 바람이 여러 방향에서 저기압의 중심을 향해 불 경우이다. 또 온도가 다른 공기가 전선에서 수렴할 때도 있다. 이럴 때 상승기류가 생겨서 구름과 강수를 보인다.

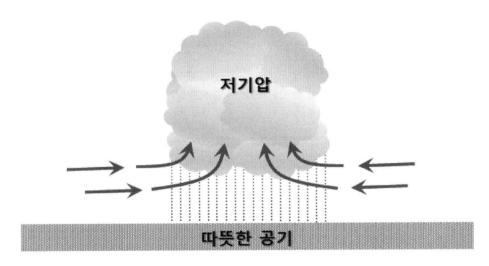

(그림 5-10) 수렴성 강수

- 전선성 강수: 전선은 따뜻한 공기층과 차가운 공기층 즉, 다른 두 기단이 만나게 되면 전선이 발생하고 이렇게 생성된 전선에 의해서 강수가 발생할 때가 있다.

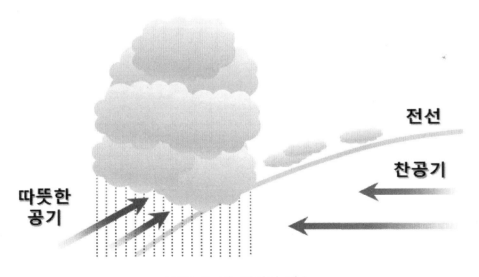

(그림 5-11) 전선성 강수

## 5.2.3 강수의 구분

(표 5-2) 강수의 구분

| 종류 | 크기 | 상태 | 설명 |
|------|------|------|------|
| 안개<br>(Mist) | 0.005~0.05mm | 액체 | 공기가 1m/s로 이동할 때 얼굴로 느낄 수 있을 정도로 큰 물방울, 층운과 관련이 있음 |
| 이슬비<br>(Drizzle) | 0.5mm | 액체 | 층운으로부터 떨어지는 작고 균일한 물방울, 일반적으로 수 시간 동안 지속 |
| 강우<br>(Rain) | 0.5~5mm | 액체 | 일반적으로 난층운 및 적란운에 의해 발생, 강하게 내릴 경우 지역마다 높은 다양성을 보임 |
| 진눈깨비<br>(Sleet) | 0.5~5mm | 고체 | 강우가 낙하하면 얼 때 형성되는 작고, 둥근 얼음 입자, 크기가 작기 때문에 피해는 일반적으로 작다. |
| 우빙<br>(Glaze) | 1mm~2cm | 고체 | 과냉각된 빗방울이 고체면과 접촉하여 얼 때 생김, 우빙은 두껍게 누적되어 무게로 인해 나무나 전선에 피해줌 |
| 서리<br>(Rime) | 쌓이는 정도에 따라 변함 | 고체 | 바람이 부는 방향으로 쌓인 얼음깃털로 서리같은 형태로 과냉각된 구름이나 차가운 물체에 안개 접촉시 발생 |
| 눈<br>(Snow) | 1mm~2cm | 고체 | 눈의 결정체로 6면 결정, 판, 바늘형태 등 여러 가지 형태로 구성, 과냉각된 구름에서 형성 |
| 우박<br>(Hail) | 5mm~10cm 또는 그 이상 | 고체 | 단단하고 둥근 돌모양 또는 불규칙적으로 생긴 얼음 형태, 대류형 적란운에서 발생 |
| 싸라기눈<br>(Graupel) | 2~5mm | 고체 | 부드러운 우박이라고도 불리는데 우박과는 달리 일반적으로 충동하면 납작하게 됨 |

## 5.2.4 강수량과 강우강도

강수가 일정 시간 내에 수평한 지표면 또는 지표의 수평투영면에 낙하하여 증발되거나 유출되지 않고 그 자리에 고인 물의 깊이를 말한다. 눈, 싸락눈, 우박 등 강수가 얼음인 경우에는 이것을 녹인 물의 깊이를 말하며 이슬, 서리, 안개를 포함한다. 비의 경우는 강우량, 눈의 경우는 강설량이라 하며, 통칭하여 강수량이라고 한다.

- 약한 비: 1시간에 3㎜ 미만
- 보통 비: 1시간에 3~15㎜ 미만

- 강한 비: 1시간에 15mm 이상
- 매우 강한 비: 1시간에 30mm 이상

## 5.2.5 인공강우

인공강우란 구름에 인공적인 영향을 주어 비가 내리게 하는 방법 또는 그러한 비를 말한다. 즉, 인공강우는 구름층은 형성되어 있으나 대기 중에 응결핵, 또는 빙정핵이 적어 구름 방울이 빗방울로 성장하지 못할 때, 인위적으로 인공의 작은 입자인 '비씨'를 뿌려 특정지역에 강수를 유도하는 것이다. 이를 정리하면 다음과 같다.

- 한랭구름에서 인공강우를 유도하는 방법: 과냉각 구름입자 중에 인공 빙정핵, 드라이아이스, 요오드화은(AgI)을 투입하여 주위의 과냉각 구름입자로부터 빙정으로 수분을 이동시켜 강수 발생
- 온난구름에서 인공강우를 유도하는 방법: 구름 속에 응결핵이나 소금가루 등의 친수성 물질을 뿌려 큰 물방울로 성장 및 강수 발생 또는 처음부터 빗방울과 비슷한 물방울을 뿌려줌으로써 많은 강수 발생

(그림 5-12) 인공강우

# 6 안개와 시정

## 6.1 안개

대기 중의 수증기가 응결하여 지표 가까이에 작은 물방울이 떠 있는 현상. 관측자의 가시거리를 1km 미만으로 감소시킨다. 이때, 지형에 따라 또는 관측자의 위치에 따라 구름이 되기도 하고 안개가 되기도 한다. 안개의 농도와 두께는 습도, 기온, 바람, 응결핵의 종류와 양 등에 의해 결정된다.

- 연무: 습도가 비교적 낮을 때 대기 중에 연기나 먼지와 같은 미세한 입자가 떠 있어 공기가 뿌옇게 보이는 현상을 말한다. 연무가 많이 끼면 시정이 나빠지고 호흡기 질환을 유발 할 수 있다.
- 박무: 안개보다 습도가 낮고, 회색이며 입자는 더 작은 것으로, 연무와 비슷하나 습도가 더 높은 현상이다. 바닷물에서 염핵이 공급되거나 연소 때 발생하는 핵입자에 의한 것으로서, 해상과 해안지방에 많다.

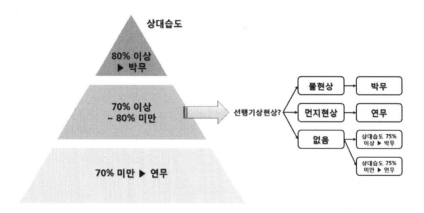

(그림 6-1) 연무, 박무

### 6.1.1 안개의 발생조건

- 대기 중에 수증기가 많이 포함되어 있어야 한다. (습도가 높음)
- 기온이 이슬점 아래로 내려가 공기가 포화상태에 이르고 수증기가 물방울로 응결되어야 한다.
- 응결을 촉진시키는 흡습성의 작은 입자인 응결핵이 많아야 한다.
- 바람이 약해야 한다.(풍속 2~3m/s 이하)
- 지표면 부근의 공기가 안정되어야 한다.
- 밤 동안 지표 위의 공기가 더 빨리 차가워지는 역전현상이 발생해야 한다.

### 6.1.2 안개의 종류

생성 원리에 따라 증발에 의한 안개와 냉각에 의한 안개로 구분한다. 증발에 의한 안개에는 전선안개, 증기안개가 있으며, 냉각에 의한 안개에는 활승안개, 복사안개, 이류안개가 있다. 또 해양에서 발생하는 연안안개도 있다.

- 전선안개: 전선면에서 생기는 안개. 한랭전선면에서는 찬 기단과 더운 기단이 만나는 전선면에서 응결 현상이 일어나 비가 만들어지면 찬 공기 쪽으로 강수가 있게 된다. 이때 따뜻한 빗방울에서 증발이 일어나며 공기 중으로 수증기가 첨가되어 안개가 형성된다. 이를 전선안개라 한다.

(그림 6-2) 전선안개[24]

---

24) http://m.blog.daum.net/museum4u/147?tp_nil_a=1

● 증기안개 : 대단히 차가운 공기가 상대적으로 따뜻한 수면으로 이동할 때, 물 표면에서 증발이 일어나 차가운 공기 중에 수증기가 첨가되어 발생하는 안개를 말한다. 특히, 댐이 많은 곳에서 생기는 안개이다.

(그림 6-3) 증기안개[25]

● 활승안개: 고도가 높아지면서 발생. 우리나라는 대관령이 대표적 활승무 발생지역. 기온이 하강함에 따라 기온감열에 따라 발생하는 안개

(그림 6-4) 활승안개[26]

---

25) http://m.blog.daum.net/museum4u/147?tp_nil_a=1

● 복사안개 : 맑은 날 밤에 지면의 온도가 복사냉각 때문에 공기의 온도보다 낮아질 때 지면에 접한 하층대기에서 발생한다. 그러나 이것은 지상 수 m에 이르는 데 지나지 않으며, 해가 뜨면 소멸하는 것이 보통이다.

(그림 6-5) 복사안개[27]

● 이류안개: 비교적 따뜻하고 습윤한 공기가 차고 습윤한 지면 위를 천천히 통과할 때 형성된다. 이는 내륙지방에 자주 끼는 복사무와 달리 해안지방을 중심으로 짙은 안개가 나타나곤 한다.

(그림 6-6) 이류안개[28]

26) http://m.blog.daum.net/museum4u/147?tp_nil_a=1
27) http://m.blog.daum.net/museum4u/147?tp_nil_a=1

- 연안안개: 해안지방에서 발생하는 안개이다. 해면 위의 고온다습한 공기가 찬 연안지면 위로 이동하는 경우, 또 지면 위의 더운 공기가 찬 해수면 위로 이동할 때 나타난다. 연안안개의 발생, 소산, 이동 등은 해륙풍과 밀접한 관계가 있다.

(그림 6-7) 연안안개

## 6.2    시정과 실링

### 6.2.1 시정

시정이란 낮에는 수평방향으로 먼 거리의 지물을 보통 육안으로 식별할 수 있는 최대거리이고, 야간에는 주간과 같은 밝은 상태를 가정했을 때에 목표물을 식별할 수 있는 최대거리가 그 방향의 시정이 된다. 시정장애의 큰 요인은 안개, 황사, 강수, 하층운, 먼지, 화산재 등으로 부유물질의 혼탁도에 따라 좌우되며, 육상에서는 항공기 또는 드론의 운용시 결정적인 영향을 준다.

---

28) http://m.blog.daum.net/museum4u/147?tp_nil_a=1

- 단위: mile (1mile = 약 1.6093km)
- 1/2mile(=800m) ~ 7mile(약 10km)이며, 그 이상의 단위는 무의미하다. 인간의 눈으로 볼 수 있는 최대 거리가 약 10km까지 때문이다.

* 출처: 2008 기상사진전 '황사'

(그림 6-8) 시정(황사)

# 7 뇌우와 착빙

## 7.1 뇌우

뇌우는 강한 상승 기류에 의해 적락운이 발달하여 번개와 천둥을 동반한 강한 소나기가 내리는 현상을 말합니다. 때때로 우박, 토네이도를 수반하기도 합니다.

### 7.1.1 적란운의 발달조건

- 대기 불안정으로 강한 상승 기류가 있을 때
- 여름철 강한 햇빛에 의해 지표 부근의 공기가 국지적으로 가열되어 활발하게 상승할 때
- 한랭 전선에서 고온 다습한 공기가 찬 공기 위로 빠르게 상승할 때
- 발달한 온대 저기압이나 태풍 등에서 강한 상승 기류가 있을 때

(그림 7-1) 뇌우

## 7.1.2 뇌우의 생성과 소멸

- 적운 단계 : 구름 내부의 온도가 주변 기온보다 높아 강한 상승 기류가 발생하면서 적운이 급격하게 성장한다. 강수 현상은 미미하다.
- 성숙 단계 : 따뜻한 공기의 상승 기류와 찬 공기의 하강 기류가 공존한다. 찬 공기의 하강 기류는 강한 돌풍과 함께 소나기, 번개, 천둥, 우박 등을 동반한다.
- 소멸 단계 : 구름 하부에서 상승 기류를 형성하는 따뜻한 공기의 유입이 줄어들면, 구름 내부에는 전체적으로 하강 기류만 남게 되어 구름이 소멸된다.

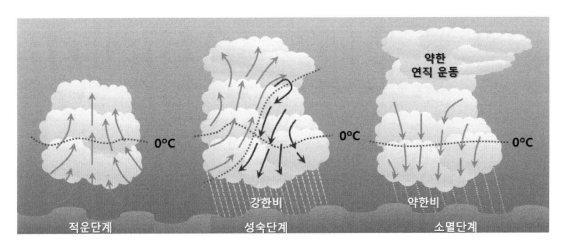

(그림 7-2) 뇌우의 생성과 소멸

## 7.1.3 종류

뇌우는 두 종류의 대기환경에서 발달한다. 단일 기단 내에서 발달하는 기단뇌우(Airmass thunderstorms)와 기단 또는 전선의 주변에서 발달하는 전선뇌우(front thunderstorm)가 있다.

- 기단뇌우: 온난하고 습윤한 기단 내에서 낮 동안 국지적인 가열에 의하여 발생하는 단독 뇌우를 말한다. 지상 온도가 최대가 되는 오후에 주로 강하게 발생하고, 평지보다 산악지방에서 잘 발생한다. 기단뇌우는 여러 가지 생성 메커니즘에 따라 분류된다. 뇌우가 잘 일어날 수 있는 대기 환경을 가진 기단 내에서의 뇌우 발달은 주로 하층 가열(low-level heating)을 통해서 공기가 상승하고, 상층에서 냉각(upper-level cooling)되면서 구름이 생성되고 치올림(lifting)을 통해서 뇌우가 된다.

- 전선뇌우: 한랭전선을 따라 일어나는 강제 치올림에 의해서 생성되는 뇌우를 말한다. 전선뇌우는 번개, 강한 바람과 우박 등을 동반하여 피해를 발생시킨다. 이런 전선뇌우를 악뇌우(severe thunderstorm)라 한다. 이러한 악뇌우에 의해서 집중호우도 발생한다. 가장 강력한 악뇌우는 한랭한 기단이 온난하고 습윤한 기단과 만나는 전선수렴의 결과이거나 또는 모자를 쓴 것과 같은 역전층(capping inversion)의 깨어짐의 결과로 발생한다.

## 7.1.4 번개와 천둥

### 1) 번개

물방울과 얼음 알갱이들로 이루어진 구름이 상승하다가 마찰을 일으키게 되면 아래쪽은 음전하로 대전이 되고 위쪽은 양전하로 대전이 됩니다. 대전된 구름이 이동하게 되면 아래쪽의 음전하에 의해 땅위는 양전하로 대전이 되게 되고 구름 아래쪽과 땅 위는 기전력의 차이에 의해 방전이 일어나게 됩니다. 이 때 전위차가 1억~10억V(참고로, 가정의 전압은 220V)에 이르고, 방전로의 길이는 수km로부터 십 수km에 이릅니다. 번개는 좁은 의미로는 이 방전에 의한 발광 현상을 말합니다.

### 2) 천둥

천둥이라는 것은 번개가 나타날 때 같이 나타나는 소리를 말합니다. 위에서 언급한 대로 번개가 칠 때의 전위차가 매우 크기 때문에 30,000K의 고온이 발생하여 초음속으로 공기가 팽창하게 되므로 (온도가 올라가면 공기의 부피가 증가) 기압의 충격파를 일으켜 천둥을 울리게 되는 것입니다.

### 3) 피뢰침

끝이 뾰족한 금속제의 막대기로 천둥 번개와 벼락으로 인하여 생기는 건물의 화재, 파손 및 인명 피해를 방지하기 위해 설치한다. 낙뢰에 의한 충격 전류를 땅으로 안전하게 흘려보냄으로써 피해를 줄일 수 있으며, 주로 가옥의 굴뚝이나 건물의 옥상 등에 세운다. 피뢰주라고도 한다.

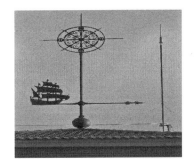

(그림 7-3) 천둥, 번개와 피뢰침

## 7.2 착빙

일반적으로 공기 중에 노출된 물체의 표면에 얼음이 부착하는 현상을 착빙이라고 한다. 착빙에 의해서 항공기는 안정을 잃고 정상적인 속도를 유지할 수 없는 경우가 생기며, 항공사고의 원인이 되기도 한다.

### 7.2.1 조건

● 대기 중에 과냉각 물방울 존재하면, 항공기 표면에 자유대기 온도가 0℃ 미만일 것

### 7.2.2 특징

● 항공기의 이륙을 어렵게 하거나 불가능하게도 할 수 있다.
● 양력을 감소시킨다.
● 마찰을 일으켜 항력은 증가시킨다.
● 날개나 동체등에 과냉각수적이나 구름입자가 충돌하여 얼음 막을 형성
● 계류장에 주기중이거나 비행중에 발생
● 수증기량, 물방울크기, 항공기나 바람의 속도, 항공기 날개단면(Airforil)의 크기나 형태 등에 영향을 받는다.
● 거친 착빙도 항공기 날개의 공기역학에 심각한 영향을 줄 수 있다.
● 착빙은 날개뿐만 아니라 Carburetor, Pitot관 등에도 발생한다.
● 습한 공기가 기체 표면에 부딪치면서 결빙이 발생하는 현상이다.
● 항공기의 이륙을 어렵게 하거나 불가능하게 할 수도 있다.

### 7.2.3 종류

착빙의 종류로는 항공기 엔진으로 공기가 들어오는 흡기구와 기화기에서 생기는 흡입착빙과 항공기의 표면에 얼음이 생성되어 양력의 손실, 무게리 증가로 조종성이 악화되는 구조착빙으로 나뉜다.

#### 1) 흡입 착빙(Induction Icing)

- 기구 착빙: 엔진으로 들어가는 공기를 차단시켜 동력을 감소시킨다. (흡기구에서 얼음이 누적되어 발생)
- 기화기 착빙: 기화기 안으로 들어온 공기가 단열팽창하여 영화의 온도로 냉각하여 발생한다. 이러한 현상에 의해서 공기가 연료의 혼합을 차단하여 엔진을 정지시킬 수도 있다.

#### 2) 구조착빙(Stuctural Icing)

- 맑은 착빙(clear): 비교적 큰 과냉각 수적과 충돌로 인해 생성되고, 주로 -10℃ ~ 0℃ 에서 발생합니다. 비교적 투명하고, 강도는 견고해서 잘 떨어지지 않고, 떨어질 때 큰 파편이 생성되기 때문에 위험합니다. 고체강수 가능성이 있는 구름을 통고할 때 생기게 됩니다.
- 거친 착빙(rime icing) : 맑은 착빙보다 비교적 낮은 온도 (-20℃ ~-10℃)에서 발생합니다. 저온인 작은 과냉각 물방울과 항공기 기체가 충돌했을 때 생기고 안정된 공기층과 층운형 구름속에서 생기기 쉬운 착빙입니다. 얼음의 결정 속에 기포가 많아 거칠고 갈라지기 쉬운 것이 특성입니다.
- 혼합착빙(Mixed icing) : -10℃ ~-15℃ 사이인 적운형 구름 속에서 자주 발생하며 맑은 착빙과 거친 착빙이 혼합되어 나타나는 착빙입니다.

(그림 7-4) 착빙[29]

---

29) http://blog.naver.com/PostView.nhn?blogId=kimtaekjoon&logNo=220608405231

# 8 태풍과 토네이도

## 8.1 태풍

열대저기압 중 중심 부근 최대 풍속이 17m/s 이상으로 강한 폭풍우를 동반하는 것을 태풍이라고 한다. 이때 발생 지역에 따라 각기 다른 이름으로 불리며 북서 태평양에서는 태풍, 북미 연안에서는 허리케인, 인도양에서는 사이클론, 남태평양에서 윌리윌리 또는 사이클론이라고 부른다.

태풍은 최근 우리나라에서 발생한 자연재해 요인의 약 56%를 차지하는 위협적인 기상현상입니다. 최근 기후변화에 따라 전 세계 및 한반도의 태풍 활동 변화에 대한 관심도 높아지고 있는 상황이다.

태풍은 적도 부근이 극지방보다 태양열을 더 많이 받기 때문에 생기는 열적 불균형을 없애기 위해, 저위도 지방의 따뜻한 공기가 바다로부터 수증기를 공급받으면서 강한 바람과 많은 비를 동반하며 고위도로 이동하는 기상 현상 중의 하나이다.

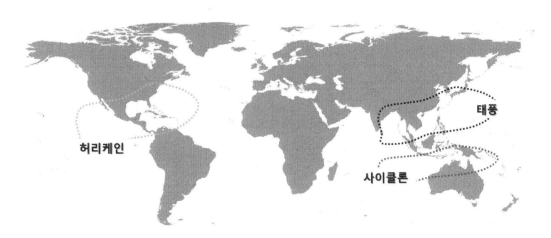

(그림 8-1) 태풍이 주로 발생하는 지역 및 명칭

### 8.1.1 태풍의 특징

- 수온 26.5℃ 이상의 열대 해상에서 발생하는 경우가 대부분이다.

- 많은 수증기와 바람을 동반하고, 해수면의 온도가 25℃에서도 생성이 원활하게 이루어진다.

- 보통은 중심 부근에 강한 비바람을 동반한다. (최소 17.2m/s 이상)

- 전선은 동반하지 않는다.

- 중심에는 하강 기류가 발생하여 반경이 30~50km 정도의 바람이 약하고 날씨가 대체로 맑게 갠 무풍지대가 있는데, 이 부분을 태풍의 눈이라고 한다. 대개 태풍의 눈 바깥 주변에서 최대 풍속을 보인다.

- 눈의 벽(eye wall)는 태풍의 눈 주변에서 소용돌이치는 두꺼운 구름층으로 바람이 가장 세고(풍속 300km/h까지) 가장 세찬 비가 내린다.

- 일반적으로 발생 초기에는 무역풍을 타고 서북서진하다가 점차 북상하여 편서풍을 타고 북동진한다.

- 태풍의 진행 방향에 대해 오른쪽 반원을 위험 반원, 왼쪽 반원을 안전 반원(가항 반원)이라고 한다. 위험 반원에서는 태풍의 진행 방향과 회전 방향이 일치하여 풍속이 더 증가한다. 이에 비해 안전 반원에서는 태풍의 진행 방향과 태풍에 의한 바람이 서로 반대 방향이므로 풍속이 조금 느려진다.

- 수증기의 잠열을 주 에너지원으로 하기 때문에 육지에 오르면 그 세력이 약화되는 것이 일반적이다.

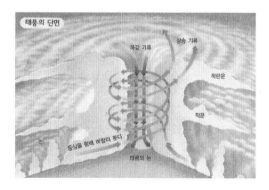

(그림 8-2) 태풍과 태풍의 단면[30]

---

30) encyber.com

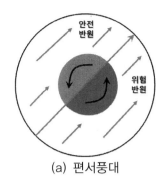

(a) 편서풍대            (b) 무역풍대

(그림 8-3) 태풍의 위험지대와 안전지대

## 8.1.2 태풍의 발달

- 열대 해상의 공기는 따뜻한 바다로부터 열과 수증기를 지속적으로 공급받는다.
- 따뜻해진 공기는 상승하여 구름을 만든다. 구름은 공기 중의 수증기가 물방울로 응결한 것으로, 이 과정에서 잠열31)(숨은열)을 방출한다.
- 구름이 생성될수록 공기는 기온이 더욱 높아지며 상승 기류도 점점 강해진다.
- 그 결과, 큰 적란운을 형성하며 강한 바람과 많은 비를 동반한 강력한 태풍으로 발달한다.

## 8.1.3 태풍의 구분

### 1) 열대 저기압의 분류

(표 8-1) 열대 저기압의 분류

| 기상청의 구분 | 국제 명칭 | 최대풍속 |
|---|---|---|
| 열대저기압 | 열대저기압(TD: Tropical Depression) | 17.2m/s 미만 |
| 태풍 | 열대폭풍(TS: Tropical Storm) | 17.2m/s~24m/s |
| | 강한 열대폭풍(STS: Severe Tropical Storm) | 25m/s~32m/s |
| | 태풍 (TY: Typhoon) | 33m/s 이상 |

---

31) 물질의 상태가 변하는 과정에서 방출되거나 흡수되는 열로, 숨은열이라고도 한다.

## 2) 강도의 분류

태풍은 강도에 따라 단계별로 분류하며, 강도 구분의 기준은 중심부근 최대풍속이다.

- 약: 17m/s(34knots)이상~25m/s(48knots)미만
- 중: 25m/s(48knots)이상~33m/s(64knots)미만
- 강: 33m/s(64knots)이상~44m/s(85knots)미만
- 매우 강: 44m/s(85knots)이상

## 3) 크기에 따른 분류

태풍은 크기에 따라 단계별로 분류하며, 크기 구분의 기준은 태풍 중심으로부터 초속 15m의 바람이 부는 반경('강풍반경'이라고 함)이다.

- 소형: 300km 미만
- 중형: 300km이상~500km미만
- 대형: 500km이상~800km미만
- 초대형: 800km이상

## 8.1.4 태풍에 수반되는 현상

태풍에 수반된 해안의 현상에는 풍랑, 너울, 고조가 있다.

- 풍랑: 해상에서 바람에 의해 일어나는 파도이다. 바람이 없이 멀리서 전해오는 것을 너울이라 하는데, 너울과 비교하면 풍랑의 마루가 뾰족하고 파장과 주기가 비교적 짧다. 바람에 따라 미세한 파도가 나타나다가 풍속이 1~2m/s 이상이 되면 보통 풍랑이라고 하는 파도가 된다.
- 너울: 파도 중에서, 직접적으로 일어난 파도가 아닌 바람에 일어난 물결을 말한다. 풍랑과 연안쇄파의 사이에서 관찰된다.
- 고조: 폭풍 해일 또는 바람 해일이라고도 한다. 강풍이나 기압의 저하 등 기상적 원인으로 해수면이 평상시보다 뚜렷하게 높아지는 일종의 기상 조수로 태풍 때에 많이 일어나서 재해를 수반한다.

## 8.1.5 태풍의 발생과 소멸

태풍은 발생해서 소멸될 때까지 약 1주일에서 1개월 정도의 수명을 가지며, 보통 형성기, 성장(발달)기, 최성기, 쇠약기의 4단계로 구분할 수 있다.

- 형성기: 저위도 지방에 약한 저기압선 순환으로 발생하여 태풍강도에 달할 때까지의 기간이다.
- 성장기: 태풍이 된 후 한층 더 발달하여 중심기압이 최저가 되어 가장 강해질 때까지의 기간이다. 원형의 등압선을 가지며, 영향을 미치는 구역도 비교적 좁다. 따라서 미성숙기라고도 한다.
- 최성기: 등압선은 점차 주위로 넓어지고 폭풍을 동반하는 반지름은 최대가 된다. 따라서 확장기라고도 한다. 여기서 특이한 점은 진행경로의 오른쪽 부분에 더욱 강한 바람이 불게 되는데 이유는 오른쪽 부분은 태풍 진행의 속도와 공기 흐름의 속도가 합쳐지는 속도로 나타나기 때문이다.
- 쇠약기: 온대저기압으로 탈바꿈하거나 소멸되는 기간이다. 이때, 태풍은 지표면과의 마찰로 운동에너지를 상실하게 되고, 많은 양의 공기가 유입되어 중심기압이 상승하므로써 외부와의 기압차가 작아져서 세력이 해진다.

## 8.2 토네이도

매우 강한 저기압 중심에서 발생한 회오리바람을 의미한다.

### 8.2.1 발생원인

넓은 바다나 평지에서 강력한 저기압이 생성될 때, 중심부에서 강한 상승 기류에 의해 공기가 회전하기 시작하면 적란운 하부에서 지상까지 깔때기 모양으로 빠르게 회전하는 회오리 바람이 형성된다.

### 8.2.2 생성과정

서풍과 남동풍이 충돌해 회전하는 공기 덩어리를 생성하게 된다. 이 공기덩어리가 수직으로 중규모 저기압을 형성하게 되고 이때, 중규모 저기압에서 토네이도가 생성된다. 폭이 보통 1km 이내인 국지적인 현상으로 지속 시간이 짧지만 중심 풍속이 100~200m/s에 달하므로 파괴력은 매우 크다.

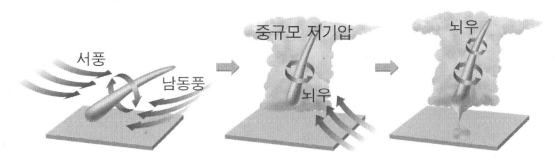

(그림 8-4) 토네이도의 생성과정[32]

---

32) http://study.zum.com/book/14007

# 9 난류(난기류)

## 9.1 난류

    지상으로부터 1km이하의 대기는 지표면과의 마찰 때문에 매우 복잡하고 불규칙적인 운동을 하게 되는데 이를 우리는 난류라고 한다. 대게 상승기류나 하강기류 등 공기의 변화에 의해 발생된다. 반대되는 용어는 층류인데, 층류에 비해 난류는 물체에 대한 저항이 크다.

    대기의 소용돌이로 인해 발생하는 난류는 상당히 다양한 형태로 나타난다. 단순 요동에서부터 조종사에게 영향을 주거나 항공기에 기계적인 충격을 가하기도 한다. 기계적인 충격도 충격이지만 조종사에게 주는 영향은 항공기 안전에 악영향을 미친다.

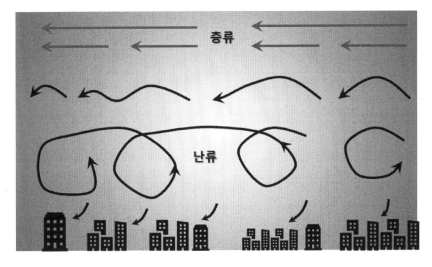

(그림 9-1) 난류

## 9.1.1 난류의 구분

1969년에 캐나다 몬트리올에서 개최된 국제민간항공기구( ICAO) 제 6차 항공회의에서 아래의 표와 같은 분류를 사용할 것을 권고했다. 난류는 약함(Light), 보통(Moderate), 심함(Severe), 극히 심함(Extreme)의 4단계로 구분한다. 난류 단계는 조종사와 승객에게 주는 영향을 고려해 만들었다.

(표 9-1) 난류의 분류

| 난류의 분류 | 항공기에 대한 효과 |
|---|---|
| 약한 난류<br>(Light turbulence) | - 중간 난류에 의한 것보다 약한 효과 |
| 중간 난류<br>(Moderate turbulence) | - 비행기의 자세 또는 고도가 변경되기도 하지만 비행기는 정상적으로 조정가능<br>- 속력이 약간 변함<br>- 비행기의 중력 중심에서 가속도계가 0.5~1.0g 정도 변화<br>- 비행기 내에서 보행곤란<br>- 좌석벨트의 도움 필요<br>- 자유롭게 놓아둔 물체가 움직임<br>- 풍속이 25kts 미만의 지상풍에 존재 |
| 심한 난류<br>(Severe turbulence) | - 비행기의 자세 또는 고도가 갑자기 변하고 짧은 시간 동안 조정 불능 상태가 됨<br>- 속력이 크게 변함<br>- 비행기의 중력 중심에서 가속도계가 1.0g 이상 변함<br>- 좌석벨트에 격심한 힘이 가해짐<br>- 자유롭게 놓아둔 물체가 뛰며 움직임<br>- 풍속이 50kts 이상 |
| 극심한 난류<br>(Extreme turbulence) | - 심한 난류보다 더 현저한 효과 |

## 9.1.2 윈드시어 (Wind shear)

지표면에서 급격한 바람의 방향과 세기가 변하는 윈드시어 현상이라 한다. 바람의 흐름이 정상적이지 않게 변형을 일으키는 것으로 갑작스럽게 바람의 세기나 방향이 바뀌는 현상이다. 강한 상승기류 혹은 하강기류가 생길 때 주로 나타나는 기상현상이다. 전단풍이라고도 한다.

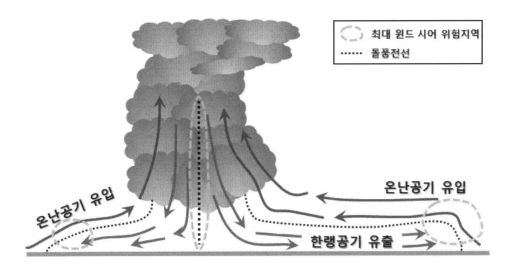

최대 윈드 시어 위험지역
······ 돌풍전선

온난공기 유입

온난공기 유입

한랭공기 유출

(그림 9-2) 윈드시어

## 1) 발생원인

상승기류보다 강한 하강기류(다운 드래프트)의 경우에는 거의 예외가 없을 정도로 윈드시어가 발생하게 되며, 지표와 가까울수록 공기가 지표에 마찰의 영향을 받기때문에 윈드시어가 쉽게 일어난다.

## 2) 항공기 운항 영향

지표면에서 주로 발생하는 이 윈드시어 현상은 비행기가 정상적으로 착륙, 이륙하는데 결정적으로 장애를 발생시키며 정상적으로 착륙하지 못하고 다시 복행하거나, 활주로에 심한 충격을 발생시키는 등 항공사고를 유발하는 주요 원인 중 하나다.

# 연습문제

**01** 다음 지역 중 우리나라 평균해수면 높이를 0m로 선정하여 평균해수면의 기준이 되는 지역은?

　가. 영일만　　　　　　　　　　　　나. 순천만

　다. 인천만　　　　　　　　　　　　라. 강화만

**02** 바람이 존재하는 근본적인 원인은?

　가. 기압차이　　　　　　　　　　　나. 고도차이

　다. 공기밀도 차이　　　　　　　　　라. 자전과 공전현상

**03** 안개의 시정조건은?

　가. 3마일 이하로 제한　　　　　　　나. 5마일 이하로 제한

　다. 7마일 이하로 제한　　　　　　　라. 10일 이하로 제한

**04** 해수면의 기온과 표준기압은?

　가. 15℃와 29.92 inch.Hg　　　　　나. 15℃와 29.92"mb

　다. 15°°F와 29.92 inch.Hg　　　　라. 15°°F와 29.92"mb

**05** 공기의 고기압에서 저기압으로의 직접적인 흐름을 방해하는 힘은?

　가. 구심력　　　　　　　　　　　　나. 원심력

　다. 전향력　　　　　　　　　　　　라. 마찰력

**06** 지구의 기상에서 일어나는 변화의 가장 근본적인 원인은?

　가. 해수면의 온도 상승　　　　　　나. 구름의 량

　다. 지구 표면에 받아들이는 태양 에너지의 변화　　라. 구름의 대이동

**07** 해륙풍과 산곡풍에 대한 설명 중 잘못 연결된 것은?

가. 낮에 바다에서 육지로 공기 이동하는 것을 해풍이라 한다.

나. 밤에 육지에서 바다로 공기 이동하는 것을 육풍이라 한다.

다. 낮에 골짜기에서 산 정상으로 공기 이동하는 것을 곡풍이라 한다.

라. 밤에 산 정상에서 산 아래로 공기 이동하는 것을 곡풍이라 한다.

**08** 번개와 뇌우에 관한 설명 중 틀린 것은?

가. 번개가 강할수록 뇌우도 강하다.

나. 번개가 자주 일어나면 뇌우도 계속 성장하고 있다는 것이다.

다. 번개와 뇌우의 강도와는 상관없다.

라. 밤에 멀리서 수평으로 형성되는 번개는 스콜라인이 발달하고 있음을 나타내고 있다.

**09** 다음 중 해풍에 대하여 설명한 것 중 가장 적절한 것은?

가. 여름철 해상에서 육지 방향으로 부는 바람

나. 낮에 해상에서 육지 방향으로 부는 바람

다. 낮에 육지에서 바다로 부는 바람

라. 밤에 해상에서 육지 방향으로 부는 바람

**10** 다음 중 항공기 양력발생에 영향을 미치지 않는 것은?

가. 기온　　　　　　　　　　　나. 습도

다. 기압　　　　　　　　　　　라. 바람

**11** 대부분의 기상이 발생하는 대기의 층은?

가. 대류권　　　　　　　　　　나. 성층권

다. 중간권　　　　　　　　　　라. 열권

**12** 다음 중 기상 7대 요소는 무엇인가?

가. 기압, 전선, 기온, 습도, 구름, 강수, 바람　　나. 기압, 기온, 습도, 구름, 강수, 바람, 시정

다. 해수면, 전선, 기온, 난기류, 시정, 바람, 습도　　라. 기압, 기온, 대기, 안정성, 해수면, 바람, 시정

**13  구름을 잘 구분한 것은 어느 것인가?**

가. 높이에 따른 상층운, 중층운, 하층운, 수직으로 발달한 구름

나. 층운, 적운, 난운, 권운

다. 층운, 적란운, 권운

라. 운량에 따라 작은 구름, 중간 구름, 큰 구름 그리고 수직으로 발달한 구름

**14  구름과 안개의 구분 시 발생 높이의 기준은?**

가. 구름의 발생이 AGL 50ft 이상 시 구름, 50ft이하에서 발생 시 안개

나. 구름의 발생이 AGL 70ft 이상 시 구름, 70ft이하에서 발생 시 안개

다. 구름의 발생이 AGL 90ft 이상 시 구름, 90ft이하에서 발생 시 안개

라. 구름의 발생이 AGL 120ft 이상 시 구름, 120ft이하에서 발생 시 안개

**15  물질의 상위 상태로 변화시키는데 요구되는 열에너지는 무엇인가?**

가. 잠열                         나. 열량

다. 비열                         라. 현열

**16  다음 구름의 종류 중 비가 내리는 구름은?**

가. Ac                          나. Ns

다. St                          라. Sc

**17  이슬, 안개 또는 구름이 형성될 수 있는 조건은?**

가. 수중기가 응축될 때                나. 수중기가 존재할 때

다. 기온과 노점이 같을 때              라. 수중기가 없을 때

**18  바람을 느끼고 나뭇잎이 흔들리기 시작할 때의 풍속은 어느 정도인가?**

가. 0.3~1.5m/sec                나. 1.6~3.3m/sec

다. 3.4~5.4m/sec                라. 5.5~7.9m/sec

**19** 다음 중 안개에 관한 설명 중 틀린 것은?

가. 적당한 바람만 있으면 높은 층으로 발달해 간다.

나. 공중에 떠돌아다니는 작은 물방울 집단으로 지표면 가까이에서 발생한다.

다. 수평가시거리가 3km이하가 되었을 때 안개라고 한다.

라. 공기가 냉각되고 포화상태에 도달하고 응결하기 위한 핵이 필요하다.


**20** 운량의 구분 시 하늘의 상태가 5/8~6/8 인 경우를 무엇이라 하는가?

가. Sky Clear(SKC/CLR)  　　　　나. scattered(SCT)

다. broken(BKN)  　　　　　　　라. overcast(OVC)


**21** 구름의 형성조건이 아닌 것은?

가. 풍부한 수증기  　　　　　　나. 냉각작용

다. 응결핵  　　　　　　　　　라. 시정


**22** 다음 중 고기압이나 저기압 시스템의 설명에 관하여 맞는 것은?

가. 고기압 지역 또는 마루에서 공기는 올라간다.

나. 고기압 지역 또는 마루에서 공기는 내려간다.

다. 저기압 지역 또는 골에서 공기는 정체한다.

라. 저기압 지역 도는 골에서 공기는 내려간다.


**23** 산바람과 골바람에 대한 설명 중 맞는 것은?

가. 산악지역에서 낮에 형성되는 바람은 골바람으로 산 아래에서 산 위(정상)로 부는 바람이다.

나. 산바람은 산 정상부분으로 불고 골바람 은 산 정상에서 아래로 부는 바람이다.

다. 산바람과 골바람 모두 산의 경사 정도에 따라 가열되는 정도에 따른 바람이다.

라. 산바람은 낮에 그리고 골바람은 밤에 형성된다.


**24** 뇌우 발생 시 항상 함께 동반되는 기상현상은?

가. 강한 소나기  　　　　　　　나. 스콜라인

다. 과냉각 물방울  　　　　　　라. 번개

**25** "한랭기단의 찬 공기가 온난기단의 따뜻한 공기 쪽으로 파고 들 때 형성되며 전선 부근에 소나기나 뇌우, 우박 등 궂은 날씨를 동반 하는 전선"을 무슨 전선인가?

　가. 한랭전선　　　　　　　　　　　나. 온난전선

　다. 정체전선　　　　　　　　　　　라. 폐색전선

**26** 일반적으로 안개, 연무, 박무를 구분하는 시정조건이 틀린 것은?

　가. 안개 : 1km미만　　　　　　　　나. 박무 : 2km미만

　다. 연무 : 2-5km　　　　　　　　　라. 안개 : 2km

**27** 안정대기 상태란 무엇인가?

　가. 불안정한 시정　　　　　　　　　나. 지속적 강수

　다. 불안정 난류　　　　　　　　　　라. 안정된 기류

**28** 습한 공기가 산 경사면을 타고 상승하면서 팽창함에 따라 공기가 노점이하로 단열냉각 되면서 발생하며, 주로 산악지대에서 관찰되고 구름의 존재에 관계없이 형성되는 안개는?

　가. 활승안개　　　　　　　　　　　나. 이류안개

　다. 증기안개　　　　　　　　　　　라. 복사안개

**29** 대기 중에서 가장 많은 기체는 무엇인가?

　가. 산소　　　　　　　　　　　　　나. 질소

　다. 이산화탄소　　　　　　　　　　라. 수소

**30** 1기압에 대한 설명 중 틀린 것은?

　가. 폭 1㎠, 높이 76㎝의 수은주 기둥　　나. 폭 1㎠, 높이 1,000km의 공기기둥

　다. 760mmHg = 29.92inHg　　　　라. 1,015mbar = 1,015bar

**31** 물질 1g의 온도를 1℃ 올리는데 요구되는 열은?

　가. 잠열　　　　　　　　　　　　　나. 열량

　다. 비열　　　　　　　　　　　　　라. 현열

**32** 기온과 이슬점 기온의 분포가 5% 이하 일때 예측 대기현상은?

　가. 서리　　　　　　　　　　　나. 이슬비

　다. 강수　　　　　　　　　　　라. 안개

**33** 다음 중 열량에 대한 내용으로 맞는 것은?

　가. 물질의 온도가 증가함에 따라 열에너지를 흡수할 수 있는 양

　나. 물질 10g의 온도를 10℃ 올리는데 요구되는 열

　다. 온도계로 측정한 온도

　라. 물질의 하위 상태로 변화시키는데 요구되는 열에너지

**34** 대기 중의 수증기의 양을 나타내는 것은?

　가. 습도　　　　　　　　　　　나. 기온

　다. 밀도　　　　　　　　　　　라. 기압

**35** 강수 발생률을 강화시키는 것은?

　가. 온난한 하강기류　　　　　　나. 수직활동

　다. 상승기류　　　　　　　　　라. 수평활동

**36** 푄 현상의 발생조건이 아닌 것은?

　가. 지형적 상승현상　　　　　　나. 습한 공기

　다. 건조하고 습윤단열기온감률　　라. 강한 기압경도력

**37** 우리나라에 영향을 미치는 기단 중 초여름 장마기에 해양성 한대 기단으로 불연속선의 장마전선을 이루어 영향을 미치는 기단은?

　가. 시베리아 기단　　　　　　　나. 양쯔강 기단

　다. 오호츠크 기단　　　　　　　라. 북태평양 기단

**38** 뇌우 형성조건이 아닌 것은?

　가. 대기의 불안정　　　　　　　나. 풍부한 수증기

　다. 강한 상승기류　　　　　　　라. 강한 하강기류

39  가열된 공기와 냉각된 공기의 수직순환 형태를 무엇이라고 하는가?

　　가. 복사　　　　　　　　　　　　　　나. 전도

　　다. 대류　　　　　　　　　　　　　　라. 이류

40  습윤하고 온난한 공기가 한랭한 육지나 수면으로 이동해 오면 하층부터 냉각되어 공기 속의 수증기가 응결되어 생기는 안개로 바다에서 주로 발생하는 안개는?

　　가. 활승안개　　　　　　　　　　　　나. 이류안개

　　다. 증기안개　　　　　　　　　　　　라. 복사안개

41  짧은 거리 내에서 순간적으로 풍향과 풍속이 급변하는 현상으로 뇌우, 전선, 깔때기 형태의 바람, 산악파 등에 의해 형성되는 것은?

　　가. 윈드시어　　　　　　　　　　　　나. 돌풍

　　다. 회오리바람　　　　　　　　　　　라. 토네이도

42  이슬비란 무엇인가?

　　가. 빗방울 크기가 직경 0.5mm 이하일 때　　　　나. 빗방울 크기가 직경 0.7mm 이하일 때

　　다. 빗방울 크기가 직경 0.9mm 이하일 때　　　　라. 빗방울 크기가 직경 1mm 이하일 때

43  기온의 변화가 거의 없으며 평균 높이가 약 17km의 대기권 층은 무엇인가?

　　가. 대류권　　　　　　　　　　　　　나. 대류권계면

　　다. 성층권계면　　　　　　　　　　　라. 성층권

44  이류안개가 가장 많이 발생하는 지역은 어디인가?

　　가. 산 경사지　　　　　　　　　　　　나. 해안지역

　　다. 수평 내륙지역　　　　　　　　　　라. 산간 내륙지역

45  태풍의 세력이 약해져서 소멸되기 직전 또는 소멸되어 무엇으로 변하는가?

　　가. 열대성 고기압　　　　　　　　　　나. 열대성 저기압

　　다. 열대성 폭풍　　　　　　　　　　　라. 편서풍

**46** 항공정기기상보고에서 바람 방향, 즉 풍향의 기준은 무엇인가?

가. 자북

나. 진북

다. 도북

라. 자북과 도북

**47** 현재의 지상기온이 31℃ 일 때 3,000피트 상공의 기온은? (단, 조건은 ISA 조건이다)

가. 25℃

나. 37℃

다. 29℃

라. 34℃

**48** 다음 중 착빙에 관한 설명 중 틀린 것은?

가. 착빙은 지표면의 기온이 추운 겨울철에 만 발생하며 조심하면 된다.

나. 항공기의 이륙을 어렵게 하거나 불가능 하게도 할 수 있다.

다. 양력을 감소시킨다.

라. 마찰을 일으켜 항력을 증가시킨다.

**49** 다음 중 기압에 대한 설명으로 틀린 것은?

가. 일반적으로 고기압권에서는 날씨가 맑고 저기압권에서는 날씨가 흐린 경향을 보인다.

나. 북반구 고기압 지역에서 공기흐름은 시계방향으로 회전하면서 확산된다.

다. 등압선의 간격이 클수록 바람이 약하다.

라. 해수면 기압 또는 동일한 기압대를 형성하는 지역을 따라서 그은 선을 등고선이라 한다.

**50** 바람에 대한 설명으로 틀린 것은?

가. 풍속의 단위는 m/s, Knot 등을 사용한다.

나. 풍향은 지리학상의 진북을 기준으로 한다.

다. 풍속은 공기가 이동한 거리와 이에 소요되는 시간의 비(比) 이다.

라. 바람은 기압이 낮은 곳에서 높은 곳으로 흘러가는 공기의 흐름이다.

**51** 안개가 발생하기 적합한 조건이 아닌 것은?

가. 대기의 성층이 안정할 것

나. 냉각작용이 있을 것

다. 강한 난류가 존재할 것

라. 바람이 없을 것

**52** 고기압 지역에서 저기압 지역으로 고도계 조정 없이 비행하면 고도계는 어떻게 변화하는가?

가. 해면 위 실제 고도보다 낮게 지시　　　　나. 해면 위 실제 고도 지시

다. 해면 위 실제 고도보다 높게 지시　　　　라. 변화하지 않는다.

**53** 대기의 기온이 0℃ 이하에서도 물방울이 액체로 존재하는 것은?

가. 응결수　　　　　　　　　　　　　　나. 과냉각수

다. 수증기　　　　　　　　　　　　　　라. 용해수

**54** 대기 중 산소의 분포율은 얼마인가?

가. 10%　　　　　　　　　　　　　　　나. 21%

다. 30%　　　　라. 60%

**55** 지표면에서 기온역전이 가장 잘 일어날 수 있는 조건은?

가. 바람이 많고 기온차가 매우 높은 낮　　나. 약한 바람이 불고 구름이 많은 밤

다. 강한 바람과 함께 강한 비가 내리는 낮　라. 맑고 약한 바람이 존재하는 서늘한 밤

**56** 산악지형에서의 렌즈형구름이 나타내는 것은 무엇 때문인가?

가. 불안정 공기　　　　　　　　　　　나. 비구름

다. 난기류　　　　　　　　　　　　　　라. 역전형상

**57** 우박형성과 가장 밀접한 구름은?

가. 적운　　　　　　　　　　　　　　　나. 적란운

다. 층적운　　　　　　　　　　　　　　라. 난층운

**58** 구름의 형성 요인 중 가장 관련이 없는 것은?

가. 냉각(Cooling)　　　　　　　　　　나. 수증기(Water vapor)

다. 응결핵(Condensation nuclei)　　　　라. 온난전선(Warm front)

**59** 대기에서 상대습도 100%라는 것은 무엇을 의미하는가?

　가. 현재의 기온에서 최대 가용 수증기양이 100%가용 가능하다는 것이다.

　나. 현재의 기온에서 최대 가용 수증기 양 대비 실제 수증기의 양이 100%라는 뜻이다.

　다. 현재의 기온에서 최소 가용 수증기 양을 뜻한다.

　라. 현재의 기온에서 단위 체적 당 수증기 양이 100%라는 뜻이다.


**60** 난기류(Turbulence)를 발생하는 주요인 이 아닌 것은?

　가. 기류의 수직 대류현상　　　　　　　나. 바람의 흐름에 대한 장애물

　다. 대형 항공기에서 발생하는 후류의 영향　　라. 안정된 대기상태


**61** 주로 봄과 가을에 이동성 고기압과 함께 동진해 와서 따뜻하고 건조한 일기를 나타내는 기단은?

　가. 오호츠크해 기단　　　　　　　　　나. 적도기단

　다. 북태평양기단　　　　　　　　　　　라. 양쯔강기단


**62** 착빙(Icing)에 대한 설명 중 틀린 것은?

　가. 양력과 무게를 증가시켜 추진력을 감소시키고 항력은 증가시킨다.

　나. 거친 착빙도 항공기 날개의 공기 역학에 심각한 영향을 줄 수 있다.

　다. 착빙은 날개뿐만 아니라 Carburetor, Pitot관 등에도 발생한다.

　라. 습한 공기가 기체 표면에 부딪치면서 결빙이 발생하는 현상이다.


**63** 다음은 무슨 구름인가?

　가. 권층운

　나. 고층운

　다. 층적운

　라. 난층운

**64** 다음 중 해풍에 대하여 설명한 것 중 가장 적절한 것은?

　가. 여름철 해상에서 육지 방향으로 부는 바람　　나. 낮에 해상에서 육지 방향으로 부는 바람

　다. 낮에 육지에서 바다로 부는 바람　　　　　　라. 밤에 해상에서 육지 방향으로 부는 바람

**65** 다음 중 항공기 양력발생에 영향을 미치지 않는 것은?

가. 기온

나. 습도

다. 바람

라. 기압


**66** 안개의 시성조건은?

가. 3마일 이하로 제한

나. 7마일 이하로 제한

다. 9마일 이하로 제한

라. 12마일 이하로 제한


**67** 1000ft당 상온의 기온은 몇도 씩 감소하는가?(단, ICAO의 표준 대기 조건)

가. 1℃

나. 2℃

다. 3℃

라. 4℃


**68** 해륙풍과 산곡풍에 대한 설명 중 잘못 연결된 것은?

가. 낮에 바다에서 육지로 공기가 이동하는 것을 해풍이라 한다.

나. 밤에 육지에서 바다로 공기가 이동하는 것을 육풍이라 한다.

다. 낮에 골짜기에서 산 정상으로 공기가 이동하는 것을 곡풍이라 한다.

라. 밤에 산 정상에서 산 아래로 공기가 이동하는 것을 곡풍이라 한다.


**69** 물방울이 비행장치의 표면에 부딪치면서 표면을 덮은 수막이 천천히 얼어붙고 투명하고 단단한 착빙은 무엇인가?

가. 싸락눈

나. 거친 착빙

다. 서리

라. 맑은 착빙


**70** 기압 고도계를 장비한 비행기가 일정한 계기 고도를 유지하면서 기압이 낮은 곳에서 높은 곳으로 비행할 때 기압 고도계의 지침의 상태는?

가. 실제고도 보다 높게 지시한다.

나. 실제고도와 일치한다.

다. 실제고도 보다 낮게 지시한다.

라. 실제고도보다 높게 지시한 후에 서서히 일치한다.

**71** 북반구 고기압과 저기압의 회전방향으로 오른 것은?

　가. 고기압-시계방향, 저기압-시계방향　　　나. 고기압-시계방향, 저기압-반시계방향

　다. 고기압-반시계방향, 저기압-시계방향　　라. 고기압-반시계방향, 저기압-반시계방향

**72** 해양의 특성인 많은 습기를 함유하고 비교적 찬 공기 특성을 지니고 늦봄, 초여름에 높새바람과 장마전선을 동반한 기단은?

　가. 오호츠크기단　　　　　　　　　　나. 양쯔강기단

　다. 북태평양기단　　　　　　　　　　라. 적도기단

 **정답**

| 1 | 다 | 13 | 가 | 25 | 가 | 37 | 다 | 49 | 라 | 61 | 라 |
|---|---|---|---|---|---|---|---|---|---|---|---|
| 2 | 가 | 14 | 가 | 26 | 라 | 38 | 라 | 50 | 라 | 62 | 가 |
| 3 | 가 | 15 | 가 | 27 | 라 | 39 | 다 | 51 | 다 | 63 | 라 |
| 4 | 가 | 16 | 나 | 28 | 가 | 40 | 다 | 52 | 다 | 64 | 나 |
| 5 | 다 | 17 | 가 | 29 | 나 | 41 | 가 | 53 | 나 | 65 | 라 |
| 6 | 다 | 18 | 나 | 30 | 라 | 42 | 가 | 54 | 나 | 66 | 가 |
| 7 | 라 | 19 | 다 | 31 | 다 | 43 | 나 | 55 | 라 | 67 | 나 |
| 8 | 다 | 20 | 다 | 32 | 라 | 44 | 나 | 56 | 다 | 68 | 라 |
| 9 | 나 | 21 | 라 | 33 | 가 | 45 | 나 | 57 | 나 | 69 | 라 |
| 10 | 다 | 22 | 나 | 34 | 가 | 46 | 나 | 58 | 라 | 70 | 다 |
| 11 | 가 | 23 | 가 | 35 | 다 | 47 | 가 | 59 | 나 | 71 | 나 |
| 12 | 나 | 24 | 라 | 36 | 라 | 48 | 가 | 60 | 라 | 72 | 가 |

# 항공 역학

# 1  대기

## 1.1  대기의 성질

### 1) 대기의 성분

- 대기: 지구의 중력에 의하여 지구 주위를 둘러싸고 있는 기체를 총칭함.
- 수증기를 제외한 건조 공기의 성분은 거의 일정한 비율로 되어 있음.
- 건조 공기의 성분(%): $N_2$(질소): 78.09, $O_2$(산소): 20.95, Ar(아르곤): 0.93, $CO_2$(이산화탄소): 0.03

### 2) 대기의 성분

#### (1) 고도 변화에 따른 구조

- 압력: 항공 분야에서 말하는 압력이란 지구의 중력에 의하여 지구를 둘러싸고 있는 기체들의 무게에 의하여 눌려지는 압력, 즉 대기압으로 가정하며 고도가 증가하면 공중에서 누르는 대기의 양이 감소하므로 압력이 감소함.
- 밀도: 밀도란 단위 체적 당 질량($kg/m^3$)을 뜻하며, 같은 공간 안에 들어있는 양을 의미함. 고도가 증가하면 압력이 감소하여 양의 변화는 없으나 공간이 증가하므로 밀도는 감소함.
- 온도: 태양의 복사 에너지를 받는 곳은 지표면이기 때문에 지표면에서 고도가 증가하면 온도가 감소됨(표준 해수면의 온도 288K(15℃)에서 11km 까지 1km 당 6.5K 씩 감소하여 11 km 이상에서 216.5K(-56.5℃) 로 일정). 그러나 태양과의 거리가 가까워지면 다시 온도가 증가됨(대기권의 온도에 따른 분류 중 열권에서부터 온도가 증가).

## (2) 성분비에 따른 구조

- 균질권: 대기권의 주성분인 $N_2$, $O_2$, Ar 등의 성분비가 일정(지표면에서 고도 약 8km 까지)
- 비균질권: 대기권의 주성분인 $N_2$, $O_2$, Ar 등의 성분비가 변화됨(지표면에서 고도 약 80km 이상)

## (3) 온도 변화에 따른 대기권의 구조

- 대기권은 고도 변화에 따라 온도의 변화가 있어 이 변화를 기준으로 5개의 층을 분리하여 대류권, 성층권, 중간권, 열권, 극외권으로 구분하며, 각 권별 경계층을 대류권 계면, 성층권 계면, 중간권 계면, 열권 계면이라 부름.
- 대류권(지표면에서부터 약 11km)
  ① 고도 증가에 따라 온도가 감소됨(1km 당 6.5K 정도 감소).
  ② 288K(15℃)(표준 해수면 온도): 6.5h(h : km 단위의 높이)
  ③ 고도 증가에 따라 온도가 감소하여 저고도에서 온도가 높고 고고도에서 온도가 낮음. 따라서 온도가 낮아 무게가 무거운 기체가 아래로 내려오고 온도가 높아 가벼운 기체가 위로 올라가는 공기의 대류 현상이 발생함.
  ④ 공기의 대류 현상에 의해 기상 현상 발생
  ⑤ 대류권 계면(지상에서 약 11km): 대류권과 성층권의 경계면으로 가정되며, 이 구역에서는 공기의 대류 현상이 없어 대기가 안정하며, 제트기류(서쪽에서 동쪽으로 부는 37m/sec. 의 바람)가 불어 비행에 적합한 고도임.
- 성층권(11~15km)
  ① 성층권 윗부분(약 30km)에 오존층이 있어 자외선을 흡수함.
  ② 오존층이 자외선을 흡수할 때 온도가 증가하여 고도 증가에 따라 온도가 감소하여야 하나 온도의 변화가 거의 없는 구역
- 중간권(50~80km): 고도 증가에 따른 온도 감소에 의해 온도가 가장 낮은 구역(열권부터는 태양과 가까워져 온도가 증가함.)
- 열권(80~500km)
  ① 고도 증가에 따라 온도가 증가함.
  ② 고도 증가에 의해 압력이 감소하여 분자의 핵과 전자 사이의 간격이 멀어지게 되고, 이러한 분자에 자외선이 흡수되어 전자와 핵이 분리되는 전리층이 발생함.
  ③ 전리층의 역할: 분자의 핵과 전자가 분리되면 전기적인 성질을 띠게 되어 전파를 흡수 및 반사하여 통신에 영향을 끼치며, 태양에서 방출하는 양성자와 전자 등의 대전 입자들을 만나 오

로라(극광) 현상이 발생함.

- 극외권(500km 이상)

  ① 대기가 진공으로 흡수되는 층으로 공기 입자 간의 간격이 커지고 분자 간의 충돌이 없음.

  ② 분자와 원자가 탄환가 같은 궤적을 그리며 운동함.

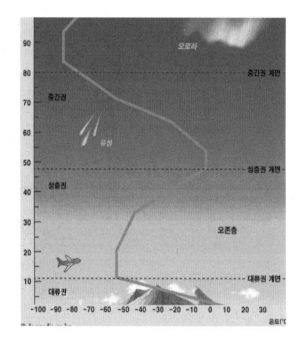

(그림 3-1) 대기권의 온도 변화에 따른 구성[33]

## 3) 국제 표준 대기(ISA)

- 대기의 상태가 지역과 시간에 따라 달라지므로 고도에 따라 기준해야 할 표준 값을 국제 민간 항공 기구(ICAO)에서 설정한 것임.

### (1) 건조 공기로서 이상기체 상태방정식

- 이상기체 상태방정식: $Pv = RT$ (P: 압력, kgf/㎡, N/㎡, Pa), v: 비체적, ㎥/kg, ㎥/kgf), R: 기체 상수, 29.27 kgf · m/kg · K, 287 N · m/kg · K), T: 절대온도, ℃+273K))

---

33) https://ko.wikipedia.org/wiki/%EC%A7%80%EA%B5%AC_%EB%8C%80%EA%B8%B0%EA%B6%8C

## (2) 표준 해면 고도에서의 용어 정리

① 대기압, 표준 대기압($P_0$): 기압계로 측정한 압력

② 게이지 압력: 압력계로 측정한 압력으로 대기압을 기준으로 하여 그 이상에 있는 압력(대기압 = 0, 게이지압)

③ 진공압(진공 게이지, 부압): 완전 진공에서부터 대기압까지를 측정한 압력으로 진공계로 측정한 압력

④ 진공도: 진공압의 크기를 백분율(%)로 나타냄.

⑤ 절대 압력: 완전 진공을 기준으로 측정한 압력(대기압+게이지압)

■ 고도의 종류

① 기하학적 고도: 종래의 고도 측정 방법으로 중력 가속도 $g_0$가 변화되는 것을 반영하지 않은 고도(중력 가속도 $g_0$가 일정한 고도)

② 지오 퍼텐셜 고도: 고도 변화에 따라 중력 가속도가 변화된다는 것을 알고 중력 가속도가 $g_0$로 일정하다고 가정하여 중력 가속도가 변화되는 위치 에너지와 중력 가속도가 일정하도고 가정한 위치 에너지를 비교하여 계산한 고도임.

③ 기압 고도: 기압 표준선(표준대기압 760mmHg)으로부터의 고도

④ 진고도: 해면상에서 부터의 고도

⑤ 절대 고도: 항공기로부터 그 당시의 지형까지의 고도

---

## 1.2 유체의 일반적 성질

### 1) 유체의 정의

- 흐르는 물질 즉, 어떤 힘에 의해 변형되기 쉬운 성질을 갖는 고체가 아닌 물질로서 일반적으로 액체와 기체 상태로 존재함.
- 압축이나 인장력 하에서만 고체와 같은 탄성을 가지며 아주 작은 전단력이라도 작용하면 연속적으로 변형이 일어나 흐르는 물질
- 정지 상태에서는 수직 응력이 작용하고 유동 상태에서는 전단력이 작용하여 연속적으로 변형을

일으킴.

- 전단력(shearing force): ① 부피 변화 없이 작용면(표면)에 접선 방향으로 작용하는 변형력 즉, 작용하는 단면적에 평행한 힘, ② 물체의 어떤 단면에 평행으로 서로 반대방향인 한 쌍의 힘을 작용시키면 물체가 그 면을 따라 미끄러져서 절단되는 것을 전단 또는 층 밀리기 라고 하고, 이때 받는 작용을 전단 작용이라 하며, 이와 같은 작용이 미치는 힘을 전단력이라고 함.

- 응력(stress): ① 물체가 외력에 의해 변형이 생겼을 때 물체 내부에서 발생하는 단위 면적당 저항력, ② 유체가 외부로부터 힘(전단력, 외력)을 받으면 그 유체 내부에는 그 힘과 크기는 같고 방향이 반대로 작용하여 유체의 원형을 유지하려는 힘(저항력)이 생기는데, 이 힘을 응력(應力)이라고 함, ③ 전단력에 의해서 물체 내부의 단면에 생기는 내력(內力)을 전단응력(剪斷應力) 이라고 하며, 단위 면적당의 힘으로 표시됨.

- 응력에는 전단응력과 수직(법선)응력(normal stress)이 있음.
  ① 전단응력(shearing stress) : 전단력에 대응하여 발생하는 응력

$$전단응력(\gamma) = \frac{전단력}{단면적} [N/m^2, lb/ft^2]$$

  ② 수직응력(normal stress) : 어떤 단면에 대한 수직방향의 응력으로, 수직하중이 작용 할 때 이에 대응하여 발생하는 응력

$$수직응력(\gamma) = \frac{수직력}{단면적} [N/m^2, lb/ft^2]$$

## 2) 유체의 분류

- 유체는 밀도(density, $\rho$)와 점성도(viscosity)에 따라 분류함.

### (1) 압축성(밀도의 변화) 유무

- 모든 유체는 압축성을 가짐. 그러나 해석 조건에 따라 압축을 고려하는 가 또는 무시하는 가에 따라 분류됨.
  ① 압축성 유체: 압축이 되는 유체 즉, 압력에 따라 체적, 온도, 밀도 등이 변하는 유체임. 일반적으로 기체 또는 고속 흐름의 기체, 수격 작용 해석 시의 액체로 가정

② 비압축성 유체: 압축이 되지 않는다고 가정한 유체임. 압력에 따라 체적, 온도, 밀도의 변화가 없다고 가정한 유체. 일반적으로 액체 또는 저속 흐름의 기체

## (2) 점성에 따른 분류

● 모든 유체는 점성을 가짐. 그러나 해석 조건에 따라 점성을 고려하는 가 또는 무시하는 가에 따라 분류됨.
   ① 점성 유체: 점성을 가지는 유체로 실제 유체를 말함.
   ② 비점성 유체: 유체의 해석을 단순화하기 위해 점성이 없다고 가정한 유체(이상유체)
   ※ 이상유체: 유체의 해석을 위해 가정한 유체로 좁은 의미에서는 비점성 유체를 말하며, 넓은 의미에서는 비점성 및 비압축성 유체를 말함.

## (3) 점성계수의 변동 유무에 따른 분류

① 뉴턴유체: 속도, 기울기에 따라 점성계수가 변하지 않는 유체(물, 공기, 기름 등)
② 비뉴턴유체: 속도, 기울기에 따라 점성계수가 변하는 유체(혈액, 페인트, 타르 등)

## 3) 유체의 질량, 밀도, 비체적, 비중량, 비중

### (1) 질량(mass), m

● 질량은 물체의 양(Quantity)을 나타내는 말로서 압력과 온도가 일정한 경우 시간과 위치에 따라 변하지 않는 양(질량보존의 법칙(Law of conservation of mass))으로 SI 단위에서는 kg 이며, 공학 단위에서는 무게를 중력가속도로 나눈 값으로 나타냄.

### (2) 밀도(Density), $\rho$

● 밀도는 물체의 구성 입자가 얼마나 조밀하게 들어있는가를 나타내는 물리량으로 단위 체적이 갖는 유체의 질량 또는 비질량(specific mass)이라 함.

$$\rho = \frac{질량}{체적} = \frac{kg}{m^3} . 차원 [ML^{-3}]$$

$$\rho = \frac{무게 / 가속도}{체적} = \frac{W / g}{m^3} = \frac{kg_f / [m / s^2]}{m^3} = kg_f \cdot s^2 / m^4$$

- 물은 일정한 부피를 가지고 있으나 온도, 압력 그리고 불순물의 함유에 따라 조금씩 팽창 또는 수축을 함. (그림 2-1)은 1기압 하에서 온도 변화에 따른 밀도의 변화를 나타낸 것으로 순수한 물은 4℃(277K)에서 최대 크기를 가지며 온도의 증감에 따라 다소 감소하는 것을 알 수 있음.

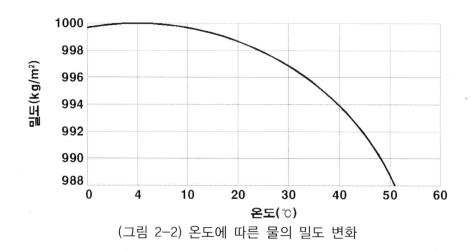

(그림 2-2) 온도에 따른 물의 밀도 변화

(3) 비중량(specific weight), $\gamma$

- 비중량은 단위 체적이 갖는 유체의 무게(중량)으로

$$\gamma = \frac{무게}{체적} = \frac{W}{V} \qquad [kg_f / m^3], \quad [N / m^3] \quad 차원은 FL^{-3}$$

$\gamma = \rho g$, 여기서 $g = 9.8 m/s^2$

$$\gamma = \rho g \; (\because \gamma = \frac{W}{V} = \frac{mg}{V} = \frac{m}{V} g)$$

(4) 비체적(specific volume), $\nu$

- 단위 질량 또는 단위 중량이 갖는 체적으로 밀도 및 비중량의 역수로 나타낼 수 있음.

$$\nu = \frac{1}{\rho} = \frac{V}{m} \, [m^3/kg] \, (SI단위), \; \nu = \frac{1}{\gamma} = \frac{V}{G} [m^3/kg_f] \, (공학단위)$$

## (5) 비중 (specific gravity), s

- 비중이란 4 ℃(277 K)에서 순수한 물의 밀도, 비중량, 무게에 대한 대상 물질의 밀도, 비중량, 무게의 비로 정의됨.

$$s = \frac{\rho}{\rho_w} = \frac{\gamma}{\gamma_w} = \frac{W}{W_w} . \; 즉, 비중 = \frac{어떤 \; 물체의 \; 밀도, 비중량, 무게}{물의 \; 밀도, 비중량, 무게}$$

- 위 식으로부터 어떤 물질의 밀도는 $\rho = \rho_w s$, $\gamma = \gamma_w s$ 에 의해 구할 수 있음. 물의 밀도 $\rho_w$는 4℃ (277K) 일 때, 1,000 [kg/㎥] 이므로 이를 기준으로 $\rho = 1,000s$로 표시되고 비중 s도 온도에 따라 변화함.

## 4) 유체의 압축성, 점성, 표면장력, 모세관 현상, 포화 증기압

### (1) 유체의 압축성

- 유체인 물은 외부에서 압력을 받으면 체적이 감소하고 압력을 제거하면 원상태로 되돌아 감. 이와 같은 성질을 물의 압축성이라고 함(물은 미소하지만 압축됨). 그리고 물속에 함유된 공기의 양에 따라서 압축되는 정도가 다름. 또한 액체는 형상에 대해 강성을 가지지 않으므로 탄성계수는 체적에 기준을 두어 정의하여야 하며, 이 계수를 체적 탄성계수(Bulk modulus of elasticity)라고 함.
- 그림 3-3(a) 실린더에 힘 F를 피스톤에 가하면 유체의 압력(P)은 증가할 것이고 체적은 감소될 것임. P와 $\frac{V_0}{V_1}$ 의 관계를 도식화 한 것이 그림 3-3(b)의 압력-변형률 선도(Pressure-diagram) 이며, 곡선 상의 임의의 점에서 곡선의 기울기가 그 점(압력과 체적)에서의 체적 탄성계수로 정의됨. 즉, 체적 탄성계수 = 압력 변화량/체적 변화율 이므로 체적 변화량($V_1 - V_0 = \Delta V$), 체적 변화율 ($\Delta V / V_1$), 압력 변화량($P_1 - P_2 = \Delta P$)으로 식을 정의할 수 있으며 체적 탄성계수 K 는 $K = -\frac{\Delta p}{\Delta V / V_1}$ 로 나타내고 부호가 (-)인 이유는 체적 탄성계수를 (+)로 하기 위함임. ( $\Delta P$ 와

ΔV 가 항상 반대 부호 이므로)

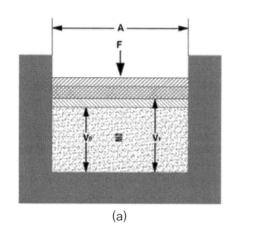 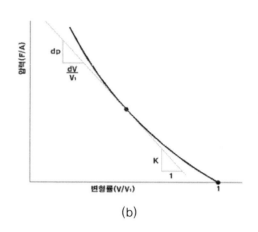

(a)                    (b)

(그림 3-3) 체적 탄성계수

● 체적 탄성계수 K 의 역수를 압축률(Compressibility)이라 하며 다음과 같이 정의됨.

$$\beta = - \frac{\frac{\Delta V}{V_1}}{\Delta p} .$$  여기서 $\beta$ : 압축률(Compressibility)

## (2) 유체의 점성(viscosity)

● 운동하고 있는 유체에 있어서 서로 인접하고 있는 층 사이에 미끄럼이 생기면 빨리 움직이려는 층과 저항하려는 층 사이에 마찰이 생기게 되는 이것을 유체 마찰(Fluid friction)이라 하고, 유체 마찰이 생기는 성질을 점성(Viscosity)이라 함. 이와 같이 점성은 변형에 저항하는 유체의 저항 정도를 나타내므로 유체의 점성은 유체의 이동을 조절함. 또한 단위 길이, 시간당의 질량으로 정의되며 $\mu = \frac{M}{L \times T}$ 여기서 M: 물질의 질량(kg), L: 단위 길이(m), T: 단위 시간(sec.)

● 젖은 2개 표면을 마찰(비빌)시킬 때 두 표면 사이의 상대속도는 그 표면 사이의 전단 저항에 비례하며, 유체 막의 두께에 따라 운동 저항이 달라지는데 두꺼울수록 전단 저항이 감소되어 쉽게 움직임.

● Newton의 점성법칙. 그림 3-4에 있어서 서로 이웃하는 얇은 2개의 층 사이에 du의 속도차가 생

길 때, 경계면에 작용하는 단위 면적당 마찰력(힘)은 실험에 의하여 가해진 힘 F는 전단력이 작용하는 평판의 면적 A와 속도 U에 비례하고 평판 사이의 간격 h의 반비례함.

$$F \propto \frac{AU}{h} = A\frac{du}{dy}$$

- 따라서 각 층 사이에 생기는 전단응력 $\tau$는 다음과 같음.

$$\tau = \frac{F}{A} \propto \frac{du}{dy} \text{ 에서}$$

- 비례관계를 비례상수 $\mu$를 이용하여 정리하면,

$$\tau = \mu \frac{du}{dy}$$

- 즉, 전단저항 = 점성 × $\dfrac{\text{상대속도}}{\text{유체층의 두께}}$ 식으로 나타내면,

$$\tau = \mu\frac{\triangle U}{h} , \ F = A \cdot \mu\frac{\triangle U}{h}$$

- 위와 같은 식을 Newton 의 점성법칙이라고 함. 여기서 $\tau$는 단위 면적당의 마찰력으로서, 이것을 전단저항 또한 전단응력(Shear stress)이라 하며, 비례 상수 $\mu$는 점성계수(Coefficient of viscosity), $\dfrac{du}{dy}$를 속도구배(Velocity gradient) 또는 전단 변형율이라 함.

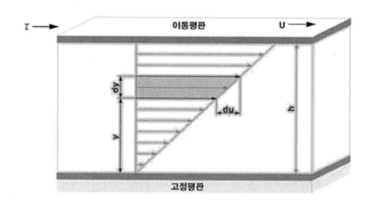

(그림 3-4) 두 평판 사이의 유동

- 전단응력과 속도구배의 관계는 원점을 지나는 직선임. (그림 3-5과 같이 전단응력과 속도구배에 따라 다음과 같이 구별됨.)

  ① 뉴턴 유체: 점도 $\mu$가 속도구배 $\dfrac{du}{dy}$에 관계없이 일정한 값을 가진 유체. 물, 공기, 기름 등 공학 관점에서 뉴턴 유체로 취급하고 점도가 비교적 낮은 유체에 포함됨.

  ② 비뉴턴 유체: 점도 $\mu$가 속도구배 $\dfrac{du}{dy}$에 관계가 직선이 아닌 유체.

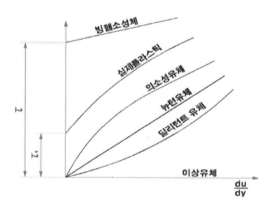

(그림 3-5) 전단응력과 속도 구배(기울기)와의 관계

## (3) 동점성계수(kinematic viscosity)

- 유체의 운동을 다룰 때 점성계수 $\mu$를 밀도 $\rho$로 나눈 값을 쓰면 계산하기 편리함. 이를 동점성계수(Kinematic viscosity, $\nu$)라고 함. $\nu = \dfrac{\mu}{\rho}$

- 동점성계수 $\nu$의 단위는 공학 단위 ㎡/s, 절대 단위 ㎠/s임. 주로 $\nu$의 단위는 Stokes(기호: St)를 사용함. 1 Stokes = 1 St = 1㎠/s = $10^{-4}$㎡/s = 100 cSt(Centi stokes). 액체인 경우 온도만의 함수이고, 기체인 경우에는 온도와 압력의 함수임.

## (4) 표면장력

- 유체의 표면에 작용하여 표면적을 최소화하려는 힘으로 액체 상태에서 외력이 없는 경우 거의 구형을 유지하려는데 작용하는 장력을 말함. 정상적인 조건하에서 물 분자는 3 방향으로 결합되어 있음. 즉, 액체 표면 근처에는 공기와 액체 분자 사이의 응집력 보다 액체 분자 사이의 응집력이 크기 때문에 물 표면에서 상(위쪽) 방향으로 결합이 존재하지 않아 분자는 표면을 따라 그 결합을 증가시키려는 잉여 결합 에너지를 갖음. 이것은 분자 인력을 증가시키는 얇은 층으로 나타내는데 이것을 표면장력이라고 함.

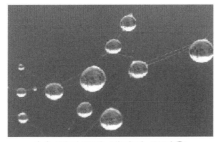
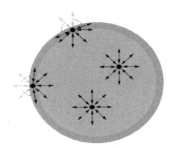

(a) 거미줄에 매달린 물방울        (b) 액체 분자의 힘의 방향

(그림 3-6) 표면장력 예시

- 특징: 이는 소화(소방 관련)에서 가장 중요한 물의 특성 인자 중의 하나이며 물 표면에서 물 분자 사이의 응집력 증가는 물의 온도와 전해질 함유량에 좌우됨. 1) 물에 함유된 염분은 표면장력을 증가시킴. 2) 비누, 알코올 및 산 같은 유기 물질은 표면장력을 감소시킴. 즉 비누・샴푸 등 계면 활성제는 표면장력을 적게 해주어 소화효과를 증대시킴.
- 물의 표면장력이 소화에 미치는 영향으로는 표면장력은 물방울을 유지시키는 힘으로서 물분무의 경우 물안개 형성을 방해함. (냉각 효과를 저해함. → 표면적 최소 경향으로 저해됨.) 계면 활성제: 표면장력을 감소(비누, 샴푸), Wetting agent(습윤제)
- 표면장력 식

① 액체의 표면에는 응집력 때문에 항상 표면적이 작아지려는 장력이 발생함. 이 때 단위 길이당 발생하는 인력을 표면장력이라고 함.

② (그림 3-7)과 같이 지름 D인 작은 구형성 물방울의 액체에 있어 표면장력 $\sigma$의 인장력과 내부 초과 압력 P에 의해 이루어진 힘을 서로 평행을 이루고 있음.

즉, $\pi d\sigma = \dfrac{\pi d^2}{4} \cdot P \Rightarrow \sigma = \dfrac{dP}{4}$

- 표면장력과 온도와의 관계는 분자간의 응집력과 직접적 관계가 있으므로 온도의 상승에 따라 그 크기는 감소함(표3-1).

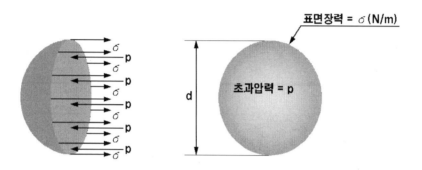

(그림 3-7) 구형 곡면의 표면장력

(표 3-1) 구형 곡면의 표면장력

| 물 질 | 표면유체 | 0℃ (273K) | 10℃ (283K) | 20℃ (293K) | 40℃ (313K) | 70℃ (343K) |
|---|---|---|---|---|---|---|
| 물 | 공기 | 0.0756 | 0.0742 | 0.0728 | 0.0695 | 0.0644 |
| | 포화증기 | 0.0733 | 0.0720 | 0.0706 | 0.0675 | 0.0626 |
| 수은 | 진공 | 0.474 | 0.473 | 0.472 | 0.468 | 0.463 |
| 에틸알코올 | 공기 | 0.0240 | 0.0231 | 0.0223 | 0.0206 | 0.0182 |
| | 알코올증기 | - | 0.0236 | 0.0228 | 0.0210 | 0.0183 |

- 모세관 현상(capillarity)

(그림 3-8) 과 같이 직경이 적은 관을 액체 속에 세우면 올라가거나 내려가는데 이러한 현상을 모세관 현상(capillarity)이라고 함. 모세관 현상은 물질의 응집력과 부착력의 상대적 크기에 의해

영향을 받음.

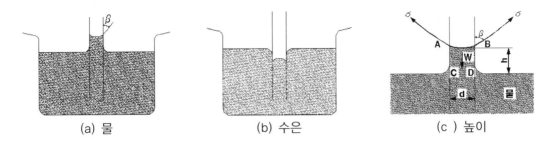

(a) 물          (b) 수은          (c) 높이

(그림 3-8) 모세관 현상 및 높이

- 응집력 〈 부착력 = 액면이 올라감(물). 응집력 〉 부착력 = 액면이 내려감(수은). $\sigma \pi d cos\beta = \gamma h \frac{\pi d^2}{4}$ → 수직력과 액주의 자중은 평행을 이룸. 즉, 모세관 상승 높이는 표면장력에 비례하고 비중과 관의 지름에 반비례함. $h = \frac{4\sigma cos\beta}{\gamma d}$

- 참조) 물질을 구성하는 분자 사이에 작용하는 힘을 분자력이라 하는데, 같은 종류의 분자끼리 작용하는 힘을 응집력이라 함. 다른 종류의 분자끼리 작용하는 힘을 부착력이라 함.

- 포화 증기압

① 액체를 밀폐된 진공 용기 속에 미소량을 넣으면 전부 증발하여 용기에 차서 어떤 압력을 나타냄. 이 압력을 증기압(Vapour) 또는 증기장력(Vapour tension)이라함. 다시 액체를 주입하면 다시 증발이 되어 증발과 액화가 평형 상태를 이룸(동적 평형 상태). 이때의 증기압을 포화 증기압(Saturated vapour tension)이라 함.

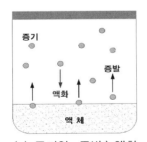

(a) 증기압: 증발 〉 액화

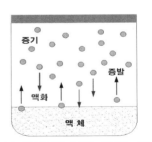

(b) 포화 증기압(동적 평형 상태): 증발 = 액화

(그림 3-9) 증기압 상태

② 분자 운동은 온도 상승과 함께 활발해지므로 포화 증기압도 온도의 상승에 따라 높아짐. 어떤 액체의 절대 압력이 그 액체의 온도에 상당하는 포화 증기압 보다는 낮아지는 액체는 비등(Boiling)하게 됨. 따라서 수계 시스템에서 국소 압력이 포화 증기압 보다 낮으면 시포가 발생함. 이러한 현상을 공동 현상(cavitation)이라 함.

- 증기-공기 밀도

어떤 온도에서 액체와 평행 상태에 있는 증기압 공기의 혼합물의 증기 밀도임.

$$증기\text{-}공기\ 밀도 = \frac{P^\circ d}{P} + \frac{P - P^\circ}{P}$$

여기서, P: 전압 또는 대기압

  $P^\circ$: 액체의 증기압

  d: 증기비중(밀도)

- 레이놀드 지수(Reynold's number)

① 영국의 공학자 Osbome Reynold(1842-1912 년)는 층류와 난류 흐름 사이 경계 조건 즉, 우리가 말하는 레이놀즈 수라 불리는 무차원의 함수임을 처음으로 실험을 통하여 보여주었음. 레이놀즈 수가 어느 특정 값, 즉 천이흐름을 통과하면 흐름이 혼란해지고 결국에 난류 흐름이 됨. 다시 말해 임계 레이놀즈 수는 관내유동, 경계층 또는 유체 속에 잠긴 물체 둘레의 유동이 층류 또는 난류의 흐름 형태로 구분하는 임계치임.

② 이는 유체 흐름에 있어 점성력에 대한 관성력의 비로 다음과 같이 나타냄.

$$Rd\ No. = \frac{\rho VD}{\mu} = \frac{VD}{v} = \frac{관성력}{점성력}$$

여기서, $\rho$: 밀도

  V: 평균유속

  D: 관경

  $\gamma$: 동점성계수

  $\mu$: 점성계수

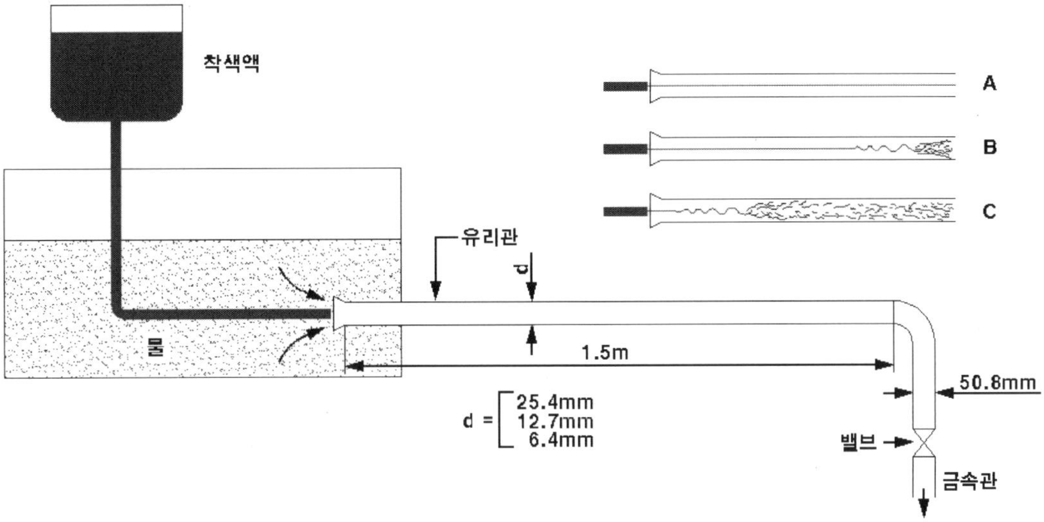

(그림 3-10) Reynold's 실험

## 1.3  유체의 흐름 특성

### 1) 정상류와 비정상류

● 정상류(Steady flow): 유체속의 임의의 점에 있어서 유체의 흐름이 모든 특성 즉, 압력(p), 밀도($\rho$), 속도(V), 온도(T), 등이 시간의 경과(dt)에 따라 변화하지 않는 흐름을 말함.

$$\frac{\partial p}{\partial t} = 0 \qquad \frac{\partial \rho}{\partial t} = 0 \qquad \frac{\partial V}{\partial t} = 0 \qquad \frac{\partial T}{\partial t} = 0$$

● 비정상류(Unsteady flow): 유체속의 임의의 점에 있어서 유체의 흐름이 모든 특성 즉, 압력(p), 밀도($\rho$), 속도(V), 온도(T), 등이 시간의 경과(dt)에 따라 변하는 흐름을 말함.

$$\frac{\partial p}{\partial t} \neq 0 \qquad \frac{\partial \rho}{\partial t} \neq 0 \qquad \frac{\partial V}{\partial t} \neq 0 \qquad \frac{\partial T}{\partial t} \neq 0$$

## 2) 등속류와 비등속류

● 등속류

$$\frac{\partial u}{\partial s} = 0 \qquad\qquad \frac{\partial v}{\partial t} = 0 \qquad\qquad 임의의 방향(s), 시간(t)$$

● 비등속류

$$\frac{\partial u}{\partial s} \neq 0 \qquad\qquad \frac{\partial v}{\partial t} \neq 0$$

## 3) 유선(Stream line)

● 곡선 상의 임의의 점에서 유속의 방향과 일치할 때, 그 곡선을 유선 이라함. 유체의 흐름이 모든 점에서 유체 흐름의 속도 벡터의 방향과 일치하도록 그려진 가상곡선.

● 즉, 속도 v 에 대한 x, y, z 방향의 속도 분포를 각각 u, v, w 라 할 때,

$$\frac{dx}{u} \qquad\qquad \frac{dv}{v} \qquad\qquad \frac{dz}{w}$$

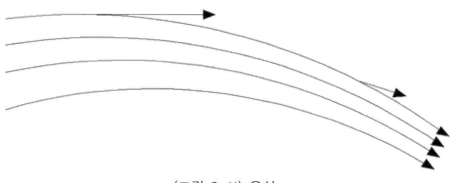

(그림 3-11) 유선

### 4) 유선관(Stream tube)

● 유선으로 둘러싸인 유체의 관을 유선관 또는 유관이라 함.

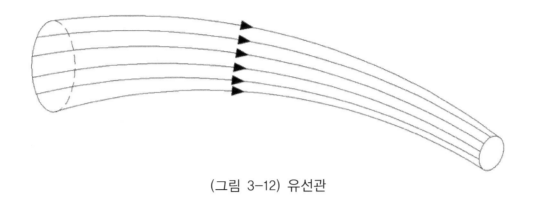

(그림 3-12) 유선관

### 5) 유적선(Path line)

● 유체 입자가 일정한 시간 내에 지나가는 구간(움직인 경로)을 유적선이라고 함.
● 정상류인 경우: 유선 = 유적선

### 6) 유맥선(Streak line)

● 모든 유체 입자의 순간 궤적을 말함. 또한 어떤 특정한 점을 지나간 유체 입자들을 이은 선

## 1.4 유체의 연속 방정식

● 연속 방정식(Principle of continuity): 관내의 유동은 동일한 시간에 어느 단면에서나 질량 보존
의 법칙이 적용됨. 즉, 어느 위치에서나 유입 질량과 유출 질량이 같으므로 일정한 관내에 축적
된 질량은 유속에 관계없이 일정함.

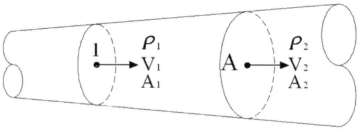

(그림 3-13) 연속 방정식

- 질량 유량(Mass flow rate): $\dot{M}$

$$\dot{M} = \rho \cdot A \cdot V$$

$$= \text{kgm}/\text{m}^3 \times \text{m}^2 \times \text{m/sec.}$$

$$= \text{kgm/sec.}$$

(밀도($\rho$), 단면적(A), 평균 유속(V))

$$M = \rho_1 \cdot A_1 \cdot V_1 = \rho_2 \cdot A_2 \cdot V_2$$

$$\rho_2 = \frac{\rho_1 \cdot A_1 \cdot V_1}{A_2 \cdot V_2} \ (\text{kgm}/\text{m}^3)$$

$$V_2 = \frac{\rho_1 \cdot A_1 \cdot V_1}{\rho_2 \cdot V_2} \ (\text{m/sec.})$$

- 중량 유량(weight flow rate): $\dot{G}$

$$\dot{G} = \gamma \cdot A \cdot V$$

$$= \text{kg}_\text{f}/\text{m}^3 \times \text{m}^2 \times \text{m/sec.}$$

$$= \text{kg}_\text{f}/\text{sec.}$$

(비중량($\gamma$), 단면적(A), 평균 유속(V))

$$G = \gamma_1 \cdot A_1 \cdot V_1 = \gamma_2 \cdot A_2 \cdot V_2$$

- 단위 시간에 단면 $A_1$ 에 유입되는 중량과 단면 $A_2$ 를 통해 유출되는 중량은 같음.
- 체적 유량(volumetric flow rate): $\dot{Q}$

$$\dot{Q} = A\,V \text{ (m}^3\text{/sec.)}$$

$$V = \frac{Q}{A} \text{ (m/sec.)}, \quad D = \sqrt{\frac{4\,Q}{\pi\,V}} \text{ (m)}$$

  (체적 유량(Q), 평균 유속(V), 관 직경(m))

$$Q = A_1 \cdot V_1 = A_2 \cdot V_2$$

$$V_2 = \frac{A_1}{A_2} \cdot V_1 = \left(\frac{d_1}{d_2}\right)^2 \cdot V_1$$

  (면적비는 직경비의 제곱과 같음.)

## 1.5 베르누이(Bernoulli) 의 원리

### 1) 오일러 운동방정식

- 오일러 운동방정식(Euler's equation of motion): 스위스의 물리학자 Leonard Euler가 1775년 뉴턴의 제 2법칙을 비압축성유체 1 차원 흐름에 적용했을 때 얻은 식임.
- 오일러 운동방정식: 공간 내에서 어느 특정한 점을 주시하면서 각 순간에 그 점 부근을 지나는 유체 입자들의 유동 특성을 관찰하는 방법임.
- 오일러 운동방정식 유도 시 가정 조건: ① 유체는 정상류(정상유동)임. ② 유체 입자는 유선을 따라 이동함. ③ 유체의 마찰이 없음(점성력 "0").

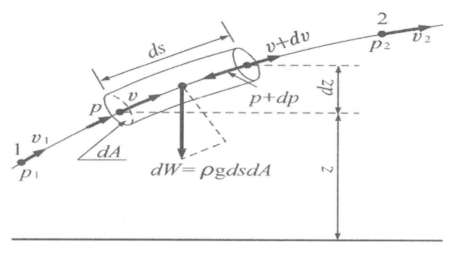

(그림 3-14) 오일러 운동방정식

- 그림에서 유선상의 단면적 dA와 길이 ds인 미소(작은) 유관을 가정하면, 유관에 영향을 미치는 F(힘)의 흐름 방향의 성분인 $F_s$ 의 대수합 $\Sigma F_s$는 미소 유관 질량 dm과 흐름 방향에 대한 유관의 가속도 $a_s$의 곱과 같음(식 (1)).

$$\sum F_s = dm \cdot a_s \qquad (1)$$

- 또한, 유관의 양 단면에 미치는 전압력은 $P \cdot dA$와 $-(P+dP) \cdot dA$이고 중력의 흐름 방향 성분은 $-\rho g \, ds \, dA \left( \dfrac{dz}{ds} \right)$이며, 이 두 성분의 합은 식 (2) 와 같음.

$$\sum F_s = P \cdot dA - (P+dP) \cdot dA - \rho g \, ds \, dA \left( \dfrac{dz}{dA} \right) \quad (2)$$

- 유관의 질량 $dm$은 $\rho \, dA \cdot ds$이고, 가속도 $a_s$는 $\dfrac{ds}{dt} = V \dfrac{dv}{ds}$ 임. 이것을 식(1) 에 대입하여 정리하면,

$$-dP \cdot dA - \rho \, dA \cdot dz = \rho \, dA \cdot ds \, V\dfrac{dv}{ds}$$

가 성립함. 이 식을 $\rho\, dA \cdot ds$ 로 나눈 후 간단히 정리하면 식 (3) 과 같음.

$$\frac{dP}{\rho} + V dv + g\, dz = 0 \qquad (3)$$

- 식 (3)을 뉴턴의 제 2법칙을 이상유체의 입자 운동에 적용하여 얻은 식으로 이것을 정상류에 대한 오일러의 운동방정식이라 함.

## 2) Bernoulli's equation(Energy equation): 스위스 물리학자. 1738년 발표함.

- 공식 유도: 오일러의 방정식을 변위 s 로 적분하면

$$\int \frac{dP}{\rho} + \int V dv + \int g\, dz = constant$$

$$\int \frac{dP}{\rho} + \frac{V^2}{2} + g\, z = constant$$

$$\frac{P}{\rho} + \frac{V^2}{2} + g\, z = g\, h = constant \quad \text{양변을 g로 나누면}$$

$$\frac{P}{\rho\, g} + \frac{V^2}{2g} + z = constant$$

- Bernoulli's equation: Bernoulli's theorem(베르누이 정리) 는 "흐르는 유체의 에너지는 다른 것으로 변할 수 있어도 소멸되지 않는다." 로 에너지 보존의 법칙으로 표현될 수 있음.
- 베르누이의 원리는 "이상유체가 임의의 어떤 점에서 보유하는 에너지의 총합은 일정하고 변하지 않는다." 라고 표현할 수 있음.
- 베르누이 방정식의 가정 조건: ① 이상유체(Ideal fluid)임(비압축성, 점성과 마찰이 없음). ② 정상류(steady flow)임. ③ 유체 입자는 유선(stream line)을 따라 성립함. ④ 적용되는 임의의 2 점은 같은 유선 상에 있음. ⑤ 밀도가 압력의 함수임.

### 3) 비압축성 유체인 경우

- 단위 질량의 유체가 가지는 에너지를 표현한 것으로 비압축성 유체(밀도가 일정한 경우) 질량 1 kg 의 유체가 가지는 에너지의 총합은 위치에 따라 변하지 않음(식(4)).

$$\frac{P}{\rho} + \frac{V^2}{2} + gz = constant\,(= gh) \qquad (4)$$

$$\frac{P}{\rho}: \text{비압력 에너지} \qquad \frac{V^2}{2}: \text{비운동 에너지} \qquad gz: \text{비위치 에너지}$$

단위: N · m/kg = J/kg 으로 단위 질량의 유체가 가지는 에너지

### 4) 수두(head)로 표현한 경우(단위: m = N · m/N = J/N)

- 유선을 따라 단위 중량의 유체가 가지는 에너지를 표현한 것으로 에너지의 총합(압력 수두+속도 수두+위치 수두)은 같음(식 (5)).

$$\frac{P}{\rho} + \frac{V^2}{2g} + z = constant\,(= h) \qquad (5)$$

$$\frac{P}{\rho}: \text{압력 수두} \qquad \frac{V^2}{2g}: \text{속도 수두} \qquad z: \text{위치 수두}$$

### 5) 압력으로 표현한 경우(단위: N/㎡ = Pa , kg/㎠)

- 에너지를 압력의 단위로 에너지를 표현한 것으로 에너지의 총합인 전압력(정압 + 동압 + 위치압)은 같음(식 (6)).

$$P + \frac{\rho V^2}{2} + \rho gz = constant \qquad (6)$$

$$P: \text{정압} \qquad \frac{\rho V^2}{2}: \text{동압} \qquad \rho gz: \text{위치압}$$

6) 베르누이 정리(수정 베르누이 방정식)에 의한 에너지선(에너지 경사선: Energy Line)과
  수력 기울기선(도수 경사선: Hydraulic Grad Line)

- $\dfrac{P}{\rho g}$ 는 피에조미터의 액주이며, 에너지 경사선이 ① 과 ② 지점에서 같은 것은 이상유체(Ideal
  fluid) 이기 때문임. 실제 유체에서는 점선의 에너지선을 가짐. 이것은 마찰손실 때문임.

$$EL = HGL + \frac{V^2}{2g}$$

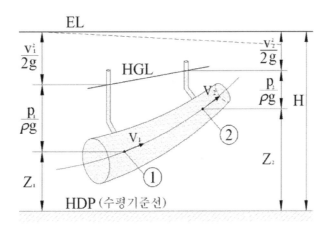

(그림 3-15) 베르누이 방정식에서의 수두

- 따라서 $\dfrac{P_1}{\gamma} + \dfrac{V_1^2}{2g} + Z_1 = \dfrac{P_2}{\gamma} + \dfrac{V_2^2}{2g} + Z_2 = constant$ 이며, ① 과 ② 지점의 압력 수
  두+운동 수두+위치 수두 = 일정. 에너지 총합은 같음.

## 1) 공기의 흐름

### (1) 압축성과 비압축성

① 압축성: 압력의 변화에 대해 체적의 변화가 있는 물질(체적이 변화되면 밀도 및 비중량도 변화됨.)

② 비압축성: 압력의 변화에 대해 체적의 변화가 없는 물질(체적이 변화되지 않으면 밀도 및 비중량도 변화되지 않음.)

### (2) 정상 흐름과 비정상 흐름

① 정상 흐름: 유체에 가하는 압력의 변화가 없으면 시간이 경과하여도 밀도, 압력 및 속도 등이 일정한 값을 유지하는 흐름

② 비정상 흐름: 유체에 가하는 압력이 변화되면 시간이 경과에 따라 밀도, 압력 및 속도 등이 변화되는 흐름

### (3) 비점성 흐름과 점성 흐름

① 비점성 흐름(이상 흐름): 점성의 영향을 무시한 흐름으로 비압축성 이라고 가정함.

② 점성 흐름(실제 흐름): 점성의 영향을 고려한 흐름

# 2 날개

## 2.1 날개 모양과 특성

### 1) 날개골의 특성

(1) 날개골(날개의 옆 단면의 모양을 의미) 명칭

- **앞전(L/E: Leading edge)**: 날개골 앞부분의 끝 부분
- **뒷전(T/E: Trailing edge)**: 날개골 뒷부분의 끝 부분
- **시위선(Chord line)**: 날개골의 앞전과 뒷전을 연결하는 직선으로 날개 특성의 기준으로 사용됨.
- **두께(Thickness)**: 윗면과 아랫면 사이의 거리로, 시위선에서 수직으로 측정한 거리(두께비: 두께와 시위선의 길이의 비)
- **평균 캠버선(Mean camber line)**: 날개골 두께의 이등분점을 연결한 선
- **캠버(Camber)**: 시위선에서 평균 캠버선까지의 거리로 시위선 길이의 비(%)로 표시하며, 캠버의 크기는 날개골의 윗면과 아랫면의 두께의 차이를 의미함.
- **앞전 반경(Leading edge radius)**: 앞전의 둥근 정도를 나타내기 위해 평균 캠버선에 중심을 두고 앞전 곡선에 접하도록 원을 그린 것을 앞전 원이라 하며, 이 원의 반지름을 의미함.
- **최대 두께의 위치**: 앞전에서부터 최대 두께까지의 거리로 시위선 상에서 시위선 길이와의 비(%)로 표시함.
- **최대 캠버의 위치**: 앞전에서부터 최대 캠버까지의 거리로 시위선 상에서 시위선 길이와의 비(%)로 표시함.
- **받음각(angle of attack)**: 항공기 자세에 의한 공기 흐름 방향과 날개골의 시위선이 만드는 사이각으로 받음각의 증가하는 양력과 항력에 중요한 요인이 됨.

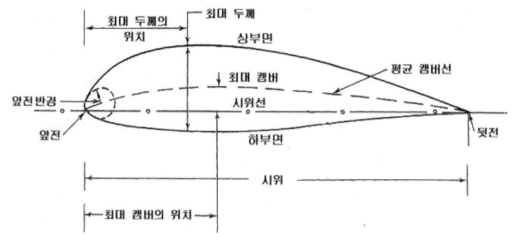

(그림 3-16) 날개골의 명칭[34]

## (2) 날개골의 공력 특성

- 날개의 작용하는 공기력: 비행 중 항공기에 들어오는 공기의 양이 만드는 힘
- 양력과 항력
  ① **양력**: 날개골 위 공기 흐름의 수직으로 발생하는 힘으로 항공기를 띄우기 위해 필요한 힘임.
  ② **항력**: 항공기의 진행 방향으로 발생하는 추력의 반대 방향 힘으로 추력을 방해하는 힘임.
  ③ **양항비**: 양력과 항력의 비

- 받음각($\alpha$)과 양력/항력계수와의 관계(Clark Y 형 기준)
  ① **실속각**: 양력계수가 최댓값을 가질 때까지 서서히 증가하다가 최댓값 이후 급격히 감소하는데 이 양력계수가 최댓값일 때의 받음각을 실속각 이라고함. 받음각이 실속각 이상으로 증가하면 흐름의 떨어짐이 발생하여 양력계수가 급격하게 감소하게됨.
  ② 받음각이 증가하면 양력계수와 항력계수가 모두 증가하나 실속각 이후 양력은 급속하게 감소하고 항력은 급격하게 증가함.
  ③ **영양력 받음각**: 양력이 0이 될 때의 받음각을 의미하며, (-) 받음각을 갖음.
  ④ **실속**: 받음각이 증가하면 항공기 날개에 흐름의 떨어짐이 발생하며, 흐름의 떨어짐이 발생하면 날개의 사용 면적이 감소하여 양력은 감소하고 항력이 증가하게됨. 이 현상으로 양력이 무

---

34) http://m.blog.daum.net/sosangin/12006277

게보다 작아져 항공기의 고도가 감소하는 현상을 실속 이라고함.

⑤ **절대 받음각**: 영양력 받음각에서부터 받음각까지의 사이 각(영양력 받음각+받음각)

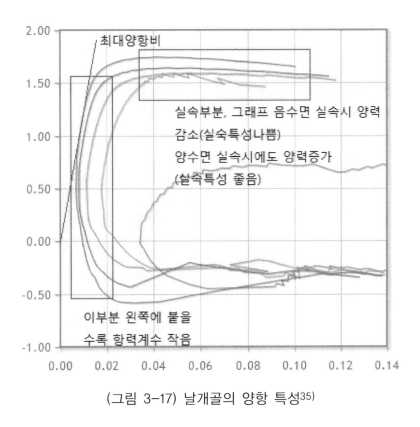

(그림 3-17) 날개골의 양항 특성[35]

● 날개골 모양에 따른 특성

① **두께**: 두께가 얇은 날개골은 저항이 적어 받음각이 없을 때 항력이 작으나 받음각 증가 시 흐름의 떨어짐이 쉽게 발생함. 반대로 두께가 두꺼운 날개골은 받음각이 없을 때 저항이 많아 항력이 크나 받음각 증가 시 흐름의 떨어짐이 쉽게 발생하지 않음.

② **앞전 반지름**: 앞전 반지름이 작은 날개는 날개의 전방 면적이 작다는 뜻으로 저항이 작아 받음각이 없을 때 항력이 작으나 받음각 증가 시 흐름의 떨어짐이 쉽게 발생함. 반대로 앞전 반지름이 큰 날개는 받음각이 없을 때 항력이 크나 받음각 증가 시 흐름의 떨어짐의 쉽게 발생하지 않음.

35) https://m.blog.naver.com/PostView.nhn?blogId=gigonoto&logNo=100185550422&proxyReferer=http%3A%2F%2F
www.google.co.kr%2Furl%3Fsa%3Di%26rct%3Dj%26q%3D%26esrc%3Ds%26source%3Dimages%26cd%3D%26ved%
3D2ahUKEwi2neudhbLaAhUCNrwKHXbdDaQQjhx6BAgAEAM%26url%3Dhttp%253A%252F%252Fm.blog.naver.
com%252Fgigonoto%252F100185550422%26psig%3DAOvVaw2-VzEltpB1dGI4gPqJ4qnA%26ust%3D1523529867615431

③ **캠버**: 윗면의 면적과 아랫면의 두께의 차이를 말하며 두께와 같은 개념으로 캠버가 작은 날개골은 저항이 적어 받음각이 없을 때 항력이 작으나 받음각 증가 시 떨어짐이 쉽게 발생함. 반대로 캠버가 큰 날개골은 받음각이 없을 때 항력이 크나, 받음각 증가 시 흐름의 떨어짐이 쉽게 발생하지는 않음.

④ **시위**: 시위 길이가 짧은 날개골은 레이놀즈수의 공식에서 길이가 짧아지는 것이므로 레이놀즈수가 작아져 층류의 흐름이 되어 흐름의 떨어짐에 약하고, 시위 길이가 길어지면 레이놀즈수가 증가하여 흐름이 난류가 되어 흐름의 떨어짐에 강함.

⑤ **실속 특성이 좋은 날개**: 두께가 두껍고, 앞전 반지름이 크고, 캠버가 크고, 시위 길이가 긴 날개로 받음각 증가 시 실속이 천천히 발생함.

## (3) 압력 중심과 공기력 중심

• 압력 중심(풍압 중심)

① 날개 윗면에는 (-) 압력인 부압이 발생하고, 아랫면에는 (+) 압력인 정압이 생기는데 이 압력 분포의 중심점을 의미하며, 이를 압력의 합력점이라고 정의함.

② 받음각이 증가하면 날개의 앞전 부분에 부압이 많이 발생하므로 압력 중심이 앞으로 이동하며, 받음각 감소 시 후방으로 이동함.

③ 압력 중심의 위치는 앞전에서부터 압력 중심까지의 거리와 시위 길이와의 비로 표현함.

• 공기력 중심: 받음각이 증가하여도 모멘트의 크기가 변화되지 않는 곳을 의미하며, 받음각의 변화에 관계없이 항상 일정함.

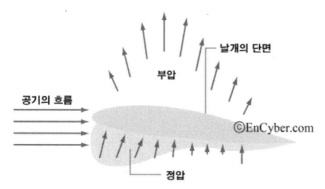

(그림 3-18) 날개 주위의 압력 분포[36]

---

36) http://j1kim.tistory.com/102

## (4) 날개골의 종류

- 날개골의 호칭
  - ① **4자 계열**: 보통 저속기에 많이 사용되는 날개골로 최대 캠버의 위치가 앞전에서부터 40 % 후방에 위치함.
  - ② **5자 계열**: 4 자 계열 날개골을 개선하여 만든 날개골임.
  - ③ **6자 계열(층류형 날개골)**: 항력을 감소시키기 위해 최대 두께(최고 저압 지점)를 중앙에 두어 흐름을 최대한 층류로 유지 시킨 날개골로 속도가 빠른 천음속 제트기에서 많이 사용됨.
  - ④ **양항극 곡선**: x 축에 양력계수, y 축에 항력계수를 놓고 양력계수의 변화에 대한 항력계수의 변화를 나타낸 곡선
  - ⑤ **항력 버킷**: 양항극 곡선에서 어떤 양력계수 부근에서 항력이 갑자기 작아지는 부분으로 6 자 계열 날개골만의 특징임. 이 항력계수가 갑자기 작아지는 부분의 양력계수 중앙값을 설계 양력계수라 하며, 이 양력계수 값으로 비행을 하면 항력이 작은 상태로 비행할 수 있음.
  - ⑥ **초음속 날개골**: 충격파 발생 시 생기는 조파항력을 줄이기 위해 만들어진 날개골로 앞전이 뾰족하고 얇을수록 조파항력은 작아짐.

- 고속기의 날개골
  - ① **층류형 날개골(6 자 계열)**: 층류가 난류보다 마찰력이 작기 때문에 항력이 작음. 항력을 줄이기 위해 흐름을 최대한 층류로 유지시킨 날개골로 최저 압력 지점(최대 두께)을 최대한 후퇴시켜 최저 압력 지점까지의 흐름을 층류로 유지시킴. 단점으로 층류는 흐름의 떨어짐의 떨어짐이 쉽게 발생하므로 받음각 증가 시 흐름의 떨어짐이 쉽게 발생할 수 있음.
  - ② **피키 날개골(Peaky airfoil)**: 앞전 반지름의 크기를 크게 하고 뒷전으로 갈수록 두께가 얇게 한 날개골로 충격파는 빨리 발생되나 날개 뒤쪽에 발생되고 비교적 약함. 앞전 반지름의 크기를 크게 하여 시위 앞부분의 압력 분포가 뾰족하다 하여 피키 날개골이라 부름.
  - ③ **초임계 날개골**: 날개의 윗면을 평평하게 만들어 충격파의 강도를 줄여 조파항력에 의한 항력을 줄이고, 아랫면의 두께를 뒷전 부근에서 얇게 제작됨. 아랫면의 면적 감소로 아랫면에서의 압력을 증가시켜 양력의 크기를 개선한 날개골임.

## 2) 날개의 용어

- **날개 면적**: 보통 날개의 투영 면적을 말하며, 공기가 접하는 총 면적을 계산할 때는 날개의 윗면적과 아랫 면적을 더한 면적이 필요함. 이 면적을 습면적이라고 정의됨.

- **날개 길이**: 한 쪽 날개 끝에서 다른 쪽 날개 끝까지의 길이를 말함.
- **시위**: 날개골의 앞전과 뒷전을 잇는 직선거리를 말하며, 주날개의 항공 역학적 특성을 대표하는 시위를 평균 공력 시위(MAC: Mean Aerodynamic Chord)라고 정의됨.
- **날개의 가로세로비**: 날개의 시위 길이와 날개 길이와의 비
- **테이퍼비**: 날개의 부리 시위의 길이와 날개 끝 시위 길이와의 비
- **뒤젖힘 각**: 앞전에서부터 시위의 25 % 되는 지점을 연결한 선과 기체의 가로축과의 각도임.
- **쳐든각과 처진각**
    ① 쳐든각: 날개가 수평면을 기준으로 올라간 정도를 의미하며, 쳐든각이 줄 경우 가로 안정성이 상승함.
    ② 처진각: 날개가 수평면을 기준으로 내려간 정도를 의미하며, 처진각이 줄 경우 조종성이 상승함.
- **붙임각**: 동체의 세로축과 시위선이 이루는 각임.
- **기하학적 비틀림**
    ① Wash out: 날개 끝으로 갈수록 붙임각의 크기를 작게 해주어 날개 끝 실속을 방지함.
    ② Wash in: 날개 끝으로 갈수록 붙임각의 크기를 크게 해주는 것임.


## 3) 날개의 모양

### (1) 직사각형 날개

- 제작이 쉽고, 소형 비행기에 많이 사용됨.
- 실속이 날개 뿌리 부근에서 먼저 시작하여 날개 끝 실속의 경향이 없어 안정성이 좋음.


### (2) 테이퍼 날개

- 날개 끝 시위의 길이와 날개 뿌리의 시위의 길이가 다른 날개를 말함.
- 유도 항력이 감소함.
- 실속이 날개 끝 부근에서 먼저 발생하기 때문에 기하학적 비틀림으로 날개 끝 실속을 방지하여야 함.


### (3) 타원 날개

- 날개의 길이 방향으로 양력의 분포가 일정함.
- 유도항력이 최소이며, 제작이 곤란함.

## (4) 앞젖힘 날개

- 날개 끝이 날개 뿌리보다 앞서있는 날개를 말함.
- 날개 위 공기의 흐름이 날개 끝에서 뿌리 쪽으로 생겨 날개 끝 실속이 발생하지 않음.

## (5) 뒤젖힘 날개

- 날개 끝이 날개 뿌리보다 뒤로 젖혀진 날개를 말함.
- 날개 위 공기의 흐름이 날개 뿌리에서 끝 쪽으로 생겨 날개 끝 실속이 발생하여 안정성이 비교적 떨어짐.
- 날개 위 공기의 흐름 속도가 감소하여 임계 마하수, 항력 발산 마하수가 증가하며 고속 항공기에 사용이 용이함.
- 날개 끝 실속을 방지하기 위해 실속막이(경계층 격벽판)를 부착함.

## (6) 삼각 날개

- 충격파 발생을 지연시키고 임계 마하수를 증가시켜 초음속 항공기에 적합한 날개골임.
- 구조적으로 비교적 강도가 높음.
- 날개 위 흐름 속도가 느려 최대 양력계수가 작아 저속 비행 시 큰 받음각이 필요하며, 면적을 크게 할 필요가 있음.

## (7) 이중 감각 날개, 오지 날개

- 삼각 날개의 단점인 최대 양력계수가 작은 것을 보완하기 위해 날개의 면적을 증가시킨 날개를 말함.

## (8) 가변 날개

- 저속에서는 뒤젖힘각이 없는 날개로, 고속에서는 뒤젖힘각을 주는 날개로 날개 모양을 변화시키는 날개를 말함.

## 4) 고속형 날개

- 임계 마하수: 날개 위의 속도가 마하수 1 이 되었을 때의 항공기 속도

- 항력 발산 마하수: 임계 마하수에 도달하면 충격파가 발생하여 항력이 급격하게 증가하는 마하수

## (1) 뒤젖힘 날개

- 임계 마하수와 항력 발산 마하수 감소를 위해 날개 위 흐름 속도를 늦추는 목적으로 뒤젖힘을 준 날개임.
- 날개에 수직인 흐름의 속도
- 뒤젖힘각을 주면 날개 위에 날개 끝 쪽으로 흐르는 흐름이 발생하여, 이 흐름이 층류를 만들어 날개 끝에서 흐름의 떨어짐이 쉽게 발생함.
- 날개 끝 실속 방지법
  ① 슬랫 장착
  ② 기하학적 비틀림
  ③ 경계층 제어
  ④ 공력적 비틀림
  ⑤ 경계층 판 부착

## (2) 삼각 날개, 오지 날개

- 뒤젖힘 날개의 공력 탄성 문제와 날개 끝 실속 문제를 해결하기 위해 고안된 날개임.
- 날개 중앙 시위의 길이를 길게 할 수 있어 두께를 크게 할 수 있으며, 이로 인해 공력 탄성을 견딜 수 있는 충분한 강도를 지닐 수 있음.
- 날개 끝에 와류를 발생시켜 와류 발생 시 발생하는 내부 저압을 이용해 양력을 얻어 날개 끝 실속을 해결할 수 있음.
- 저속 시 양력 발생을 위해 큰 받음각이 필요해 이·착륙 시 속도가 상대적으로 빨라야함.

## 2.2 날개의 공기력

### 1) 날개의 양력

- **출발 와류**: 날개가 움직이기 시작하면 날개 윗면과 아랫면에 날개의 앞전에서 부터 뒷전으로 공

기의 흐름이 생기게 되는데 날개 윗면의 흐름 속도가 아랫면 보다 빠르나 아랫면의 길이가 짧아 아랫면에서의 흐름이 뒷전에 먼저 도착하고 그 후에 윗면에서의 흐름이 도착함. 이 때 윗면의 흐름이 늦게 도착하며 아랫면의 흐름을 눌러 날개 뒤쪽으로 와류가 발생함.

- **속박 와류**: 출발 와류가 날개 뒤쪽에서 발생하면 출발 와류와 크기는 같고 방향이 반대인 와류가 날개를 감싸면서 발생함.
- **날개 끝 와류**: 날개의 윗면은 압력이 낮고 아랫면은 높아 날개 아랫면의 공기가 위쪽으로 올라가려는 힘이 발생하는데 날개 끝에서는 이 힘에 의해 아랫면의 공기가 위로 올라가 와류를 발생시킴.
- **내리 흐름**: 3 종류의 와류가 날개 뒤쪽으로는 항공기 아래쪽으로 내려가는 방향으로 발생하며, 이 흐름을 내리 흐름이라고 정의하며, 가장 많은 영향을 주는 와류는 날개 끝 와류임.
- **유효 받음각(실제 받음각)**: 내리 흐름이 날개 뒤쪽에서 발생하여 항공기로 들어오는 흐름을 아래쪽으로 유도하므로 흐름이 기울어져 받음각이 감소하게됨. 내리흐름에 의하여 감소된 받음각을 유효 받음각이라고 정의함.
- **겉보기 받음각(기하학적 받음각)**: 내리 흐름을 고려하지 않고 공기의 흐름 방향과 시위선이 이루는 각으로 정의됨.
- **마그너스 효과(큐타츄코브스키 양력)**: 날개를 둘러싸고 생기는 속박 와류에 의해 양력이 발생된다는 이론으로 속박 와류의 회전 방향이 날개 윗면의 공기 흐름 속도는 증가시키고 날개 아랫면의 공기 흐름 속도는 감소시켜 이 속도의 차이로 양력이 발생한다는 이론이 적용됨.

## 2) 날개의 항력

- **마찰 항력**: 유체의 점성에 의해 발생하는 항력
- **압력 항력**: 날개에 흐름의 떨어짐이 발생하면 흐름의 떨어짐이 발생한 곳의 공기를 채우기 위해 와류가 발생하며, 이 와류에 의해 발생하는 항력
- **형상 항력**: 마찰 항력+압력 항력
- **유도 항력**: 항공기의 양력은 날개에 들어오는 공기의 수직으로 발생하게 되는데, 날개 뒤쪽으로 생기는 내리 흐름에 의해 공기의 흐름 방향이 아래쪽으로 기울어져 양력은 날개 뒤쪽으로 기울어지게 됨. 이 뒤쪽으로 기울어진 양력을 날개에 수직 성분인 양력과 항공기
- **조파 항력**: 초음속 비행을 하면 충격파가 발생하고 이 충격파에 의해 발생되는 항력을 조파 항력이라고 정의됨.
  ① **경사 충격파**: 경사 충격파를 지나면 속도가 감소하나 초음속 흐름을 유지함.

② **수직 충격파**: 수직 충격파를 지나면 속도가 감소하여 아음속 흐름이 됨.

- **유해 항력**: 양력에 의해 발생한 항력을 뺀 나머지 항력으로 정의되며, 유도 항력을 제외한 전체의 항력을 의미함.

- **전체 항력**

  ① **아음속**: 형상 항력+유도 항력 = 전체 항력

  ② **초음속**: 형상 항력+유도 항력+조파 항력 = 전체 항력

  ③ 유해 항력(양력으로 인해 발생하는 항력(유도 항력)을 뺀 나머지 항력)

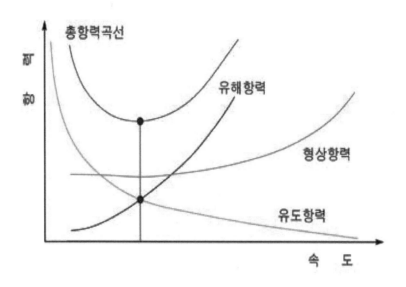

(그림 3-19) 날개의 항력[37]


## 3) 날개의 실속성

### (1) 실속의 정의

- 항공기 날개에서 발생하는 양력이 감소하여 항공기 무게보다 작아져 항공기의 고도가 감소하는 현상

---

37) http://www.flightin.com/boxi/bbs/board.php?bo_table=free&wr_id=241

## (2) 실속의 종류

● **무동력 실속**: 항공기의 추력이 감소하여 속도가 감소해 양력이 감소하여 발생하는 실속
● **동력 실속**: 항공기의 받음각이 증가하여 흐름의 떨어짐이 발생해 양력이 감소하여 발생하는 실속

## (3) 실속 특성

● **전방 실속형**: 실속이 날개의 앞전 부근에서 발생하여 양력이 급격히 감소해 실속 특성이 비교적 나쁨(두께가 얇고, 캠버가 작고, 앞전 반지름이 작은 날개, 시위 길이가 짧은 날개).
● **후방 실속형**: 실속이 날개의 뒷전 부근에서 발생하여 양력이 서서히 감소해 실속 특성이 비교적 좋음(두께가 두껍고, 캠버가 크고, 앞전 반지름이 큰 날개, 시위 길이가 긴 날개).

## (4) 날개 별 실속 특성

● **직사각형 날개**: 날개 뿌리 부분과 날개 끝 부분의 면적이 같기 때문에 날개 끝 와류의 영향을 날개 끝 부분이 많이 받아 날개 끝 부분에서 내리 흐름의 영향을 많이 받고, 이 영향으로 날개 끝에서 받음각이 감소하여 날개 뿌리 부분에서 먼저 실속이 일어남. 날개 뿌리 부분에서 실속이 발생하면 조종면에 영향을 주지 않아 실속 특성이 좋음.
● **테이퍼형 날개**: 날개 뿌리 부분의 면적이 크기 때문에 날개 끝 와류의 영향을 날개 뿌리 부분이 날개 끝 부분 보다 더 많이 받고 이 영향으로 날개 뿌리 부분에서 받음각이 감소하여 날개 끝에서 먼저 실속이 발생함. 날개 끝에서 실속이 발생하면 실속 특성이 좋지 못함.
● **타원형 날개**: 직사각형 날개와 테이퍼형 날개의 중간 모양으로 내리 흐름의 영향이 날개 길이에 전체적으로 균일하게 발생하여 유도 항력이 최소가 되는 날개임. 그러나 내리 흐름이 균일하게 발생하여 날개 전체에 흐름의 떨어짐이 동시에 발생하므로 실속 발생 시 회복이 어려움.

## (5) 날개 끝 실속 방지법

● 날개 끝으로 갈수록 붙임각을 작게 하여 흐름의 떨어짐이 날개 뿌리에서 발생하게 하는 기하학적 비틀림(wish out)을 줌.
● 날개 끝으로 갈수록 날개의 두께와 캠버, 앞전 반지름이 큰 날개골을 사용하는 공력적 비틀림을 줌.
● 날개 끝으로 흐르는 흐름을 방지하기 위해 경계층 판을 부착함.
● 날개 뿌리 부분에서 먼저 실속이 일어날 수 있도록 뿌리에 실속판이 스트립을 장착함.
● 테이퍼비가 작은 날개를 사용함.

## 1) 고양력 장치(저속(이·착륙) 시에 양력의 증가를 위해 사용하는 장치)

### (1) 뒷전 플랩

- **단순 플랩**: 날개의 뒷전을 단순하게 아래로 굽힌 형태로 양력의 증가가 크지 않음. 소형기에 주로 사용됨.
- **스플릿 플랩**
  ① 날개 뒷전 부분의 아랫면 일부를 아래로 내리는 형태로 아랫면이 벌어지며 공기를 빨아들여 흐름의 떨어짐을 방지함.
  ② 뒷전 부분의 전방 면적이 증가하여 항력의 증가가 많음.
- **슬롯 플랩**
  ① 날개 뒷전의 일부분을 아래로 굽히면 굽힘면 앞쪽으로 틈이 생겨 날개 아랫면 부분에서의 공기 흐름이 날개 윗면으로 들어와 흐름에 떨어짐을 방지해주는 플랩임.
  ② 플랩을 큰 각도를 내릴 수 있어 양력의 증가가 큼.
- **파울러 플랩**
  ① 날개 뒷전의 아랫면 일부를 날개 뒤쪽으로 이동시켜 아래로 내려주는 형태임.
  ② 날개 뒷전의 아랫면 일부를 날개 뒤쪽으로 이동시키므로 날개의 면적과 캠버를 증가해 양력의 증가가 높음.
  ③ 뒷전 플랩 중 가장 효율이 좋은 플랩임.

### (2) 앞전 플랩

- **슬롯·슬랫 플랩**
  ① 앞전의 일부분을 아래로 내리면 내린 면과 날개 사이에 틈이 생겨 날개 아랫면 공기 흐름이 날개 윗면으로 들어와 흐름의 떨어짐을 방지해주는 플랩임.
  ② 앞전의 내려간 부분을 슬랫이라 하고, 날개와 플랩 사이에 생긴 틈을 슬롯이라 정의함.
- **크루거 플랩**
  ① 날개 앞전의 아랫면 일부분으로 접혀 있다가 작동시키면 위로 오르므로 앞전 반지름을 크게 하는 효과가 있음.

② 앞전 반지름을 증가시키고 공기 역학적으로 슬랫과 같은 효과를 가지나 구조적으로 복잡하고 작동 장치가 많이 필요하므로 소형 항공기에는 적용되지 않음.
- **드루프 앞전**: 날개의 앞전 부분의 일부가 아래로 굽어져 앞전 반지름과 캠버의 크기를 증가시킴.

## (3) 경계층 제어 장치

- 흐름의 떨어짐을 방지하기 위한 장치로 날개의 장치를 장착해 날개 위 공기의 흐름을 강제적으로 공기를 흡입하는 방식과 날개 위로 공기를 분사하는 방식이 있음.

## 2) 항력 감소 장치

- 유도 항력을 감소시키기 위해 날개 끝을 세워주는 윙렛이 있음.

## 3) 고항력 장치

- 주로 착륙 시 사용되며 항력을 증가시켜 추력을 감소시키기 위해 사용됨.

### (1) 스포일러(spoiler) · 에어 브레이크(air brake)

- 일종의 평판으로 항공기의 추력을 감소시키기 위해 평판을 올려 항력을 증가시키는 장치임.
- 공중에서는 에어 포일과 연동하여 선회 반경을 줄이기 위해 사용되며, 착륙 시에 활주 거리를 감소시키기 위해 사용됨.

### (2) 역추력 장치(thrust reverser)

- 엔진에서 만든 추력의 방향을 반대로 만들어 추력을 감소시키는 장치로 제트기에서는 배기가스를 막는 판을 설치하는 방법과 엔진 2 차 흡입 공기를 방출하는 방식이 있음.
- 프로펠러 항공기에서는 프로펠러의 피치를 반대로 해주는 방식이 있음.

### (3) 항력 낙하산(drag chute)

- 항공기 후방에 낙하산을 장착하여 착륙 후 활주 시 펼쳐 항력을 높여 활주 거리를 짧게 하는 역할을 함.

# 3 날개의 공력 보조 장치

## 3.1 항력과 동력

### 1) 항공기에 작용하는 공기력

(표 3-2) 비행기에 작용하는 힘의 용어 정리

| 순번 | 명칭 | 내용 |
|---|---|---|
| 1 | 추력 (T) | 항공기가 앞으로 전진 하려는 힘 |
| 2 | 항력 (D) | 추력을 방해하는 힘 |
| 3 | 양력 (L) | 날개에서 만들어지는 힘으로 항공기를 띄우는 힘 |
| 4 | 중력 (W) | 항공기의 무게만큼 지구 중심으로 끌어당기는 힘 |
| 5 | 추력 〉 항력 | 가속도 비행(속도가 증가되는 비행) |
| 6 | 추력 〈 항력 | 감속도 비행(속도가 감소되는 비행) |
| 7 | 추력 = 항력 | 등속도 비행(속도가 일정한 비행) |
| 8 | 양력 〉 중력 | 상승 비행 |
| 9 | 양력 〈 중력 | 하강 비행 |
| 10 | 양력 = 중력 | 수평 비행 |
| 11 | 등속도 수평비행 | 추력(T) = 항력(D), 양력(L) = 중력(W) |

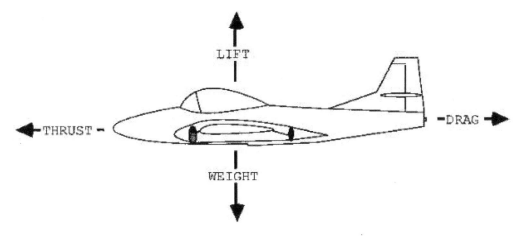

(그림 3-20) 비행기에 작용하는 힘[38]

## 2) 필요 마력

- 항공기가 항력을 이기고 전진하기 위해 필요한 동력을 마력 단위로 변환 시킨 것
- 동력: 일의 단위로 힘 × 속도로 구함.
- 필요 동력: 동력을 구할 때 필요한 힘에 항력(D)을 대입하여 구함.
- 필요 마력: 마력 단위는 동력 단위 보다 75 배 큰 단위로 단위가 75 배 커지기 때문에 동력을 구하는 공식에 75 로 나누면 마력 단위로 변환시킬 수 있음.

## 3) 이용 마력

- 항공기의 엔진이 만드는 출력을 마력 단위로 변환시킨 것

## 4) 잉여 마력, 여유 마력

- 상승 비행을 하거나 가속도 비행을 위해 필요한 마력

---

38) http://m.blog.daum.net/orpheus1229/28?tp_nil_a=2

## 1) 상승 비행

### (1) 상승 비행 시 발생되는 힘

- 양력(L) = $W\cos\gamma$ ($\gamma$ : 상승각)
- 추력(T) = 항력(D) + $W\sin\gamma$

### (2) 상승률(rate of climb)

- 항공기 상승 비행의 속도 성분 중 상승만을 위해 사용되는 속도 성분

### (3) 상승 한계

- 고도가 증가하면 공기의 밀도가 감소하여 추력이 감소하고 추력이 감소하고 추력이 감소하면 이용 마력이 감소하며, 필요 마력은 증가하여 상승률이 감소함. 이렇게 상승률이 감소하여 더 이상 상승을 하지 못하는 고도를 상승 한계라 정의됨.
- **절대 상승 한계**: 상승률이 0m/sec. 이 되어 어 이상 상승을 못하는 고도임.
- **실용 상승 한계**: 절대 상승 한계까지의 고도가 너무 높아 그 보다 실제로 사용하기 편리한 한계를 설정한 것으로 상승률 약 0.5m/sec. 인 고도를 말함.
- **운용 상승 한계**: 실제로 항공기가 운용될 수 있는 고도로 상승률 2.5m/sec. 인 고도를 말함.

## 2) 수평 비행

### (1) 수평 비행

- 등속도 수평 비행: 추력(T) = 항력(D), 양력(L) = 중력(W)
- 이·착륙 속도: 실속 속도의 약 1.2배

### (2) 순항 성능

- 순항: 비행 중 이륙, 착륙, 상승 및 하강을 뺀 모든 비행을 의미함.

- **경제속도**: 필요 마력이 최소인 상태를 말하며, 필요 마력이 최소인 상태로 비행을 하면 연료의 소비가 적어짐.
- **순항 속도**: 일반적으로 비행할 때 경제속도는 상대적으로 너무 느리기 때문에 이보다 조금 빠른 속도로 비행하는 것을 의미함.
- **장거리 순항 방식**: 비행 중 연료의 소비량만큼 항공기의 무게가 가벼워지므로 추력을 감소해 연료의 소비량을 줄이는 순항 방식을 의미함.
- **고속 순항 방식**: 연료의 소비량과 상관없이 추력을 일정하게 유지하여 무게가 가벼워지는 만큼 속도를 증가시키는 순항 방식을 의미함.
- **항속 시간**: 비행 중 소비된 연료의 양으로 계산되며, 비행 중 소비된 총 연료량을 엔진의 연료 소비율로 나눠서 계산함.
- **항속 거리**: 순항 속도(V) × 항속 시간(t)

## 3.3 특수 성능

### 1) 실속 성능

- **실속**: 항공기의 양력이 감소하여 양력이 무게보다 작아지는 현상을 말함. 무동력 실속은 출력을 감소시켜 속도가 감소되어 양력의 감소로 실속이 생기는 것을 의미하며, 동력 실속은 항공기의 받음각이 증가되어 흐름의 떨어짐 발생에 의해 양력의 감소로 실속이 생기는 것을 의미함.
- **실속 속도**: 받음각과 양력계수와의 상관관계를 통해 받음각이 증가하면 양력계수 값이 증가하다가 받음각이 너무 증가하면 더 이상 양력계수가 증가하지 못하고 오히려 감소되는 경향이 있음. 이 현상은 받음각의 증가로 날개의 흐름의 떨어짐이 발생한 것으로 흐름의 떨어짐이 발생하여 더 이상 양력이 증가하지 못하는 순간을 실속이라 말하며, 이 순간의 속도를 실속 속도라 정의함.
- **동력 손실의 종류**
  ① **부분 실속**: 수평 비행 상태에서 조종간을 서서히 당겨 흐름의 떨어짐이 생기면 실속이 발생하기 전에 실속 경보 장치가 울리고 이 때 조종간을 풀어 받음각을 감소시켜 실속에서 벗어나는 실속
  ② **정상 실속**: 실속 경보 장치가 울린 후에도 조종간을 계속 당기고 있으면 기수가 내려가게 되는데, 이 때 조종간을 풀어 실속에서 벗어나는 실속으로 고도가 감소하게 됨.

③ **완전 실속**: 기수가 내려간 후에도 계속 조종간을 당기고 있어 기수가 완전히 내려가 수직강하 상태가 된 후 조종간을 풀어주는 실속임.

## 2) 스핀 성능

- **스핀**: 자전 현상과 수직강하가 조합된 비행 상태를 의미함.
- 자전 현상
  ① 실속각 이상에서 옆놀이 비행을 했을 경우 수평으로 회복이 되지 못하고 항공기가 계속 옆놀이를 유지하려는 현상을 의미함.
  ② 실속각 이하의 비행 상태에서 옆놀이를 했을 경우 상승한 날개에는 내리흐름이 발생하여 받음각이 감소해 양력이 감소하고 하강한 날개에는 받음각이 증가하여 양력이 증가해 평형을 유지하려함.
  ③ 이를 통해 가로 안정성이 발생하지만 실속각 이상의 비행 상태에서 옆놀이를 했을 경우 상승한 날개에 내리흐름이 생겨 받음각이 감소하면 양력이 증가하게 되고, 하강한 날개에 받음각이 증가하면 양력이 감소하는 현상이 생겨 가로 안정성과 반대되는 현상의 발생으로 옆놀이에서 회복하지 못하게됨.
- 스핀의 종류
  ① 정상 스핀(수직 스핀): 하강하는 속도는 40-80 m/sec. 로 상대적으로 빠르나 기수가 아래쪽을 향하고 있어 받음각이 20-40°로 작은 편이고 회전 속도가 느려 회복 가능한 특수 비행법임.
  ② 수평 스핀: 하강하는 속도는 수직 스핀에 비하여 느리나 기수가 많아 내려가지 않아 받음각이 약 60°로 크고 회전 속도가 빨라 회복이 불가능함.

## 3.4 기동 성능

### 1) 선회 성능

#### (1) 선회의 종류

- **정상 선회**: 선회 시 발생하는 양력의 수직 성분과 무게가 같고 양력의 수평 선분이 원심력과 같은 선회 반경의 변화가 없음.

- **내활(slip):** 양력의 수평 성분이 원심력보다 커서 선회 반경이 감소하는 선회
- **외활(skid):** 양력의 수평 성분이 원심력보다 작아 선회 반경이 증가하는 선회

## (2) 정상 산회 시의 선회 반경

- 비행 속도 약 460 km/h 에서의 선회 반경은 약 2,940 m 이며, 이처럼 큰 원을 그리며 선회하면 항공기 내에서는 좌석으로 누르는 힘이 작용함. 원심력 중력의 합에 의해 항공기의 하중이 커지기 때문임.
- 이 하중이 실제 무게의 몇 배인지 정확히 측정하려면 항공기가 선회 운동을 할 때 작용하는 하중과 항공기 무게의 비인 운동 하중 배수가 적용됨.
- 선회 및 착륙 등 조종사가 항공기를 운동시킴으로서 생기는 하중 외에도 돌풍 등에 의해 조종사의 의도와 달리 양력이 급변함으로서 작용하는 돌풍 하중이 있음.

## 2) 키돌이(loop performance) 비행

- 항공기가 원을 그리며 비행하는 것을 의미하며, 프로펠러 항공기가 키돌이 비행에 들어가기 위해 하강을 하여 속도를 증가시켜야함.
- 키돌이 비행 시 하중 배수는 상단점에서 속도가 가장 느려 양력의 크기가 작으므로 하중 배수가 가장 작고 하단점에서 속도가 가장 빨라 양력이 커 하중 배수가 최대치가 됨.
- 키돌이 비행 시 하단점에서의 하중 배수는 상단점의 하중 배수의 약 6 배임.

## 3) 비행 하중

- 제한 하중: 비행 중 생길 수 있는 최대의 하중으로 비행기는 이 제한 하중 내에서만 운동하여야함.
- 극한 하중: 비행기에는 예기치 못한 과도한 하중이 발생할 수 있으며 이 하중을 약 3초는 견딜 수 있게 설계하여야함. 이 과도한 하중을 극한 하중이라 함.

# 4 비행기의 안정과 조종

## 4.1 조종면 이론

### 1) 조종면의 효율

- 조종면의 변화에 따른 양력의 변화량을 말함.
- 조종면의 효율 변수 = 양력계수의 변화량 / 플랩의 변위

### 2) 힌지 모멘트와 조종력

- **모멘트**: 물체를 회전시키는 힘을 말하며, 힘 × 중심축에서 부터의 거리로 정의됨.
- **힌지 모멘트**: 조종면 회전의 중심인 힌지에서 발생하는 모멘트를 말하며, 조종면에서 발생하는 힘인 양력과 조종면의 시위 길이의 곱으로 계산할 수 있음.
- **조종력**: 조종면을 움직이기 위하여 필요한 힘을 말하며, 힌지 모멘트와 조종면 작동 시 발생하는 기계적인 이득의 곱으로 정의할 수 있음.

### 3) 공력 평형 장치(조종력 경감 장치)

#### (1) 앞전 밸런스

- 조종면의 힌지 중심을 뒤쪽으로 이동시킨 장치로 조종면 하강 시 조종면 앞쪽이 날개 윗면 위쪽으로 올라가 공기의 저항을 받아 조종면이 더 쉽게 내려갈 수 있도록 도와 조종력을 감소시킴.

## (2) 혼 밸런스

- 밸런스 역할을 하는 조종면을 힌지 축 앞쪽으로 추가시킨 장치임. 힌지 축 앞쪽에 추가된 조종면이 하강 시 날개 윗면 위쪽으로 올라가 공기의 저항을 받아 조종면이 더 쉽게 내려갈 수 있도록 도와 조종력을 감소시킴.
  - ① 비보호 혼: 밸런스 부분이 앞전까지 뻗쳐 나온 혼
  - ② 보호 혼: 밸런스 부분이 앞전까지 뻗쳐 있지 않은 혼

## (3) 내부 밸런스

- 밸런스의 앞쪽이 실(Seal)로 연결되어 날개에 밀폐돼 부착되어 있음. 밸런스와 날개의 윗면과 아랫면 사이 틈으로 들어오는 공기가 실의 위쪽과 아래쪽으로의 이동이 불가능해 실의 윗면과 아랫면의 압력차가 생기게 되며, 이 압력을 이용한 밸런스임.
- 조종면이 하강하면 날개의 위쪽 압력이 감소하게 되어 실 위쪽의 공기가 빠져나가게됨. 이로 인해 실 위쪽의 압력이 감소되면 실 아래쪽에서 위쪽으로 올리려는 힘이 발생하여 조종면이 더 쉽게 아래쪽으로 내려가게됨.

## (4) 프리즈 밸런스

- 비행기 옆놀이 운동 시 상승하는 날개는 내리흐름을 받아 항력이 증가하게됨. 이 항력 증가로 인해 전진하여야 하는 상승 깃이 전진을 못해 회전 방향이 반대가 되려는 현상인 역요인 현상이 발생함.
- 이 현상을 줄이기 위해 상승 깃의 조종면은 조금만 내려 양력을 줄이고, 하강하는 깃의 도움 날개를 많이 올려 도움 날개를 차동으로 움직여주는 것이 좋음.
- 이런 도움 날개의 움직임에 도움을 주기 위해 도움 날개가 내려갈 때는 조종면을 조금 내려가게 도와주고 올라갈 때는 많이 올라갈 수 있게 도와주는 밸런스를 프리즈 밸런스라고 함.
- 밸런스 앞전 부분을 경사지게 하여 조종면 하강 시는 저항을 줄여 조종력을 유지 시키고 조종면 상승 시는 앞전 부분이 날개의 아랫면 밑으로 나와 저항이 생겨 더 쉽게 조종면이 올라갈 수 있도록 도와줌.

## (5) 매스 밸런스

- 밸런스 앞전에 추를 장착하여 밸런스의 무게 중심을 힌지 방향으로 옮겨 밸런스에서 발생하는

진동을 최소화한 밸런스로 공력진동인 플루터(Flutter)를 방지함.

## 4) 탭(tab)

- 조종면 뒤쪽에 장착되어 조종면과 반대 방향으로 움직여 조종면의 움직임을 도와줌.
- **트림 탭(Trim tab)**: 비행 중 조종면을 움직이지 않았는데도 항공기가 한쪽으로 기운다면 조종사는 항공기의 평형을 잡기 위해 조종면을 움직여 주어야함. 이러한 번거로움을 없애기 위해 조종사가 탭을 움직여 조종면을 조절해 항공기가 기우는 것을 방지할 수 있도록 만든 탭을 말함.
- **평형 탭(Balance tab)**: 조종면을 움직이면 조종면과 반대 방향으로 움직여 조종력을 경감시켜 주는 가장 기본적인 탭임.
- **스프링 탭(Spring tab)**: 평형 탭에 스프링을 장착하여 탭의 작용을 배가시킨 탭
- **서보 탭(Servo tab, Control tab)**: 항공기 조종 시 조종면을 움직이지 않고 탭을 움직여 조종면을 조절하는 탭

## 4.2 안정과 조종

### 1) 정적 안정과 동적 안정

- **평형**: 모든 힘과 모멘트의 합이 무게 중심에서 평형인 상태를 말하며, 항공기가 평형 상태에 있다는 것은 속도와 방향의 변화 없이 정상 비행을 하고 있다는 것을 의미함.
- **안정성**: 비행기가 외부의 요인으로 평형 상태에서 벗어난 경우 다시 평형 상태로 돌아오려는 경향을 말함.
- **조종성**: 비행기를 원하는 만큼 움직이기 위한 성능을 말함.
- **안정과 조종**: 조종성을 좋게 하면 항공기를 쉽게 움질일 수 있음. 즉 항공기를 안정된 상태에서 쉽게 벗어나게 할 수 있으므로 조종성을 좋게 하면 안정성이 감소하고, 안정성을 좋게 하면 조종성이 감소하는 반비례 관계가 있음.

### (1) 정적 안정

- 평형 상태에서 벗어난 후 다시 평형 상태로 되돌아오려는 초기의 경향을 말함.

- **정적 중립**: 평형 상태에서 벗어난 후 다시 평형 상태로 되돌아오려거나 평형 상태에서 더 멀어지려고도 하지 않고 그 자세를 유지하는 것을 정적 중립이라 함.

## (2) 동적 안정

- 평형 상태에서 벗어난 후 시간이 지남에 따라 다시 평형 상태로 되돌아오려는 경향을 말하며, 운동의 진폭이 시간이 경과하면 감소함.
- **동적 중립**: 시간이 지남에도 운동의 진폭이 변화가 없는 경향을 말함.

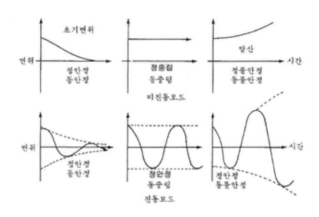

(그림 3-21) 안정 형태[39]

## (3) 비행기의 기준축

- **세로축(X축)**: 비행기의 전방에서 후방의 축을 말하며, 세로축을 중심으로 항공기의 가로운동-옆놀이(Rolling moment)가 발생하며, 옆놀이를 발생시키기 위해서는 조종면 중 도움 날개(Aileron)를 움직여야함. 세로축을 중심으로 한 가로운동의 안정성을 가로 안정성이라고 함.
- **가로축(Y축)**: 비행기의 날개 끝에서 다른 쪽 끝까지의 축을 말함. 가로축을 중심으로 항공기의 세로운동-키놀이(Pitching moment)가 발생하며, 키놀이를 발생을 위해 조종면 중 승강키(Elevator)를 움직여야함. 가로축을 중심으로 한 세로운동에 대한 안정성을 세로 안정성이라고 함.

---

39) https://m.blog.naver.com/PostView.nhn?blogId=dkrl9&logNo=50188652383&proxyReferer=http%3A%2F%2F
www.google.co.kr%2Furl%3Fsa%3Di%26rct%3Dj%26q%3D%26e src%3Ds%26source%3Dimages%26cd%3D%
26ved%3D2ahUKEwjXmbuMrbXaAhUMO7wKHe6EAbQQjhx6BAgAEAM%26url%3Dhttp%253A%252F%252Fm.
blog.naver.com%252Fdkrl9%252F50188652383%26psig%3DAOvVaw0qIYYrXRZGIPDH1jtK7bS-%26ust%3D152364
3659919315

- **수직축(Z축)**: 비행기의 상하축을 의미함. 수직축을 중심으로 항공기의 방향운동-빗놀이 (Yawing moment)가 발생하며, 빗놀이를 발생시키기 위해 조종면 중 방향키(Rudder)를 움직여야함. 수직축을 중심으로 한 방향 운동의 안정성을 방향 안정성이라고 함.

(그림 3-22) 비행기 기체축[40]

## 2) 세로 안정과 조종

### (1) 정적 세로 안정

- 키놀이 모멘트가 변화되어 처음 평형 상태로 돌아오려는 경향을 말함.
- 정적 세로 안정 그래프: 양력계수 변화에 대한 키놀이 모멘트의 변화를 나타내는 것으로 기수가 상승하여 양력계수가 증가 시 키놀이 모멘트도 증가하여 기수가 더욱 상승되어 안정성이 좋지 못함. 또한 반대의 경우 키놀이 모멘트가 감소하여 기수가 하강하여 안정성이 좋음.

---

40) https://m.blog.naver.com/PostView.nhn?blogId=jhst3103&logNo=220431947408&proxyReferer=http%3A%2F%2F
www.google.co.kr%2Furl%3Fsa%3Di%26rct%3Dj%26q%3D%26esrc%3Ds%26source%3Dimages%26cd%3D%
26ved%3D2ahUKEwjDuuLXqbXaAhVPhbwKHZv3D3oQjhx6BAgAEAM%26url%3Dhttp%253A%252F%252Fm.blog.
naver.com%252Fjhst3103%252F220431947408%26psig%3DAOvVaw2OObAOSu5RvlmgogPX-4gA%26ust%
3D1523642707454289

## (2) 동적 세로 안정

- 정적 세로 안정은 키놀이 모멘트의 변화에 따라 비행기가 평형 상태로 되돌아가려는 초기 경향을 말하며, 동적 세로 안정은 키놀이 모멘트에 관한 시간에 따른 진폭의 변화를 의미함.
- 장주기 운동
    ① 주기가 20~100sec. 로 매운 긴 운동이며, 운동 에너지와 위치 에너지가 교대로 교환됨.
    ② 키놀이 자세, 비행속도, 비행 고도에는 상당한 변화가 있지만 받음각은 거의 일정함.
- 단주기 운동
    ① 주기가 0.5~5sec. 사이로 상대적으로 짧은 운동임.
    ② 외부의 영향을 받은 비행기는 키놀이 감쇠에 의해 진폭이 감쇠되어 평형의 상태로 돌아옴.
    ③ 조종간을 자유롭게 하여 감쇠함.
- 승강키 자유운동
    ① 승강키를 자유롭게 했을 때 발생하는 아주 짧은 주기의 진동임.
    ② 주기는 0.3~1.5sec. 사이임.

## 3) 가로 안정과 조종

- 비행기에 옆 미끄럼이 발생 시 처음의 평형 상태로 되돌아오려는 경향을 말함.

## (1) 정적 가로 안정

- 옆놀이 모멘트와 옆미끄럼각에 대한 변화를 나타내는 것으로 옆놀이 모멘트가 증가하면 옆미끄럼각이 증가되므로 평형 상태에서 더 멀어지고, 반대의 경우 옆미끄럼각이 감소하므로 평형 상태로 돌아오려는 경향이 있어 안정성이 높음.
- 정적 가로 안정 요소
    ① **쳐든각 효과(Dihedral effect)**: 가로 안정성이 가장 중요한 요소로 옆미끄럼 발생 시 쳐든각을 주면 옆미끄럼 방향의 날개에는 양력이 증가하고 반대쪽 날개에는 양력이 감소하여 옆미끄럼 방향과 반대 방향으로 기울어져 평형의 상태로 돌아오게 됨.
    ② **뒤젖힘각 효과(sweepback effect)**: 뒤젖힘각 효과도 쳐든각 효과와 같이 가로 안정성의 중요한 요소로 뒤젖힘각이 있는 경우 옆미끄럼 발생 시 옆미끄럼 방향의 날개에는 양력이 증가하고 반대쪽 날개에는 양력이 감소하여 평형의 상태로 돌아오게 됨.
    ③ **동체**: 동체에 장착하는 날개의 위치에 의해 가로 안정성에 영향을 끼치며, 동체 아래에 부착한 날개는 3-4° 정도의 쳐든각 효과가 있고, 동체 위에 부착한 날개는 2-3° 정도의 쳐든각 효과

가 있음. 즉 동체 위에 부착한 날개는 가로 안정성이 좋음.

④ **수직 꼬리 날개**: 옆미끄럼 방생 시 수직 꼬리 날개의 면적이 크면 저항이 증가하여 미끄럼 방지를 할 수 있음.

## 2) 동적 가로 안정

- 동적 가로 안정에서는 옆놀이 모멘트 발생 시 빗놀이 모멘트가 동시에 발생하므로 옆놀이 모멘트와 빗놀이 모멘트를 동시에 고려하여야 함.
- **방향 불안정(Directional divergence)**: 방향 안정성이 부족하여 발생하는 현상으로 옆미끄럼 발생 시 옆놀이 모멘트와 빗놀이 모멘트가 발생하여 비행기가 선회하게 되면 방향 안정성이 부족하여 기수가 비행기의 회전 방향보다 더 많이 회전하는 경향을 보임. 동적 가로 안정에서 가장 주의해야 할 요소로 방향 안정성을 증가시키면 감소될 수 있음.
- **나선 불안정(Spiral divergence)**: 정적 방향 안정성이 정적 가로 안정성보다 커서 발생하는 현상으로 옆미끄럼 발생 시 옆놀이 모멘트와 빗놀이 모멘트가 발생하여 비행기가 선회하게 되면 방향 안정성이 커 기수가 비행기의 회전 방향보다 적게 회전하려는 경향을 보임. 나선 불안정은 발산율이 작아 조종의 어려움이 비교적 작음.
- **가로 방향 불안정**: 더치 롤(Dutch roll)이라고도 하며, 정적 방향 안정성에 비해 정적 가로 안정성이 커서 발생하는 현상임. 옆미끄럼 발생 시 옆놀이 모멘트와 빗놀이 모멘트가 발생하여 비행기가 선회하게 되면 가로 안정성으로 인해 하강한 날개가 상승하게 되고 날개가 상승하면 방향 안정성에 의해 기수의 방향이 반대쪽으로 돌아가게 됨. 기수의 방향이 돌아가면 비행기는 기수의 방향으로 옆놀이 모멘트를 시작하게 되고 가로 안정성으로 인해 다시 하강한 날개가 상승하게 되는 진동이 반복되게 됨. 이 불안정을 예방하기 위해 가로 안정성을 감소시키기 위해 날개에 처진각을 주면 예방할 수 있음.

## 4) 방향 안정과 조종

- 빗놀이 모멘트가 변화된 경우 처음의 평형상태로 되돌아오려는 경향을 말함.
- 빗놀이 각: 기준 방위로부터 비행기의 중심선이 이동한 각도
- 옆미끄럼 각: 빗놀이 각과 크기는 같고 부호가 반대인 각도

## (1) 방향 안정성

- 정적 방향 안정: 빗놀이 모멘트와 옆미끄럼각에 대한 변화를 나타낸 것으로 빗놀이 모멘트가 증가하면 옆미끄럼각이 증가하므로 빗놀이 각은 감소해 평형 상태로 돌아오려는 경향을 보이는 것으로 안정성이 좋음. 반대의 경우 빗놀이 각이 증가해 평형 상태에서 멀어지므로 안정성이 좋지 못함.

- 비행기 구성 요소들의 방향 안정성 영향

  ① 수직 꼬리 날개: 비행기가 옆미끄럼 상태에 들어가면 수직 꼬리 날개에 받음각이 변화되어 양력이 발생되고, 이 양력의 기수의 방향으로 되돌려 평형의 상태로 돌아가게 됨. 따라서 방향 안정성 증가를 위해 모멘트의 크기를 높이기 위해 수직 꼬리 날개의 위치를 무게 중심에서 최대한 멀리 하는 것이 좋음. 또한 수직 꼬리 날개의 면적을 크게 하는 것이 좋으나 너무 크게 할 경우 항력이 증가한다는 점을 반드시 고려하여야 함.

  ② 도살핀: 수직 꼬리 날개와 동체를 연결하는 큰 판으로 도살핀 장착 시 큰 옆미끄럼 각에서의 안정성이 증가하고, 수직 꼬리 날개의 유효 가로세로비를 감소시켜 실속각을 증가시킴.

  ③ 동체 및 기관 등에 의한 영향: 동체와 기관은 방향 안정성에 좋지 않은 영향을 끼치나 큰 미끄럼 각에서는 불안정이 감소하는 영향을 끼쳐 안정성에 도움을 줌.

  ④ 추력 효과: 프로펠러 회전면이나 제트기 공기 흡입구가 무게 중심 앞에 위치하면 불안정 상태를 유발함.

  ⑤ 방향 안정성의 위험한 상태: 큰 옆미끄럼각, 낮은 속도에서의 높은 출력, 큰 받음각, 큰 마하수 등

## (2) 방향 조종

- 수직축을 중심으로 기수의 방향을 변화시켜 빗놀이 모멘트를 발생시키는 것을 방향 조종이라 하며, 방향키에 의해 수행됨. 방향키는 위험한 상황에서 충분한 빗놀이 모멘트를 발생시킬 수 있어야함.

- 방향키 부유각: 방향키를 자유롭게 했을 때 방향키가 자유롭게 변위되는 각도를 말하며, 방향키 부유각이 평형을 위한 방향키의 변위각보다 작으면 자유 방향 안정이 존재하지만, 평형을 위한 방향키 변위각과 같아지면 방향키에 고착이 발생하고 방향키 자유 불안정이 존재하게 됨.

## 3) 고속기의 비행 불안정

### (1) 세로 불안정

- 턱 언더(Tuck-under): 저속 비행기는 속도를 증가시키면 양력이 증가하여 기수를 올리려는 경향이 있으나 고속 항공기는 속도를 증가시키면 항력이 증가하여 오히려 기수가 내려가려는 경향이 생겨 조종간을 당겨야함. 이와 같이, 고속에서 속도 증가 시 기수가 내려가 조종력을 역작용 시켜야 하는 현상을 턱 언더라고 정의함.
- 피치 업(Pitch up): 고속으로 하강 비행 시 고도 증가를 위해 기수를 위로 올릴 때 예상한 각도 이상으로 기수가 글려지는 현상을 말함.
- 디프 실속: 수평 꼬리 날개가 높은 위치에 있거나 T형 꼬리 날개 항공기에 발생하는 불안정 수평 꼬리 날개가 항공기 받음각 증가 시 흐름의 떨어짐에 영향을 받아 효율이 감소되는 현상을 말함.

### (2) 가로 불안정

- 날개 드롭: 항공기가 천음속 영역에 들어와 충격파가 발생하게 되면 양쪽 날개에 동시에 충격파가 발생하는 것이 아니라 한쪽 날개에 먼저 충격파가 발생하여 갑작스러운 항력의 증가로 충격파가 발생한 날개가 아래로 내려가는 현상을 말함.
- 옆놀이 커플링: 커플링이란 한 축에 대한 방해가 왔을 때 다른 축에도 방해가 발생하는 것을 말함.
  ① 공력 커플링: 빗놀이가 발생하면 옆놀이가 같이 발생하는 현상
  ② 관성 커플링: 옆놀이가 발생하면 키놀이가 같이 발생하는 현상

# 연습문제

**01** 고양력 장치의 하나인 파울러 플랩(Fowler)이 양력을 증가시키는 원리만으로 짝지어진 것은?

가. 날개 면적과 받음각의 증가

나. 캠버의 변화와 경계층의 제어

다. 받음각의 증가와 캠버의 변화

라. 날개 면적의 증가와 캠버의 변화

**02** 공기역학적 힘을 공력계수를 이용하여 단위계나 스케일에 상관없이 일관되게 표현할 때 공력계수에 영향을 미치는 요소가 아닌 것은?

가. 마하수

나. 레이놀즈 수

다. 받음각

라. 비행 경로각

**03** 회전익 장치가 하나뿐인 헬리콥터는 질량이 큰 동체가 하나의 점에 매달려 있는 것과 같아 한번 흔들리면 전후좌우로 자연스럽게 진동 운동을 하게 되는데 이런 현상을 무엇이라 하는가?

가. 지면 효과(Ground effect)

나. 시계추 작동(Pendular action)

다. 코리올리스 효과(Coriolis effect)

라. 편류(Drift or Translating tendency)

**04** 다음 중 유해항력(Parasite drag)이 아닌 것은?

가. 간섭항력

나. 유도항력

다. 형상항력

라. 조파항력

**해설 •** 유도항력: 양력에 의해 발생하는 항력

　　　유해항력: 양력에 의해 발생하는 항력을 제외한 모든 항력

　　　전 항력: 유해항력 + 유도항력

**05** ICAO에서 정한 표준 대기에 대한 설명으로 옳은 것은?

가. 일반적인 기상 현상이 발생되는 곳은 성층권이다.

나. 대류권의 경우 고도가 증가하여도 온도가 일정하다.

다. 표준 대기의 값으로 대류권의 최대 높이는 약 36,000 ft 이다.

라. 성층권에서는 고도 변화에 관계없이 압력과 밀도가 일정하다.

**해설 ●**　대류권은 지상에서부터 11 ㎞

**06** 비행기 날개의 상반각(Dihedral angle)으로 얻을 수 있는 주된 효과는?

　　가. 세로 안정을 준다.　　　　　　　　　나. 익단 실속을 방지한다.

　　다. 방향의 동정인 안정을 준다.　　　　　라. 옆 미끄럼에 의한 옆놀이에 정적인 안정을 준다.

**해설 ●**　가로 안정성 요소

　　　　쳐든각 효과, 뒤젖힘각 효과, 날개의 동체 부착 높이, 수직 꼬리 날개의 면적

**07** 수직 꼬리 날개와 방향 안정의 관계에 대한 설명으로 옳은 것은?

　　가. 큰 마하수에서 충분한 방향안정성을 갖기 위해 초음속기의 경우 상대적으로 작은 수직 꼬리 날개를 가진다.

　　나. 마하수가 큰 초음속 비행기에서는 꼬리 날개에 의한 안정성이 증가한다.

　　다. 수직 꼬리 날개 면적의 증가는 항력의 감소를 수반하므로 되도록 큰 값으로 설계하도록 하고, 그 대신 주 날개의 면적도 증가시키도록 해야 한다.

　　라. 정적 방향 안정에 미치는 수직 꼬리 날개의 영향은 수직 꼬리 날개 양력 변화와 모멘트 팔 길이에 의존한다.

**08** 프로펠러 항공기의 항속 거리를 최대로 하기 위한 방법은?

　　가. 연료 소비율 최대, 양항비 최대 조건으로 비행한다.

　　나. 연료 소비율 최소, 양항비 최대 조건으로 비행한다.

　　다. 연료 소비율 최대, 양항비 최소 조건으로 비행한다.

　　라. 연료 소비율 최소, 양항비 최소 조건으로 비행한다.

**09** 도움 날개에 주로 사용되는 조종력 경감 장치로 양쪽 힌지 모멘트가 서로 상쇄하도록 하여 조종력을 감소시키는 장치는?

　　가. 혼 밸런스(Horn balance)　　　　　　나. 프리즈 밸런스(Frise balance)

　　다. 내부 밸런스(Internal balance)　　　　라. 앞전 밸런스(Leading edge balance)

**10** 세로 정안정성에 관련된 용어를 설명한 것으로 틀린 것은?

가. 무게 중심(CG)은 중력의 총합을 대표하는 점이다.

나. 중립점(NP)은 무게 중심의 전방 한계를 결정짓는다.

다. 정적 여유(SM)는 무게 중심과 중립점 간의 거리이다.

라. 공력 중심(AC)에서는 받음각에 따라 피칭 모멘트의 변화가 없다.

**11** 다음 중 종극 속도(Terminal velocity)의 정의로 옳은 것은?

가. 비행기가 수평 비행 시 도달할 수 있는 최대 속도

나. 비행기가 회전 비행 시 도달할 수 있는 최대 속도

다. 비행기가 수직 상승 시 도달할 수 있는 최대 속도

라. 비행기가 수직 강하 시 도달할 수 있는 최대 속도

**12** 항공기 이륙 거리를 짧게 하기 위한 설명으로 옳은 것은?

가. 항공기 무게와는 관계없다.

나. 배풍(Tail wind)을 받으면서 이륙한다.

다. 기관의 추력을 가능한 최대가 되도록 한다.

라. 이륙 시 플랩이 항력 증가의 요인이 되므로 플랩을 사용하지 않는다.

양력 증가를 위해 추력을 최대로 증가

**13** 다음 중 날개 길이 방향의 양력 분포가 균일한 날개는?

가. 테이퍼 날개 나. 뒤젖힘 날개

다. 타원형 날개 라. 직사각형 날개

**해설 •** 타원형 날개는 양력 분포가 길이 방향으로 일정하여 스팬 효율 개수가 가장 큰 1 을 가지며, 스팬 효율 개수가 최대여서 유도항력이 가장 작음.

**14** 항공기 횡(가로)운동 중 나타날 수 있는 동적 불안정성에 대한 설명으로 틀린 것은?

가. 항공기가 방향 안정성이 결여되었을 경우 방향 운동의 발산이 일어나며 외란이 주어질 경우 항공기는 회전을 하여 미끄러짐 각이 계속해서 증가하게 된다.

나. 방향과 가로 안정성이 높을 경우 나선형 발산 운동이 나타나 외란이 주어지게 되면, 항공기는 점차적으로 나선형 운동에 진입하게 된다.

다. 더치롤(Dutch roll) 진동은 같은 주파수에 서로 위상이 다른 롤과 요우 방향의 진동으로 특징지어지는 가로 진동과 방향 진동이 결합된 현상이다.

라. 윙록(Wing rock)이란 여러 개의 자유도에 동시에 영향을 미치는 복잡한 운동이며, 가장 기본이 되는 운동은 롤에서의 진동 현상이다.

해설 ● 4선 불안정은 방향 안정성이 가로 안정성 보다 높이 발생

**15** 항공기에 작용하는 공기 역학적 힘, 관성력, 탄성력이 상호 작용에 의하여 생기는 주기적인 불안정한 진동을 무엇이라 하는가?

가. 플러터 (Flutter)　　　　　　　　　나. 피치 업(Pitch up)

다. 디스 실속(Deep stall)　　　　　　　라. 피치 다운(Pitch down)

해설 ● 플러터: 공력 진동에 의한 떨림

버핏: 흐름의 떨어짐에 의한 떨림

**16** 전진 비행 중인 헬리콥터의 진행 방향 변경은 어떻게 이루어지는가?

가. 꼬리 회전 날개를 경사 시킨다.

나. 꼬리 회전 날개의 회전수를 변경 시킨다.

다. 주 회전 날개깃의 피치각을 변경 시킨다.

라. 주 회전 날개 회전면을 원하는 방향으로 경사 시킨다.

주회전 날개를 회전시키는 방법: 사이클릭 조종

**17** 자동 회전과 수직 강하가 조합된 비행으로 조종간을 잡아당겨서 실속시킨 후 방향키 페달을 한쪽만 밟아 주는 조종 동작으로 발생되는 비행은?

가. 슬립 비행　　　　　　　　　　　　나. 실속 비행

다. 스핀 비행　　　　　　　　　　　　라. 선회 비행

**18** 프로펠러 비행기의 항속 거리에 관한 설명으로 틀린 것은?

가. 연료 탑재량을 늘리면 항속 거리가 증가된다.

나. 프로펠러 효율이 크면 항속 거리가 감소된다.

다. 연료 소비율을 작게 하면 항속 거리가 증가된다.

라. 양항비가 가장 작은 값으로 비행하면 항속 거리가 감소된다.

**19** 날개골 두께의 2 등분점을 연결한 선을 무엇이라 하는가?

가. 캠버

나. 앞전 반지름

다. 받음각

라. 평균 캠버선

**20** 헬리콥터가 정지 비행 상태에서 전진 비행 상태로 전환할 때 주회전 날개에 의하여 추가되는 양력을 무엇이라 하는가?

가. 유도 흐름(Induced flow)

나. 세차 양력(Precession lift)

다. 전이 양력(Translational lift)

라. 불균형 양력(Dissymmetry lift)

**21** 다음 중 경계층 제어와 가장 관계 깊은 날개 요소는?

가. Tab

나. Spoiler

다. Slot

라. Split flap

해설 ● 경계층 제어: 날개 윗면에서의 흐름의 떨어짐을 방지하는 방법을 말한다.

슬롯: 날개 윗면과 아랫면을 연결하는 구멍으로 이 구멍을 통해 아랫면에서의 흐름이 윗면으로 올라와 흐름의 떨어짐을 방지한다.

**22** 전리층이 존재하기 때문에 전파를 흡수 · 반사하는 작용을 하여 통신에 영향을 주는 대기층은?

가. 대류권

나. 중간권

다. 성층권

라. 열권

**23** 날개 시위선(Chord line) 상의 점으로서 받음각이 변화더라도 키놀이 모멘트(Pitching moment) 값이 변화하지 않는 점을 무엇이라 하는가?

가. 무게 중심

나. 공기력 중심

다. 풍압 중심

라. 공력 평균 시위

**24** 항공기가 세로 안정성이 있다는 것은 다음 중 어느 경우에 해당 하는가?

가. 받음각이 증가함에 따라 키놀이 모멘트 값이 부(-)의 값을 갖는다.

나. 받음각이 증가함에 따라 빗놀이 모멘트 값이 정(+)의 값을 갖는다.

다. 받음각이 증가함에 따라 빗놀이 모멘트 값이 부(-)의 값을 갖는다.

라. 받음각이 증가함에 따라 옆놀이 모멘트 값이 정(+)의 값을 갖는다.

해설 • 안정성은 비행기가 평형의 상태로 되돌아 오려는 경향을 말하므로 받음각 증가 시 기수를 아래로 내리려는 키놀이 모멘트가 발생하여야 안정성이 좋다.

**25** 옆놀이 커플링(Roll coupling)을 줄이는 방법으로 틀린 것은?

가. 방향 안정성을 증가시킨다.

나. 쳐든각 효과를 감소시킨다.

다. 정상 비행 상태에서 바람축과의 경사를 최대한 크게 한다.

라. 정상 비행 상태에서 불필요한 공력 커플링을 감소시킨다.

해설 • 커플링: 한 축의 운동에 의하여 다른 축의 운동이 같이 발생하는 현상으로 안정성에 좋지 못하다.

　　　옆놀이 커플링의 종류

　　　① 공력적 커플링: 빗놀이 발생 시 쳐든각 효과에 의하여 옆놀이 발생

　　　② 관성 커플링: 옆놀이 발생 시 원심력에 의하여 키놀이 발생

**26** 항공기의 승강키(Elevator) 조작은 어떤 축에 대한 운동을 하는가?

가. 세로축(Longitudinal Axis)　　　　　　나. 가로축(Lateral Axis)

다. 방향축(Directional Axis)　　　　　　라. 수직축(Vertical Axis)

해설 • 승강키: 가로축 중심 세로 운동

　　　도움 날개: 세로축 중심 가로 운동

　　　방향키: 수직축 중심 방향 운동

**27** 대기권에서 기온이 가장 낮은 층은?

가. 성층권　　　　　　　　　　　　　　나. 성층권 계면

다. 대류권　　　　　　　　　　　　　　라. 중간권 계면

**28** 항공기 왕복 기관의 상승 비행 시 마력의 관계로 옳은 것은?

가. 이용 마력과 필요 마력이 같다.

나. 이용 마력과 필요 마력 보다 크다.

다. 이용 마력과 필요 마력 보다 작다.

라. 이용 마력과 필요 마력의 1.5 배가 되었을 때 상승 비행을 멈춘다.

**29** 방향 안정성과 관련한 설명으로 틀린 것은?

가. 수직 꼬리 날개의 위치를 비행기를 무게 중심으로부터 멀리 할수록 방향 안정성이 증가한다.

나. 도살핀(Dorsal fin)을 붙여주면 큰 옆 미끄럼각에서 방향 안전성이 좋아진다.

다. 가로 및 방향 진동이 결합된 옆놀이 및 빗놀이의 주기 진동을 더치 롤(Dutch roll)이라 한다.

라. 단면이 유선형인 동체는 일반적으로 무게 중심이 동체의 1/4 지점 후방에 위치하면 방향 안전성이 좋다.

**30** 일반적으로 비행기가 실속에 가까워지면 흐름의 박리에 의해 발생된 후류가 날개나 기체 등을 진동시키는 현상을 무엇이라 하는가?

가. 버즈(Buzz)  나. 실속(Stall)

다. 버핏(Buffat)  라. 항력 발산(Drag divergence)

**31** 다음 중 헬리콥터의 비행 시 발생할 수 있는 현상이 아닌 것은?

가. 턱언더  나. 코리올리스 효과

다. 지면 효과  라. 자이로 세차 운동

**해설 •** 턱언더: 고정익 항공기 고속 비행 시 발생하는 세로 불안정

**32** 항공기가 이륙 후 비행 방향에 대해서 양력과 중력이 같고 추력과 항력이 동일하다면 항공기의 운동은?

가. 공중에 정지한다.  나. 수평 가속 비행을 한다.

다. 수평 등속 비행을 한다.  라. 등속 상승 비행을 한다.

**33** 항공기의 이착륙 성능에 대한 설명으로 틀린 것은?

가. 일반적으로 이륙 속도는 실속 속도(Power-off 시)의 2.5 배로 한다.

나. 항공기가 이륙할 때 정풍(Head wind)을 받으면 이륙 거리와 이륙 시간이 짧아진다.

다. 항공기가 착륙할 때 항공기가 장애물 고도 위치에서 접지할 때까지의 수평 거리를 착륙 공정 거리라 한다.

라. 항공기가 이륙할 때 항공기의 이륙 거리는 지상 활주 거리를 말한다.

**해설 •** 이륙 거리 = 지상 활주 거리 + 장애물 고도까지 상승 수평 거리

**34** 제트류는 일정한 방향과 속도로 부는데, 지구 북반구의 경우 제트류가 발생하는 대기층, 평균 속도로 옳은 것은?

가. 성층권, 동에서 서로, 약 37 m/sec.  나. 성층권, 서에서 동로, 약 37 m/sec.

다. 대류권, 서에서 동로, 약 60 m/sec.  라. 성층권, 서에서 동로, 약 60 m/sec.

**35** 고정 날개 항공기의 자전 운동(auto rotation)과 연관된 특수 비행 성능은?

가. 선회 운동

나. 스핀(Spin) 운동

다. 키돌이(Loop) 운동

라. 온 파이런(On pylon) 운동

해설 •  스핀 = 수직 강하 + 자전 운동

**36** 선회 비행 시 외측으로 슬립(Slip)하는 가장 큰 이유는?

가. 경사각이 작고 구심력이 원심력 보다 클 때

나. 경사각이 크고 구심력이 원심력 보다 작을 때

다. 경사각이 크고 원심력이 수심력 보다 작을 때

라. 경사각이 작고 원심력이 구심력 보다 클 때

해설 •  외측 = 스키드(Skid): 경사각이 작고, 원심력이 구심력 보다 클 때 발생

내측 = 슬립(Slip): 경사각이 크고, 원심력이 구심력 보다 작을 때 발생

**37** 프로펠러의 추력에 대한 설명으로 옳은 것은?

가. 프로펠러의 추력은 공기 밀도에 비례하고 회전면의 넓이에 반비례 한다.

나. 프로펠러의 추력은 회전면의 넓이에 비례하고 깃의 선속도 제곱에 반비례 한다.

다. 프로펠러의 추력은 공기 밀도에 반비례하고 회전면의 넓이에 비례한다.

라. 프로펠러의 추력은 회전면의 넓이에 비례하고 깃의 선속도 제곱에 비례한다.

**38** 다음 중 비행기의 가로 안정성에 가장 적은 영향을 주는 것은?

가. 쳐든각

나. 동체

다. 프로펠러

라. 수직 꼬리 날개

해설 •  가로 안정성 요소

① 쳐든각 효과 ② 뒤젖힘각 효과 ③ 날개의 동체 부착 높이 ④ 수직 꼬리 날개의 면적

**39** 헬리콥터에서 발생되는 지면 효과의 장점이 아닌 것은?

가. 양력의 크기가 증가한다.

나. 많은 중량을 지탱할 수 있다.

다. 회전 날개깃의 받을각이 증가한다.

라. 기체의 흔들림이나 추력 변화가 감소한다.

**40** 항공기에서 발생하는 항력 중 아음속 비행 시 발생하지 않는 것은?

가. 유도 항력

나. 마찰 항력

다. 형상 항력                          라. 조파 항력

**해설 •** 조파 항력: 비행기가 음속을 돌파하여 충격파 발생 시 발생하는 항력

**41** 다음 중 일반적으로 단면 형태가 다른 것은?

가. 도움 날개                          나. 방향키

다. 피토 튜브                          라. 프로펠러 깃

**해설 •** 도움 날개, 조종면, 프로펠러 깃의 단면은 에어포일

**42** 날개골(Airfoil)의 정의로 옳은 것은?

가. 날개의 단면                        나. 날개가 굽은 정도

다. 최대 두께를 연결한 선              라. 앞전과 뒷전을 연결한 선

**43** 프로펠러 항공기의 추력과 속도와의 관계로 틀린 것은?

가. 저속에서 프로펠러 후류의 영향은 없다.

나. 비행 속도가 감소하면 이용 추력은 증가한다.

다. 추력이 증가하면 프로펠러 후류 속도가 증가한다.

라. 비행 속도가 실속 속도 부근에서는 후류 영향이 최댓값이 된다.

**44** 다음 중 비행기의 안정성과 조종성에 관한 설명으로 가장 옳은 것은?

가. 안정성과 조종성은 상호간에 정비례 한다.

나. 정적 안정성이 증가하면 조종성도 증가된다.

다. 비행기의 안정성은 크면 클수록 바람직하다.

라. 안정성과 조종성은 서로 상반되는 성질을 나타낸다.

**45** 저속으로 비행기가 키돌이(loop) 비행을 시작하기 위한 조작으로 가장 적합한 것은?

가. 조종간을 당겨 비행기를 상승시켜 속도를 증가시킨다.

나. 조종간을 당겨 비행기를 상승시켜 속도를 감소시킨다.

다. 조종간을 밀어 비행기를 하강시켜 속도를 증가시킨다.

라. 조종간을 밀어 비행기를 하강시켜 속도를 증가시킨다.

**46** 항공기에서 피토관(Pitot tube)을 이용하여 속도 측정을 할 때 이용되는 공기압은?

가. 정압, 전압

나. 대기압, 정압

다. 정압, 동압

라. 동압, 대기압

**해설 ●** 피토공: 정압 + 동압 = 전압

정압공: 정압

**47** 항공기에 장착된 도살핀(Dorsal fin)이 손상되었다면 다음 중 가장 큰 영향을 받는 것은?

가. 가로 안정

나. 동적 세로 안정

다. 방향 안정

라. 정적 세로 안정

**해설 ●** 도살핀: 수직 꼬리 날개와 동체를 연결하는 큰 판으로 도살핀 장착 시 큰 옆미끄럼 각에서의 안정성이 증가하고, 수직 꼬리 날개의 유효 가로 세로 비를 감소시켜 실속각을 증가 시킨다.

**48** 다음 중 항력 발산 마하수를 높게 하기 위한 날개를 설계할 때 옳은 것은?

가. 처든각을 크게 한다.

나. 날개에 뒤젖힘각을 준다.

다. 두꺼운 날개를 사용한다.

라. 가로 세로 비가 큰 날개를 사용한다.

**해설 ●** 항력 발산 마하수: 충격파가 발생하여 항력이 급격하게 증가하는 마하수. 임계 마하수 후에 항력 발산 마하수 발생하므로 임계 마하수를 높이는 방법과 항력 발산 마하수를 높이는 방법이 같다.

**49** 헬리콥터에서 양력 불균형 현상이 일어나지 않도록 주회전 날개깃의 플래핑 작용의 결과로 나타나는 현상은?

가. 사이클릭 페더링

나. 원추 현상

다. 후진 블레이드 실속

라. 블로우 백

**50** 헬리콥터가 지상 가까이에 있을 경우 회전 날개를 지난 흐름이 지면에 부딪혀 헬리콥터와 지면 사이에 존재하는 공기를 압축시켜 추력이 증가하는 현상을 무엇이라 하는가?

가. 지면 효과

나. 페더링 효과

다. 플래핑 효과

라. 정지 비행 효과

**51** 비행기가 옆 미끄럼 상태에 들어갔을 때의 설명으로 옳은 것은?

가. 수직 꼬리 날개의 받음각에는 변화가 없다.

나. 수평 꼬리 날개의 옆 미끄럼 힘이 발생한다.

다. 무게 중심에 대한 빗놀이 모멘트가 발생한다.

라. 비행기의 기수를 상대풍과 반대 방향으로 이동시키려는 힘이 발생한다.

옆 미끄럼 상태: 비행기의 진행 방향과 기수의 방향이 다른 상태

**52** 프로펠러의 비틀림 응력 중 원심력에 의한 비틀림은 깃을 어느 방향으로 비트는가?

가. 원주 방향

나. 피치를 적게 하는 방향

다. 허브 중심 방향

라. 피치를 크게 하는 방향

**53** 항공기의 압력 중심(Center of pressure)에 대한 설명으로 틀린 것은?

가. 받음각에 따라 위치가 이동되지 않는다.

나. 항공기 날개에 발생하는 합성력의 작용점이다.

다. 받음각이 커짐에 따라 위치가 앞으로 변화한다.

라. 받음각이 작아짐에 따라 위치가 뒤로 이동한다.

압력 중심: 받음각 증가 시 앞으로 이동, 받음각 감소 시 후방으로 이동

 **정답**

| 1 | 라 | 13 | 다 | 25 | 가 | 37 | 라 | 49 | 라 |
|---|---|---|---|---|---|---|---|---|---|
| 2 | 라 | 14 | 나 | 26 | 나 | 38 | 다 | 50 | 가 |
| 3 | 나 | 15 | 가 | 27 | 라 | 39 | 라 | 51 | 다 |
| 4 | 나 | 16 | 라 | 28 | 나 | 40 | 라 | 52 | 나 |
| 5 | 다 | 17 | 다 | 29 | 라 | 41 | 다 | 53 | 다 |
| 6 | 라 | 18 | 나 | 30 | 다 | 42 | 가 |  |  |
| 7 | 라 | 19 | 라 | 31 | 가 | 43 | 가 |  |  |
| 8 | 나 | 20 | 다 | 32 | 다 | 44 | 라 |  |  |
| 9 | 나 | 21 | 다 | 33 | 라 | 45 | 다 |  |  |
| 10 | 나 | 22 | 라 | 34 | 나 | 46 | 가 |  |  |
| 11 | 라 | 23 | 나 | 35 | 나 | 47 | 다 |  |  |
| 12 | 다 | 24 | 가 | 36 | 라 | 48 | 나 |  |  |

Chapter

**04**

# 비행 운용과 이론

# 1 무인항공기(드론) 개요

## 1.1 드론(Drone)

드론이란 무선전파로 조종할 수 있는 무인기체(UAV, Unmanned Aerial Vehicle)로 정의되며 벌이 웅웅대는 소리로 'Drone'이라는 영어식 표기를 사용한다. 드론은 당초 군사용으로 개발되어 개발 목적과 사용 목적이 뚜렷하고 조종사가 비행체에 탑승하지 않고 무선전파로 조종하여 군사작전 중 적의 기밀시설을 정찰하고 파괴한다. 특히, 미군의 군사용 드론은 기술력이 우수하고 적극 활용하고 있다. 현재 IT기술이 접목되어 4차 산업의 핵심으로 자리 잡고 있으며 다양하게 활용하고 있다.

(그림 4-1) 중국 DJI사가 개발한 팬텀 4

## 1.2  드론 산업

드론 산업은 군용기반에서 민간기반으로 더욱 활성화 되고 있다. 인간의 불편함을 편리함으로 만들었고 단면적인 시각이 익숙했던 사람들은 드론의 항공촬영이 매우 흥미롭게 다가오면서 드론의 관심도와 산업의 성장은 매우 빠른 속도로 진행되고 있다. 인간은 더욱더 편리하고 실생활에 도움이 되는 드론의 활용성을 기대하기 시작했고 4차 산업에 대비하여 드론은 IOT를 결합하여 새롭고 편리한 드론을 개발하고 있다. 드론산업 시장은 중국의 DJI사, 프랑스의 Parrot사, 미국의 3D로봇틱스 등 몇 개 회사에서 주도하고 있으며 일반인들이 취미생활로 드론을 쉽게 접할 수 있도록 하고 있다. 국내의 경우 등록된 업체는 1200여 곳에 달하지만 실질적으로 드론을 생산하고 판매하는 업체는 30여 곳에 불과하다. 기술력 및 부품제작 기업이 부족하고 외국부품을 수입하여 조립에 그치고 있는 실정이다.

정부는 드론 시장의 성장에 따라 2023년까지 2600억원을 투자하고 중장기 계획에 따른 범정부적인 지원을 위해 노력하고 있다. 국토교통부는 2026년까지 현 704억원 시장규모를 약 4조 1천 억원으로 신장하고, 기술경쟁력 세계 5위권 진입, 산업용 드론 6만 대 상용화를 목표로 설정하고 있다.

## 1.3  드론의 활용

- 군사용(정찰 · 감시 · 공격)
- 택배(화물 운송)
- 농업용(살충, 살포)
- 정보통신(인터넷 중계)
- 재해(현장 탐사, 지상정보수집)
- 안전(설비 안전점검, 수리지원)
- 교통(실시간 교통운행 정보 확인)
- 환경관측(기상관측, 환경오염 측정)
- 엔터테인먼트(영화, 공연, 작품 활동, 취미생활)
- 보건서비스(장기구득, 운송)

# 2 국내외 드론 현황

### 2.1.1 국외 드론시장 현황

세계 무인기체 시장은 무섭게 성장 중이다. 한국우주공학연구원에 따르면 무인기체 시장 규모를 2013년 5조 9000억원에서 2023년까지 13억 달러로 내다봤다. 소형 드론의 성장으로 전체 시장 규모가 2024년까지 연평균 15% 성장할 것이라고 전망하고 있다.

(그림 4-2) 세계 무인기체 시장 규모 추정

세계 상업용 드론 시장 점유율은 중국 DJI사로 2013년부터 보급형 드론인 소형 드론을 출시하면서 세계시장을 선점하고 있다. 가격 대비 성능이 뛰어나고 어플리케이션을 지속적으로 업데이트 하여 사용자의 편리성을 극대화 하였다. 그러나 드론수리 및 중간 판매자인 드론판매 대리점에 대한 만족도는 다소 낮은 편이다. 그럼에도 불구하고 소니와 협력하여 개발한 일체형 카메라를 팬텀 시리즈에 접목하여 방송촬영, 항공촬영, 관측 및 감시 등 영상분야에서 높은 서비스를 제공하고 있다. DJI뿐 아니라 시마(SYMA)·MJX 등 중국 드론 3사는 시장성이 불확실할 때 뛰어들어 전 세계 상업용 드론 시장을 70% 이상 잠식하는데 성공했다.

그 외 이스라엘항공우주산업은 전 세계 20여개 국가에 드론을 수출하고 있는 것으로 알려져 있고 아마존은 5년 내로 무인기체 배달 서비스 '프라임 에어'를 상용화할 계획이다. 구글도 2014년도 4월 태양열 무인 기체 제작업체인 타이탄 에어로스페이스를 인수하고 구글은 인터넷이 되지 않는 지역에도 무인기체를 활용해 자유롭게 인터넷을 제공할 계획이다. 군수용 무인기체 산업에서 민수용 산업으로 점차 확대되고 있는 실정이다.

## 2.1.2 국내 드론시장 현황

국내 무인기체 시장은 세계 시장보다 더욱 빠른 성장세를 보인다. 한국항공우주연구원에 따르면 2013년 100억에서 2022년 5700억 수준으로 성장할 것으로 추정하고 있다.

(그림 4-3) 국내 무인기체 시장 규모 추정

현재 세계 드론 시장의 주도권은 중국이 선점하고 있다. 제조 1위 국가다. 드론의 상품화·대중화가 불확실할 때부터 제조를 시작했다. 특히 DJI는 깔끔한 디자인으로 '드론계의 애플'이라 불릴 정도로 인기가 높다. 이런 상황에서 후발주자가 시장에 진입하기 어렵고, 진입한다 해도 중국 업체와의 경쟁에서 승리할 가능성은 희박하다. 이 때문에 한국 기업들도 드론 시장에 섣불리 발을 들여놓지 않는다. 국내 대기업도 드론 제조를 고려했지만, 중국 사업자의 가격경쟁력과 시장점유율을 뚫기 어렵다고 판단하고 있다. 또한 드론을 제작할 산업구조가 뿌리내리지 않았기 때문이다. 실제 한국 드론 시장에서 제조 기업은 1곳에 불과하다. 이마저도 초저가 완구류를 만드는 데 그치고 있다. 중국에서 부품을 수입하여 국내에서 조립하고 판매하면 가격 및 성능 측면에서 빠른 시일 내 완제품을 완성할 수 있기 때문에 DJI사와 같은 순수 제조 능력에 미치지 못하고 있지만 미래 4차 산업에 대비하여 드론 산업 생태계를 조성하기 위해 국가 관련 부처들은 다양한 업무를 수행하고 있다.

(표 4-1) 국내 정부부처 무인기체관련 추진 내용

| 관련 부처 | 업무 |
|---|---|
| 산업통상<br>자원부 | • 무인기 R&D 사업 지원 및 관리<br>  – 무인기 체계사업 및 선도기술과제 지원<br>• 장기 산업특성에 적합한 차별화된 금융지원 제도 마련<br>• 무인기 기술 R&D 지원확대 및 시범특구 등 인프라 구축 |
| 국토<br>교통부 | • 민·군 무인기 인증·운항 제도 구축 및 기반 공동 활용<br>  – 민간무인기 인증·운항 제도 및 관련 법제도 구축<br>• 무인기 안전 및 운용 기술개발 |
| 미래창조<br>과학부 | • 무인기 주파수 확보 연구 (무인기 전용주파수 확보)<br>• 무인기 원천 기술 및 운용 솔루션 기술개발 지원 |
| 국방부<br>(합동참모<br>본부) | • 군소요 판단<br>  – 소요군 능력요청서 접수 및 검토<br>  – 군소요 제기 |
| 방위<br>사업청 | • 군 시험평가 및 감항인증 지원<br>• 국방 R&D 사업 지원 |
| 해수부,<br>산림청 등 | • 해당 부처의 업무와 관련된 소요 제기 |

(그림 4-4) 틸트로터

우리나라 무인기체 기술은 최고 수준에 속한다. 항공우주연구원이 2011년 개발한 틸트로터는 헬리콥터처럼 하늘로 날아오르기 때문에 활주로가 필요 없으며, 시속 250km에서 비행기로 변신한다.

# 3 무인항공기 분류

## 3.1 드론무인기체(UAV, Unmanned Aerial Vehicle)

무인기체란 무선전파로 조종할 수 있는 드론의 개념과 동일하게 정의된다. 드론이란 명칭은 2차 세계대전 무인표적기가 운영되면서 드론이라는 용어를 사용하였고 무기체계로서의 공식적인 명칭은 무인기체라는 공식용어로 사용한다. 추가로 국제민간기체구(ICAO)는 UAV(Unmanned Aerial Vehicle), 미 연방항공청(FAA)은 UA(Unmanned Aircraft)라는 명칭으로 무인기체를 의미하는 용어로 사용한다. 무인기체의 정의에 대한 기준은 다르지만 최근 정의에 따르면 '조종사가 비행체에 직접 탑승하지 않고 지상에서 원격으로 조종(Remote Piloted), 공기역학적인 힘에 의해 부양하고 사전에 입력된 경로를 자동으로 이행(Auto-Piloted) 및 반자동(Semi-Auto-Piloted)형식으로 자율비행하거나 소프트웨어에 인공지능(AI, Artificial Intelligence)과 다양한 센서를 탑재하여 자체적으로 판단하고 최적의 경로로 비행하는 비행체"가 무인기체의 정의로 사용되고 있다. 이처럼 각국 및 각 단체에서 사용하는 무인기체의 정의는 다르다. 무인기체의 분야를 구체적으로 설명하면 정확한 기준은 없다. 현재까지는 국제적인 중량 기준이 명확하지 않으며 각 국가마다 적용하는 무인기체 중량기준도 다르기 때문이다. 무인기체를 분류하는 가장 보편적인 방식은 군사적 용도, 비행 반경, 비행 고도, 비행/임무 수행 방식, 이착륙 방식 등으로 분류한다. 그 외 다양한 무인기체를 표현하고 분류하여 소개하고자 한다.

(표 4-2) 드론의 다양한 표현 정의

| 구분 | 정의 |
|---|---|
| 무인기체시스템 | 조종사가 비행체에 직접 탑승하지 않고 지상에서 원격조종, 사전 프로그램 경로에 따라 자동 및 반자동 형식으로 자율비행하거나 인공지능을 탑재하여 자체 환경판단에 따라 임무를 수행하는 비행체와 지상통제장비 및 통신장비, 지원 장비 등의 전체 시스템을 통칭 |
| 드론 | 사전 입력된 프로그램에 따라 비행하는 무인 비행체 |
| UAV | Unmanned/Uninhabited/Unhumaned Aerial Vehicle System |
| UAS | Unmanned Aircraft System 무인기체가 일정하게 정해진 공역뿐만 아니라 민간 공역에 진입하게 됨에 따라 Vehicle이 아닌 Aircraft로서의 안전성을 확보하는 기체임을 강조하는 용어 |
| RPV | 지상에서 무선통신 원격조종으로 비행하는 무인 비행체 |
| RPAV | Remote Piloted Air/Aerial Vehicle, 2011년 이후 유럽을 중심으로 새로 쓰이기 시작한 용어 |
| Robot Aircraft | 지상의 로봇 시스템과 같은 개념에서 비행하는 로봇 의미로 사용되는 용어 |

※ 출처 : 한국산업진흥협회(※ 출처 : 한국드론산업진흥협회(http://kodipa.org/?page_id=391)

## 3.2 무인기체 분류

무인기체를 가장 쉽게 분류를 하면 대표적으로 군사용 드론, 민간용 드론 두 가지로 나눌 수 있다. 군사용 드론은 살상이 허용된 무기로 분류가 되고 세부적으로는 3가지의 분류가 가능하다. 전술 무인기체, 전략 무인기체, 특수 임무 무인기체로 나누어집니다. 전술은 전술적 목적으로 순항거리로 근거리 이하, 고도기준 중고도 이하이면 이에 해당되고, 전략은 고고도장기체공 능력을 갖추어야 된다. 마지막 특수 임무는 공격용, 교란용 등이 있다. 군사용 무인기체의 효율성을 확인하게 된 계기는 전쟁에서 활용하면서 부터다. 처음에는 정찰용으로 활용하였지만 다양한 기술을 개발과 활용 용도에 따라 미사일을 탑재하면서 현재의 무인기체로 거듭나게 된다. 지금도 여러 국가에서는 무인기체의 핵심기술 개발이 지속적으로 이루어지고 있는 실정이다. 다양한 장비를 탑재해서 감시, 정찰, 공격이 가능한 임무를 수행하며 정밀 무기 자체로 개발이 이루어지고 있으며, 특히 미국과 이스라엘을 선두로 고성능의 무인기체연구가 이루어지고 있다. 많은 군사전문가들이 무인항공체계가 미래전력의 핵심 중점으로 부상할 것으로 예상을 하고 있다. 이제 무인기체 연구 개발은 최신 군사과학기술의 경연장이 되었다. 세계 각국은 앞 다투어 무인체계분야에서 스텔스, 무장, 전략+전술 감시, 항모에서는 수직 이착륙, 초음속 등 다양한 기술을 개발하고 선보이고 있다. 항공우주산업 분야에서 가장 빠른 성장세를 보이는 동시에 가장 기대되는 분야중 하나이다. 최근에 들어 민간 분야로 적용이 점차 확대되고 있다. 우리 일상생활에서 활용되는 민간용 드론 부분에서 4차 산업의 신 직업군으로 부상하고 있으며 이와 관련된 조종자 전문인력양성, 항공촬영, 빙제, 산불감시, 드론 High-way, 진용비행시험장 등 인프라가 구축되고 있으며 연구개발용, 고성능 촬영용, 범죄수사용, 지상 물류용, 통신용 등 다양하게 연구되고 이용되고 있다. 적용되는 무인기체는 현재 공중에서 지상을 관찰하여 정보를 수집, 사람이 접근하지 못하는 지역에 접근하여 데이터를 수집하고 있다. 그리고 고성능 촬영 분야에서도 활발히 사용되고 있으며, 범죄 수사에 사용되고 범인을 검거하는데 많은 도움이 되고 있다. 제일 기대되는 물류용에서 소형 드론으로 작은 택배를 그 즉시 신속하게 배달하는데 사용되고 있으며, 통신용으로는 신호를 매개해 주는데 이용이 되고 있다.

먼저 무인기체를 세부적으로 분류하면 군사적 용도, 비행 반경, 비행 고도, 비행/임무 수행 방식, 이착륙 방식 등으로 분류가 가능하다.

## 3.2.1 군사적 용도 분류

### 1) 군사적 용도

#### (1) 전술 무인기체

① 전술적 목적으로 사용하는 무인기체
   (근거리 이하, 중고도 이하의 무인기체에 해당)

(그림 4-5) 대한항공 차세대 전술 무인기체 KUS-9

* 사진출처=http://techcenter.koreanair.com/AeroSpace/BusinessInfo/Uav01.aspx

## (2) 전략 무인기체

① 전략적 목적으로 사용하는 무인기체

  (고고도장기체공 능력 필요)

② 고고도 정찰 임무

(그림 4-6) 무인정찰기 RQ-4 글로벌호크

* 사진출처=위키독 http://ko.stevenh.wikidok.net/wp-d/58590e793f4c1a0b5637dfc2/View

## (3) 특수임무 무인기체

① 무인전투기, 공격용/교란용 무인항공

  (미사일 탑재 능력 필요)

② 정밀 폭격 임무

(그림 4-7) 미국 군수용 대형급 무인기체 MQ-9 리퍼

* 사진출처=위키미디어

(4) 표적기

① 방공포나 전투기의 훈련을 위해 표적용으로 사용되는 무인기체

## 3.2.2 비행 반경/체공 시간 분류

### 1) 비행 반경/체공 시간

(1) 근거리 무인기체

　① Close Range : 반경 50km/5h 이내 활동 가능한 무인기체
　② 연대급 이하 소부대 전술 무인기체(Remo-Eye 002B, 006 등)

(그림 4-8) 리모아이 006

(2) 단거리 무인기체

　① Short Range : 반경 200km/10h 이내 활동 가능한 무인기체
　② 여단급 이하 전술 무인기체(송골매 등)

(그림 4-9) 송골매

* 사진출처=국방일보

## (3) 중거리 무인기체

① Medium Range : 반경 650km/10~30h 이내 활동 가능한 무인기체

② 군단급 등 전술 무인기체(Heron 등)

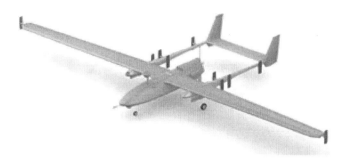

(그림 4-10) IAI사의 HERON

## (4) 장거리 체공 형 무인기체

① Long Range : 반경 3000km/30h 이상 내외에서 활동 가능한 무인기체

(그림 4-11) 무인정찰기 RQ-4 글로벌호크

* 사진출처=위키독

## 3.2.3 고도별 분류

### 1) 고도

### (1) 초저고도 무인기체

① Very Low Altitude UAV: 1.5km 이하 저고도 비행

② 휴대용 정찰

③ 종류: 레이븐(RQ-QQ), WASPIII

## (2) 저고도 무인기체

① Low Altitude UAV : 1.5~6km **이하** 저고도 비행

② 전자광학 카메라/적외선 카메라 등 탑재

● 종류 : 스캔이글, 파이어스카우트(MQ-8)

## (3) 중고도 무인기체

① Medium Altitude UAV : 6 ~ 13.7km 이하 대류권 비행

② 전자광학 카메라/레이더 합성 카메라 등 탑재, 정밀폭격

③ 종류 : 프레데터(MQ-1), 만티스

## (4) 고고도 체공 형 무인기체

① High Altitude UAV : 13.7km 이상 성층권 비행

② 레이더 합성 카메라 등 탑재, 고고도 정찰, 정밀폭격, 스텔스 폭격

③ 종류 : 글로벌호크(RQ-4B), 리퍼(MQ-9), 글로벌옵서버, 뉴런, 팬텀아이, 센티넬(RQ-170)

# 3.2.4 크기 분류

## 1) 크기

### (1) 초소형

① Mirco Air Vehicle : 크기 15cm 1인 손으로 던져서 운용

### (2) 미니급

① Mini UAV : 1~2명 휴대하면서 운용

### (3) 중소형

① Organic Aerial Vehicle : 차량1대에 장비, 운전자가 탑재 운용

(4) 소형

　①SR 급 이상

(5) 중형

　① MALE 급 이상

(6) 대형

　① HALE 급 이상
　② MALE 급
　③ HALE 급

## 3.2.5 이륙 방식 분류

### 1) 이륙 방식

#### (1) 지상 활주 이륙

활주로가 사용가능한 경우에만 이륙 가능하다.

#### (2) 발사대/발사 로켓 이륙

활주로 없어서 이륙 불가/지역 주변 장애물로 인한 활주 이륙이 불가능한 경우에 사용한다.

#### (3) 공중 투하 방식

타 수송용 기체로 의해 일정 지역까지 운송 후 공중에서 투하되는 방식이다.

#### (4) 수직 이륙

활주로 없이 떠올라서 비행 가능하다.

## 3.2.6 착륙 방식 분류

### 1) 착륙 방식

#### (1) 지상 활주 착륙

사용 가능한 활주로에, 주변 지형이나 장애물이 활주로 착륙에 가능한 경우 사용되는 방식(착륙 활주 거리를 줄이기 위해 바퀴에 브레이크 장치를 설치한다)이다.

#### (2) 낙하산 전개 착륙

주변지형에 의해 활주로 사용이 적합하지 않거나, 엔진 고장 및 다른 고장으로 인하여 비상 상황에서 착륙할 때 사용한다.

#### (3) 그물망 착륙

활주 여건이 안 될 경우에 해당이 될 때 사용하고 해군에서 주로 사용한다.

#### (4) Deep Stall 착륙

소형의 경우에는 에어백 등 완충 장비를 사용하기도 한다.

## 3.3   무인항공시스템 운용 체계 및 구성

무인기체는 조종사가 탑승하지는 기체로 원격조종되는 비행체다. 관련 장비로 지상에 조종사가 원격으로 조종하는 지상통제장비(GCS : Ground Control Station/System) 및 통신장비(Data link) 지원 장비(Support Equipments)가 필요하다. 이러한 복합적인 요소를 포함하는 무인항공시스템이라고 한다.

### 3.3.1 무인항공시스템 요소

#### 1) 지상 통제 장치

① 운용을 위한 주 통제 장치

② 비행체 운용 절차 및 시나리오 수립

③ 탑재체의 조종 명령, 통제

④ 영상 및 데이터의 수신

## 2) 지상 지원 장치

① 무인항공시스템 운용, 유지를 위한 설비 및 인력

② 데이터 분석, 정비, 교육 장비 시스템

## 3) 데이터 링크

① 비행체 상태의 정보 수집

② 임무 및 수행관련 정보 전달

③ 지상간의 무선 통신

## 4) 이착륙 장치

① 무인기체 발사-이륙-착륙-회수 관련 장치

② 발사대
   ● 여건상 활주 이륙이 불가능한 야지나 함상에서 무인기체를 발사시켜 이륙시키는 장비

③ 착륙 유형
   ● 활주 착륙을 실시, 활주 착륙이 불가능한 경우 낙하산에 의한 비상 착륙을 실시
   ● 해군에 경우에는 바다 위 함상인 경우 그물을 이용하여 기체를 회수

## 5) 임무 탑재체

① 합성구경 레이더(SAR : Synthetic Aperture Radar)
   ● 물체의 표면에서 반사되는 반사파의 위상 및 진폭을 계측하고 이를 합성하여 물체의 특성을
     파악하는 장치

② 공중중계기(ADR)
   ● 중계 장비를 무인기체에 탑재하여 지상 통제소와 기체간의 중계 임무를 수행

# 4 멀티콥터의 구성

멀티콥터는 3개 이상의 다중의 로터를 탑재한 비행체를 이용하는 무인항공 시스템으로 농업용과 항공촬영용, 재난안전, 택배, 인명구조 등 다양한 용도로 개발되고 있다. 돌풍 등 바람의 영향을 상대적으로 많이 받을 수 있으며 장점은 조종이 용이하고 운용비가 적은 반면, 짧은 비행시간 등의 단점이 있다. 다양한 형태와 기능의 무인멀티콥터들이 개발 및 제조되면서 사용 범위가 급속도로 확산되고 있다. 더불어 조종의 용이성을 바탕으로 유인멀티콥터의 개발도 시작되어 일부 시제품이 출시되었고, 향 후 이 분야의 개발이 자동차 시장에 새로운 변혁을 가져올 것으로 예상된다.

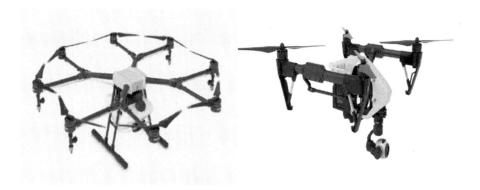

(그림 4-12) 멀티콥터형 무인항공기

# 5 Ceres 10s 구성

## 5.1 모터

드론 비행의 주 전력을 담당한다. 작은 미니드론의 브러시 모터부터 시작하여 산업용 브러시리스 모터까지 다양한 힘을 뿜어내어 기체의 상승, 하강 및 각종 비행 시 추진력을 일으키며 비행 할 수 있도록 도와준다. 드론의 모터는 정방향 모터와 역방향 보터로 나뉘어 있으며. 동인한 힘을 주어야 기체가 상승한다. 사용자 부주위로 기체 추락 시 모터에서 이상한 소리가 들릴 경우 내부 베어링의 파손으로 의심할 수 있다. 2차 사고 예방을 위하여 반드시 모터 교체 후 비행을 해야 한다.

## 5.2 변속기

드론 비행시 상승, 하강, 전진, 후진 등 방향 이동에 따라 모터의 힘은 각기 다른 힘을 주어야 이동한다. 이를 도와주는 역할을 하는 것이 바로 변속기이며, 변속기가 있음에 따라 정확한 비행을 하도록 도와준다.

## 5.3     날개

모터 상단에 함께 결합되는 부품이며, 모터의 회전에 따라 바람을 일으켜 기체를 움직이게 해주는 역할을 한다. 프로펠러는 정방향 프로펠러와 역방향 프로펠러가 있고, 정방향 모터에 역방향 프로펠러를 장착 했을 시 기체가 뒤집어지거나 원하는 방향으로 가지 못하여 사고가 일어날 수 있으니 주의해야 한다.

## 5.4     배터리

모터 및 변속기, 각종 LED 등의 전력을 공급한다. 드론의 배터리는 리튬폴리머 배터리를 사용한다. 배터리는 셀당 3.7V가 기본으로 완충 시 4.2V까지 충전된다. 케레스에 사용되는 배터리는 6셀 22.2V 이다.(주의 : 과방전 시 배터리 재충전이 불가하고 과충전 시 배터리 폭발의 위험이 있으므로 자리를 비워서는 안된다)

## 5.5     조종기

기체의 움직임을 제어하는 무선 송수신 장치이다. 드론조종모드는 모드1, 모드2로 분류되고 본 교육원에서는 모드 2를 사용한다.

스로틀       엘리베이터       에어런       러더

(그림 4-13) MODE-2 조종법

# 6 Ceres 10s 제품 규격 및 특징

## 6.1 규격 및 특징

Ceres 10s 기체 및 충전기 제품 구성은 아래와 같다.

### (표 4-2) 운용컨트롤러 A3,N3/후타바T14SG

| 번호 | 구성 | 내용 |
|---|---|---|
| 1 | 크기 | 높이: 680 × 가로: 1930 × 세로: 1930 |
| 2 | 자체중량 | 13.5kg(배터리 포함) |
| 3 | 최대이륙중량 | 23.9kg |
| 4 | 운영컨트롤러 | A3 AG |
| 5 | 모터 | 모델: 6215, 275KV Motor |
| 6 | 비행시간(분) | 28분(약 미탑재) |
| 7 | 변속기 | 60A |
| 8 | 프로펠러 | 카본 24인치 × 6피치 |
| 9 | 배터리 | Li-po 6s 10000mAh 22.2V × 2개 |
| 10 | 조종기 | 후타바 14TG 2.4Ghz/Mode 2 |
| 11 | 최대이동거리 | 1km |
| 12 | 최대고도 | 150m 이하 |
| 13 | 최대속도 | 18km/h |

(그림 4-12) Ceres 10s EDU 기체

A) Dagan 1080 (PC1080)

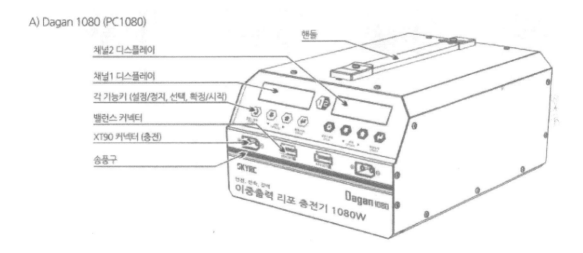

채널2 디스플레이
채널1 디스플레이
각 기능키 (설정/정지, 선택, 확정/시작)
밸런스 커넥터
XT90 커넥터 (충전)
송풍구
핸들

(그림 4-13) 충전기 구성

## 1) 특징

① 2개의 6셀 배터리를 동시에 충전

② 전지(LiPO), NiHV 배터리 지원

③ 3가지의 충전모드(쾌속충전, 정밀충전, 장기보관)

④ 동기화 설정(다수의 충전기를 한번에 사용 시)

⑤ 대표설정&복사설정(기능 활성 후 메인 충전기 세팅 시 서브 충전기에도 동일한 세팅 값 적용)

⑥ 배터리 저항 검사

⑦ 펌웨어 업그레이드

⑧ 다중 보호기능

⑨ 배터리 보호 및 배터리 사용수면 연장

⑩ 별도의 파워서플라이 없이 충전 가능

⑪ 배터리 전압검사 기능

## 2) 작동 방법 안내

### (1) 전원켜기

AC 입력 부위에 코드를 연결하고 전원 스위치를 켜면 비프음이 울린다.

(그림 4-14) 충전기 구성

### (2) 배터리 연결

6셀의 배터리를 Dagan 1080 충전기에 하단의 이미지처럼 장착 해준다. Dagan 1080 충전기는 6셀 배터리 전용 충전기다.

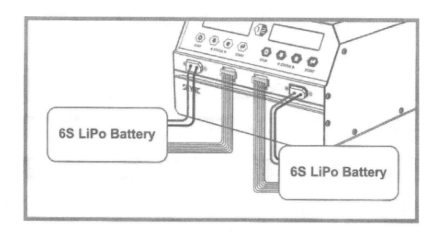

(그림 4-15) 배터리 연결

## (3) 주의사항

① 충전 중에는 절대로 외출을 하거나 자리를 비우면 안된다.

② 충전 완료 시(완충되면 비프음 발생) 반드시 배터리를 탈거해야한다.

③ 배터리 5회 사용 후 반드시 한번은 정밀충전을 실행하여 배터리 건강을 보호해야한다.

④ 배터리를 장기 보관하고자 할 경우에는 반드시 장기보관 모드로 충전을 완료하고 보관해야한다.

## (4) 조종기 작동 요약

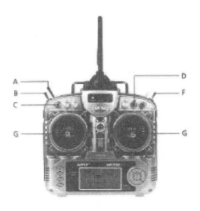

(그림 4-16) 조종기 구성

## (표 4-3) 조종기 구성 설명

| 조종키 | | 키 설명 |
|---|---|---|
| G | | 조종스틱 (전후, 좌우, 상하, 좌우회전 조작) |
| B | ⊙ | 전자동(S): M모드에서 A, B 포인트 설정 후 S모드 변경하고 조종스틱을 좌,우측 움직이면 자동 비행 개시. 좌우 움직임은 5m 폭으로 설정. 이동을 멈추고 싶으면 M모드로 전환 하면 됨. 살포기능은 비활성화(Off) 상태로 운영. 이동 시 자동 분사 개시 ※ 참고: S모드 에서 비행 중 약재가 떨어지거나 배터리 부족시 M모드로 전환하고 이륙지점으로 수동복귀. 약재, 배터리 교체 후 S모드를 활성화 해 주면 정지했던 지점에서 약재 재살포 |
| | ⊙ | 수동(M): 모든 조작이 수동으로 진행됨. 이동시 살포기능을 활성화 해주어야 함. |
| | ⊙ | 반자동(M+): 기능이 활성화 되면 좌우회전키가 고정이 됨. 전후진 속도는 키의 움직임. 범위값의 변화에 따라 달라짐. 최대 진행 속도는 6m/s로 고정되어 있음. (출고 시 변경 가능) 살포 기능은 비활성화(Off) 상태로 운영함. 이동시 자동분사 개시. |
| A | ⊙ | 살포기능 OFF |
| | ⊙ | 살포기능 ON |
| C | ⊙ | B 포인트 지점 저장 |
| | ⊙ | A 포인트 지점 저장 |
| D | ⊙ | 백홈: 사용자가 기체를 자동으로 이륙지점으로 복귀를 원할 때 사용. 20m 고도 상승 후 단거리로 이륙지점 이동. 장애물이 많을 시 사용 금지. |
| F | ⊙ | Farm mode (GPS): GPS 조작이 가능하며 부가적인 장치(RTK) 등을 부착 사용 가능 |
| | ⊙ | Attitude mode (고도유지): GPS가 꺼지고 고도유지만 되는 수동 조작 모드 |
| | ⊙ | Position mode (GPS): 일반적인 작업 진행시 이용 |

C 항목 오른쪽 설명: A-B 포인트 지점은 반드시 M 모드에서 사용, A 포인트 활성화 시 적색 LED 등이 빠르게 점멸 하며, B 포인트 활성화 시 녹색 LED 등이 빠르게 점멸

# 연습문제

**01** 무인항공기를 지칭하는 용어로 볼 수 없는 것은?

    가. UAV

    나. UGV

    다. RPAS

    라. Drone

**02** 농업 방제지역으로 부적합한 장소라 볼 수 없는 곳은?

    가. 학교 주변 지역

    나. 농업 진흥 구역

    다. 축사 및 잠사 지역

    라. 상수원 보호구역

**03** 다음 중 무인회전익비행장치가 고정익형 무인비행기와 비행특성이 가장 다른 점은?

    가. 좌선회 비행

    나. 우선회 비행

    다. 전진비행

    라. 제자리 비행

**04** 회전익 엔진으로 부적절한 엔진은?

    가. 로터리엔진

    나. 왕복엔진

    다. 제트엔진

    라. 증기기관

**05** 세로 안정성과 관계있는 운동은 무엇인가?

    가. Pitching

    나. Yawing

    다. Rolling & Yawing

    라. Rolling

**06** 쿼드 X형 멀티콥터가 전진비행 시 모터(로터포함)의 회전속도 변화 중 맞는 것은?

    가. 앞의 두 개가 빨리 회전한다.

    나. 뒤의 두 개가 빨리 회전한다.

    다. 좌측의 두 개가 빨리 회전한다.

    라. 우측의 두 개가 빨리 회전한다.

**07** 초경량비행장치 조종자 전문교육기관 지정 기준으로 가장 적절한 것은?

　가. 비행시간이 100시간 이상인 지도조종자 1명이상 보유

　나. 비행시간이 100시간 이상인 실기평가 조종자 1명이상 보유

　다. 비행시간이 150시간 이상인 실기평가 조종자 2명이상 보유

　라. 비행시간이 150시간 이상인 지도조종자 2명이상 보유


**08** 회전익 무인비행장치의 탑재량에 영향을 미치는 것이라 할 수 없는 것은?

　가. 기온　　　　　　　　　　　　나. 장애물이 적은 지역

　다. 해발고도　　　　　　　　　　라. 습도


**09** 다음 중 국제민간항공기구(ICAO)에서 공식 용어로 선정한 무인항공기의 명칭은?

　가. RPAS (Remotly Piloted Aircraft System)　　나. UAV(Unmanned Aerial Vehicle)

　다. UAS(Unmanned Aircraft System)　　　　　라. Drone


**10** 무인멀티콥터의 주요 구성요소가 아닌 것은?

　가. 카브레터　　　　　　　　　　나. 변속기

　다. 모터　　　　　　　　　　　　라. 프로펠러(로터)


**11** 3개 이상의 로터/프로펠러가 장착되어 상대적으로 비행이 안정적이어서 조종이 쉬운 비행체 형태는?

　가. 틸트로터형 비행체　　　　　　나. 다중 로터형(Muli-Rotor) 비행체

　다. 고정익 비행체　　　　　　　　라. 동축반전형 비행체


**12** 무인항공방제작업 보조준비물이 아닌 것은?

　가. 카메라 탑재용 짐벌 장치　　　나. 무전기 및 전파모니터기

　다. 깃발 또는 표지 수단　　　　　라. 예비 연료 및 배터리


**13** 다음 중 무인비행장치 기본 구성 요소라 볼 수 없는 것은?

　가. 임무 탑재 카메라　　　　　　나. 관제소 교신용 무전기

　다. 비행체와 조종기　　　　　　라. 조종자와 지원 인력

**14** 무인비행장치 조종자로서 갖추어야 할 소양이라 할 수 없는 것은?

　　가. 빠른 상황판단 능력　　　　　　　나. 급함과 다혈질적 성격

　　다. 정보처리 능력　　　　　　　　　　라. 정신적 안정성과 성숙도

**15** 무인비행장치들이 가지고 있는 일반적인 비행 모드가 아닌 것은?

　　가. 고도제어 모드(Altitude Mode)　　　나. GPS 모드(GPS Mode)

　　다. 수동 모드(Manual Mode)　　　　　라. 자세제어 모드(Attitude Mode)

**16** 무인멀티콥터를 이용한 항공촬영 작업의 진행 절차로서 부적절한 것은?

　　가. 작업을 위해서 비행체를 신고하고 보험 을 가입하였다.

　　나. 초경량비행장치 사용사업등록을 실시했다.

　　다. 국방부 촬영허가는 연중 한번만 받고 작 업을 진행했다.

　　라. 작업 1주 전에 지방항공청에 비행 승인 신청을 하였다.

**17** 비행교관 자질로서 적절한 것은?

　　가. 비행기량이 뛰어난 것을 과시하는 시범 행위

　　나. 전문지식은 필요한 부분만 부분적으로 숙지한다.

　　다. 문제점을 적하기 전에 교육생의 특성을 먼저 파악한다.

　　라. 교관의 자기감정을 숨김없이 표출한다.

**18** 무인항공 방제작업의 살포비행 조종방법으로 옳은 것은?

　　가. 비행고도는 항상 3m 이내로 한정하여 비행한다.

　　나. 비행고도와 작물의 상태와는 상관이 없다.

　　다. 비행고도는 기종과 비행체 중량에 따라 서 다르게 적용한다.

　　라. 살포 폭은 비행고도와 상관이 없이 일정하다.

**19** 농업용 무인멀티콥터로 방제작업을 할 때 조종자의 준비사항으로 볼 수 없는 것은?

　　가. 헬멧의 착용　　　　　　　　　　　나. 보안경 및 마스크 착용

　　다. 양방향 무전기　　　　　　　　　　라. 시원한 짧은 소매 복장

**20** 위성항법시스템(GNSS)의 설명으로 틀린 것은?

　가. 위성항법시스템에는 GPS, GLONASS, Galileo, Beidou 등이 있다.

　나. 우리나라에서는 GLONASS는 사용하지 않는다.

　다. 위성신호별로 빛의 속도와 시간을 이용 해 거리를 산출한다.

　라. 삼각진법을 이용하여 위치를 계산한다.

**21** 비행제어시스템에서 자세제어와 직접 관련이 있는 센서와 장치가 아닌 것은?

　가. 가속도센서　　　　　　　　　　나. 자이로센서

　다. 변속기　　　　　　　　　　　　라. 모터

**22** 산업용 무인멀티콥터의 일반적인 비행 전 점검 순서로 맞게 된 것은?

　가. 프로펠러 → 모터 → 변속기 → 붐/암 → 본체 → 착륙장치 → 임무장비

　나. 변속기 → 붐/암 → 프로펠러 → 모터 → 본체 → 착륙장치 → 임무장비

　다. 임무장비 → 프로펠러 → 모터 → 변속 기 → 붐/암 → 착륙장치 → 본체

　라. 임무장비 → 프로펠러 → 변속기 → 모 터 → 붐/암 → 본체 → 착륙장치

**23** 전동 무인멀티콥터의 필수 구성품으로 볼 수 없는 것은?

　가. 프로펠러(또는 로터)　　　　　　나. 비행제어장치(FCS)

　다. 냉각펌프　　　　　　　　　　　라. 모터와 변속기

**24** 비행제어 시스템의 내부 구성품으로 볼 수 없는 것은?

　가. IMU　　　　　　　　　　　　　나. ESC

　다. PMU　　　　　　　　　　　　　라. GPS

**25** 무인멀티콥터에서 비행 간에 열이 발생하는 부분으로서 비행 후 필히 점검을 해야 할 부분이 아닌 것은?

　가. 비행제어장치(FCS)　　　　　　나. 프로펠러(또는 로터)

　다. 모터　　　　　　　　　　　　　라. 변속기

26  GPS 장치의 구성으로 볼 수 없는 것은?

　가. 변속기　　　　　　　　　　　　나. 안테나

　다. 신호선　　　　　　　　　　　　라. 수신기


27  지자기센서의 보정(Calibration)이 필요한 시기로 옳은 것은?

　가. 비행체를 처음 수령하여 시험비행을 한 후 다음날 다시 비행할 때.

　나. 10km 이상 이격된 지역에서 비행을 할 경우

　다. 비행체가 GPS모드에서 고도를 잘 잡지 못할 경우

　라. 전진비행 시 좌측으로 바람과 상관없이 벗어나는 경우


28  현재 무인멀티콥터의 기술적 해결 과제로 볼 수 없는 것은?

　가. 장시간 비행을 위한 동력 시스템　　나. 비행체 구성품의 내구성 확보

　다. 비행제어시스템 신뢰성 개선　　　　라. 농업 방제장치 개발


29  무인항공방제 간 사고의 주된 요인으로 볼 수 없는 것은?

　가. 방제 전날 사전 답사를 하지 않았다.

　나. 숙달된 조종자로서 신호수를 배치하지 않는다.

　다. 주 조종자가 교대 없이 혼자서 방제작업 을 진행한다.

　라. 비행 시작 전에 조종자가 장애물 유무를 육안 확인한다.


30  무인멀티콥터의 활용분야로 볼 수 없는 것은?

　가. 항공방제사업　　　　　　　　　　나. 항공촬영 분야 사업

　다. 인원 운송 사업　　　　　　　　　라. 공간정보 활용

**정답**

| 1 | 나 | 13 | 나 | 25 | 가 |
|---|---|---|---|---|---|
| 2 | 가 | 14 | 나 | 26 | 가 |
| 3 | 라 | 15 | 가 | 27 | 라 |
| 4 | 라 | 16 | 다 | 28 | 라 |
| 5 | 가 | 17 | 다 | 29 | 라 |
| 6 | 나 | 18 | 다 | 30 | 다 |
| 7 | 가 | 19 | 라 | | |
| 8 | 나 | 20 | 나 | | |
| 9 | 가 | 21 | 라 | | |
| 10 | 가 | 22 | 가 | | |
| 11 | 나 | 23 | 다 | | |
| 12 | 가 | 24 | 나 | | |

# 안전 관리

# 1 비행안전규정

## 1.1 목적

본 규정은 비행안전을 도목하기 위한 기본절차를 명시하고 규정/절차의 위반 또는 그로 인한 사고 발생 시 책임한계와 징계범위를 규정하는 데 목적을 두고 있다.

## 1.2 적용 범위

본 규정은 진주무인항공교육원 소속의 모든 직원 및 피교육자에 대하여 적용하며 교관, 부교관, 파견 근무 중인 지사의 직원, 일일체험, 기술회의, 정비교육, 항공촬영 등 본 교육원에 방문하는 모든 인원에 대해서도 동일하게 적용된다.

## 1.3 목적

진주무인항공교육원 소속의 모든 직원 및 교육생들은 기체 조종 시 아래의 복장규정을 준수해야한다.

① 편안한 복장으로 항상 단정하게 착용해야한다.

② 조종자는 임무에 따라 안전모 또는 보호경을 착용해야한다.

③ 짧은 차림으로 임무 수행을 해서는 안된다.

④ 슬리퍼, 샌달과 같은 신발의 착용을 금지하며 운동화 및 작업화를 착용해야한다.

⑤ 혹한기에는 방한복 착용 시 지퍼/단추를 채운상태에서 임무를 수행한다.

⑥ 방한모 착용 시 눈, 코, 귀, 입 등을 완전히 가려서는 안된다.

⑦ 머리로 시야를 가리지 않도록 한다.

⑧ 조종자는 임무 중 휴대폰 휴대를 금지한다.

⑨ 비행 시 인화성 물건 소지를 금지한다.

⑩ 안전모는 기체점검 시 흘러내리지 않도록 단단히 고정시킨다.

## 1.4 보고규정

진주무인항공교육원에서 일어나는 모든 사고는 아래의 보고규정을 준수해야한다.

① 모든 비행의 최초 시작과 종료 시 지휘통제실에 보고해야한다.

② 선임조종사는 비행체, 장비, 인원의 상태가 임무 수행에 지장을 초래할 수준의 문제가 발생할 경우 즉시 이를 원장에게 보고하여야 한다. 원장 부재세 선임 조종자에게 보고하여야 한다.

③ 인명사고 발생 시 비상조치/응급조치를 취한 후 관할 지방항공청에 보고하고 119 및 112에 신고를 한다.

## 1.5 안전거리유지

① 비행 시 진주무인항공교육원 내 장애물에 대하여 최소 15M 수직/수평 안전거리를 유지하여야 한다.

② 단, 공간의 제약이 불가피한 시범비행, 임무수행상 부득이한 경우에 한하여 10M의 안전거리를

적용할 수 있으며, 이 경우 반드시 안전 확보를 위한 추가적인 조치(안전교육, 안전요원 배치 등)를 취해야만 한다.

③ 비행 중 예기치 않은 사람, 장애물의 출현 또는 접근 시는 즉시 비행을 중단하고 안전한 고도 및 위치를 확보한 후 위험요소가 완전히 제거된 연후에 재개하여야 한다.

④ 비행지역 내 금연을 실시하고 가연성물질을 방치해서는 안된다.

## 1.6  탐재차량 안전

진주무인항공교육원에서 외부로 탐재차량을 이용하여 기체 1대 이상 운반 시 아래의 규정을 준수해야한다.

① 차량관리자는 항상 차량을 점검하고 운전자가 1차적인 책임을 진다.

② 차량 이동시 기체, 배터리 외 기타부품의 고정, 결박 상태를 확인하고 안전하게 이동한다.

③ 교통법규에 어긋나는 불법운전 시 운전자는 1차적 책임을 지고 동승자는 2차적 책임을 진다.

④ 차량관리자는 항상 차량을 점검하고 운전자가 1차적인 책임을 진다.

⑤ 기체 하차 후 기체안전점검을 실시하고 결함 발생 시 문제점 해결 후 비행해야한다.

## 1.7  운용요원

진주무인항공교육원에서 교육원 운용요원들은 아래와 같은 행동과 책임을 따라야한다.

### ① 교육원 운영자

회사 내 업무를 수행하기 위해 필요한 규칙이나 기본 준칙 사항을 필요시 작성하고 운용요원들에게 숙지시켜야 한다. 또한 비행과 관련된 전반적인 사항(비행교육, 기체 점검, 교육생 관리, 교육원 관리, 안전감독, 안전시설 점검 등)에 대한 모든 책임을 진다. 특히 사고 시 즉시 지방항공청과 119 및 112에 보고를 실시한다.

## ② 조종자

비행 업무를 수행하기 위해 필요한 규칙이나 기본 준칙 사항을 교육생들에게 숙지시켜야 한다. 또한 비행 운행과 관련된 전반적인 사항(비행교육, 기체 점검, 배터리 점검, 안전교육, 비상상황 대처방법 등)에 대한 모든 책임을 진다. 특히 사고 시 즉시 지방항공청과 119 및 112에 보고를 실시한다.

## ③ 신호수

비행 업무에 있어서 조종자와 한조로 운영되고 비행을 관찰하여 조종자에게 알려 보조하며 비행구역 내 인원 및 차량 통제 등 대형사고 예방에 노력하여야 한다. 조종자와 무전 및 깃발로 실시간 정보를 교환한다.

## ④ 탑재차량 운전자

교육원 업무 운영에 있어서 기체를 안전하고 정확한 장소로 이동하고 사고가 발생하지 않도록 도로교통법을 준수해야하며 사고 발생 시 운전자 및 동승자가 책임을 진다. 또한 장거리 운행 시 적절한 휴식을 통하여 대형사고로 이어지지 않도록 예방하고 동승자와 교대하여 운전을 실시하도록 한다.

---

## 1.8 비행

### ① 비행계획

비행을 안전하게하기 위해서는 비행 전 지형이나 임무내용을 충분히 숙지한 후 비행해야하고 장애물 위치, 임무지역, 공역정보, 기상 등을 정확하게 파악하여 안전한 비행을 해야 한다. 현장의 상태를 쉽게 파악할 수 있는 축적지도와 송전선의 위치를 정확하게 파악하고 이륙 장소 및 출입통로를 파악해야한다. 또한 조종자의 건강도를 파악하고 돌발 상황에 대비하여야 한다. 세부내용은 아래와 같다.

- 조종자는 비행계획을 최초 2시간 전에 확인해야한다.
- 비행계획 수정은 최소 2시간 전에 통보해야한다.
- 비행계획승인신청서는 최소 1일 전에 제출되어야하며 최소 2시간 전에는 제출해야 한다.

② 비행승인

- 최대 이륙중량 25kg이하의 기체는 비행금지구역 및 관제권을 제외한 공역에서 고도 150m이하에서는 비행승인 없이 비행이 가능하다.
- 최대 이륙중량 25kg초과의 기체는 전 공역에서 사전 비행승인 후 비행이 가능하다.
- 최대 이륙중량 상관없이 비행금지구역 및 관제권에서는 사전 비행승인 없이는 비행이 불가능하다.
- 초경량비행장치 전용공역(UA)에서는 비행승인 없이 비행이 가능하다.

③ 비행보고

- 항공기록부, 품질관리기록부, 기체상태 확인
- 이륙중량, 임무수행 장비, 기체 특성, 기상상태 확인
- 임무수행목표, 방법, 역할 분담, 통신상태 확인, 장애물 확인, 공역확인

④ 점검

- 이륙 전

본 교육원의 이륙 전 점검은 Ceres 10s EDU 기체 Check List 양식에 기상상태, 비행기록, 비행날짜, 조종자, 기체상태, GPS 상태, 조종기 작동여부, 개인장비, 임무장비, 주변 장애물, 신호수 위치, 무전기 등 비행 전 점검을 실시한다.

- 이륙 후

기체의 호버링 상태, 에어런, 엘러베이터 상태, GPS 수신 상태, 조종계통, 출력상태, 기상상태(돌풍), 조종자 시야상태, 배터리 알람 상태 등 이륙 후 임무수행 전 기체의 초종상태를 점검해야한다.

- 착륙 전

착륙 위치 및 장애물을 확인하고 기체 불안정시 3M 이상에서 자세 회복 후 착륙을 실시하며, 리포 알람을 대비하여 착륙장소를 실시간 확인하고 알람 발생 시 신속히 안전한 지역 및 최초 이륙 장소에 착륙을 실시한다.

- 착륙 후

착륙 후 기체 전원 및 조종기 전원 OFF 이후 이륙 전과 동일하게 기체점검표 양식에 따라 기체점검을 실시하고 이상 발견 시 즉각적인 조취를 취한 후 재 비행을 실시해야 한다.

⑤ 비행

비행 시 안전속도 및 안전고도를 준수하고 임무를 완수 할 수 있도록 불필요한 조작을 하지 않는다. 또한 조종자가 기체 결함의 징후를 인지할 경우 즉시 임무를 중단하고 안전 조치를 취할 수 있도록 노력해야하며 사고 발생 시 조종자가 책임을 진다.

⑥ 비상

비상상황 발생 시 신속하게 큰 목소리로 주위에 비상상황을 알린다. 신호수는 주변 인원을 대피 시키고 추락 및 화재에 대비하여 조치를 취한다. 사고 후 현장을 보존하고 인명사고 및 기체사고의 범위가 클 경우 즉각 보고절차 및 사고보고 절차를 수행한다.

⑦ 비행종료

장비 이상시 점검 후 임무장비를 탈착하고 기체를 회수하여 보관실에 보관한다. 비행기록부를 작성하고 통제실에 임무 완료 보고를 한다. 기타 누락된 장비 및 부속품이 있는지 재확인한다. 또한 모든 비행 시 해당 조종자는 비행체 기록부 및 비행기록부를 작성해야하고 이를 항시 소지하여야 한다. 비행기록 관련하여 허위기재 시 징계사유가 되며 기록은 인정되지 않는다.

⑧ 기타

교육생 조종기 인계는 기체가 완전히 착륙한 다음에 진행하며 교관은 모든 과정을 관리 감독하고 안전성 부분의 부족분에 대해서는 피드백을 주어 실수를 반복하지 않도록 한다.

## 1.9 추락

기체문제 및 기상의 변화로 추락할 경우 조취는 아래와 같다.

① 기체의 작동을 멈추기 위해 조종기의 스로틀을 Full down 시킨다. 인명피해 발생 시 신속히 응급조치를 하고 구급차를 호출한다.
② 화재 발생 시 비행장 내 비치된 소화기를 이용하여 신속하게 화재를 진압한다.

③ 대형사고시 보고규정에 따라 통제소에 보고하고 현장을 보존한다.

④ 기체를 회수하고 지방항공청 담당자에게 사고를 보고한다.

## 1.10 사고

최종적으로 기체 사고 발생 시 조종자가 책임진다. 또한 교육생에 의한 사고 시 담당 교관이 책임을 진다. 다만, 정상적이고 규정에 의한 교육 중 사고 발생 시 교관조종자에게 책임을 묻지 않는다. 교육생은 교관의 지시에 불응하고 사고 유발 시 입과 서약서에 서명한 내용대로 모든 책임을 진다.

# 2  Ceres 10s 운용안전규정

## 2.1  비행 준비 및 요령

### ① 배터리 장착

기체에 메인배터리(6S 10A~16A)와 FC배터리(3S 2.3A)를 위치하고 고무바클을 이용하여 움직이지 않도록 고정시킨다.

### ② 조종기

조종기 전원 인가 후 배터리의 잔량을 확인하고 부족 여부를 꼭 확인한다. 배터리 전원 부족 시 기체의 오작동 및 통제 불능 상태에 이르러 위험에 처할 수 있다.

### ③ FC 배터리 연결

비행제어장치(FC)에 전원을 인가하여 GPS 신호를 잡을 수 있도록 조차한다. GPS 신호가 양호한 상태가 되기 전까지는 비행을 삼간다.

※ 참고: 메인 배터리 교체 시 FC 배터리는 분리하지 말고 항상 양호한 GPS 신호를 유지해야한다.

### ④ 배터리 용량 체크

배터리의 완충 상태를 배터리 체커기를 사용하여 확인하고 배터리 체커기를 반드시 장착 후 비행하여야 한다. 배터리 용량 부족 시 충전된 배터리로 반드시 교체하고 체커기 알람 셋팅 값을 3.5~3.7 값으로 설정한다.

⑤ 비행 전 기체점검

비행 전 각각의 프로펠러, 모터, 붐, 스키드, 메인프레임 등에 대한 파손 및 안전 유무를 반드시 재확인한다. 프로펠러 정, 역방향을 잘 구분하고 모터의 회전 속도 및 소리가 이상할 경우 구종을 즉시 정지하고 이상 여부를 확인해야한다.

⑥ 메인 배터리 기체연결

기체 점검 후 이상이 없다고 판단되면 기체와 메인배터리를 연결(10A 2개 병렬연결)하여 비행 준비를 완료한다.

⑦ 조장사 위치

조종사는 기체와 15M 이상 떨어진 안전한 위치로 이동 후 이륙 준비를 한다.

⑧ 조종자 비행 전 확인

조종사는 비행 시작 전 허가 및 임무를 반드시 숙지해야한다. 또한 장애물 위치, 기상, GPS 상태 등을 고려하여 비행하여야 한다.

⑨ 이륙 후 안전 점검

기체 이륙 후 바로 비행을 진행하지 말고 후면 호버링 상태에서 기체를 전, 후, 좌, 우, 좌우회전을 가볍게 진행하여 기체가 정상 작동하는지 확인한다.

⑩ 안전점검

모든 안전점검이 완료되었다고 판단이 되면 비행을 실시한다.

⑪ 방재

약재가 모두 살포되면 기체가 최종 정지한 지점이 Brake Point로 자동으로 저장된다. 비행 완료 후 약재를 재충전 한다. 기체 이륙 후 작업 모드를 S모드로 전환하면 약재 살포 중단 지점으로 이동 후 재살포를 실시하게 된다.

⑫ 기타

배터리를 장기간 사용하지 않을 시에는 반드시 충전기를 사용하여 장기보관 충전 모드로 충전을 실행하고 방전된 상태로 배터리 보관시 과방전이 되어 배터리 사용이 불가해 질 수 있다.

## 2.2 비상상황 대처요령

(그림 5-1) 조종기 전자동 및 수동 스위치

Ceres 10s EDU의 A-B 자동비행 도중 비행경로 및 전면에 장애물이 있을 때 자동 비행으로 인한 충돌 가능성이 높다. 장애물 충돌 위험 시 대책 방법으로 S모드 비행에서 M모드로 전환시켜 기체를 정지시키거나 전후좌우, 좌, 우회전, 상승, 하강기 조작을 진행하면 기체가 그 자리에 정지하게 된다. 전방에 예상치 못한 물체 혹은 인명 돌출 시 스로틀 키를 상단으로 조작하여 기체를 상승시켜 전면 장애물과 충돌을 피하고 비행 시 항상 전방을 확인한 상태에서 운영해야한다. 조종자는 기체 LED 불빛 확인을 통하여 기체 상태를 파악할 수 있고 즉각적인 대처를 해야 한다.

## (표 5-1) 기체 상태에 따른 LED 표시

| LED 표시 | 표시방법 | 상태 |
|---|---|---|
|  | 빨강, 초록, 노란색 LED가 순서대로 깜박임 | 시스템 진단 테스트 |
|  | 노란색 LED가 4번씩 깜박임 | 시스템 워밍업 |
|  | 녹색 LED가 천천히 깜박임 | P-모드(Positioning) |
|  | 노란색 LED가 천천히 깜박임 | A-모드(Attitude) |
|  | 초록색, 보라색 LED가 깜박임 | Farm 모드(Positioning) |
|  | 파란색 LED가 점멸 | D-RTK를 사용<br>(A3-AG만 가능) |
|  | 파란색 LED가 1.5초 동안 빠르게 깜박임 | 모듈형 이중화 시스템 전환 |
|  | 초록색 LED가 1.5초 동안 빠르게 깜박임 | 홈 포인트 설정 |
|  | 노란색 LED가 빠르게 깜박임 | 조종기 신호 끊김 |
|  | 빨간색 LED가 느리게 깜박임 | 기체용 배터리 1차 저전압 경고 |
|  | 빨간색 LED가 빠르게 깜박임 | 기체용 배터리 매우 부족 |
|  | CSC 수행 시 빨간색 LED가 0.6초간 빠르게 깜박임 | IMU 바이어스 초기화 |
|  | 빨간색 LED가 점등 | 기체의 치명적인 오류 |
|  | 빨강, 초록, 노란색 LED가 순서대로 점등됨 | 나침판 초기화 필요 |

**비행 전 점검표**

# Ceres 10s EDU 기체  CHECK LIST(A3)

| | | | | | | | |
|---|---|---|---|---|---|---|---|
| | | | 점검일자  2018. | . | / 조종자 : | | |
| 기체<br>번호 | | 시작 전<br>운용시간 | | 종료 후<br>운용시간 | | 금일<br>운용시간 | |

## ▶ 비행 전 기체 점검

| 번호 | 구분 | 내용 | 비행전 | 비행후 |
|---|---|---|---|---|
| 1 | 프롭<br>모터<br>점검 | ①번 ~ ⑥번까지 프롭, 모터온도, 유격, 볼트 풀림, 이물질, 마모 확인 실시 | | |
| | | ①번 프롭, 모터온도, 유격, 볼트 풀림, 이물질, 마모 확인<br>(구호: ①번 프롭 이상무) | OK □ | OK □ |
| | | ②번 프롭, 모터온도, 유격, 볼트 풀림, 이물질, 마모 확인<br>(구호: ②번 프롭 이상무) | OK □ | OK □ |
| | | ③번 프롭, 모터온도, 유격, 볼트 풀림, 이물질, 마모 확인<br>(구호: ③번 프롭 이상무) | OK □ | OK □ |
| | | ④번 프롭, 모터온도, 유격, 볼트 풀림, 이물질, 마모 확인<br>(구호: ④번 프롭 이상무) | OK □ | OK □ |
| | | ⑤번 프롭, 모터온도, 유격, 볼트 풀림, 이물질, 마모 확인<br>(구호: ⑤번 프롭 이상무) | OK □ | OK □ |
| | | ⑥번 프롭, 모터온도, 유격, 볼트 풀림, 이물질, 마모 확인<br>(구호: ⑥번 프롭 이상무) | OK □ | OK □ |
| 2 | 기체부 | ① 메인바디 크랙 및 파손여부, 볼트풀림 확인<br>(구호: 메인바디 이상무) | OK □ | OK □ |
| | | ② LED 경고등 부착 상태 확인<br>(구호: LED 경고등 이상무) | OK □ | OK □ |
| | | ③ GPS 고정상태 확인<br>(구호: GPS 고정 이상무) | OK □ | OK □ |
| 3 | 랜딩기어 | ① 랜딩기어 장착상태, 균열, 파손, 마모 확인<br>(구호: 랜딩기어 이상무) | OK □ | OK □ |
| 4 | 배터리<br>장착 | ① 기체에 배터리를 장착<br>② 배터리 전압 CHECK(구호: 25.1V 이상무) | OK □ | |
| 5 | 조종기부 | ① 조종기 스위치 ON, 조종 스틱 상태 및 전압확인<br>(구호: 6V 이상 이상무) | OK □ | |
| 6 | 베터리<br>연결 | ① 메인베터리 연결<br>(구호: 배터리 연결 이상무) | OK □ | |
| 7 | GPS<br>연결상태 | ① GPS 연결 상태 확인(구호: GPS 이상무) | OK □ | |

# ▶ 비행 후 기체 점검

| 번호 | 구분 | 내용 | 비행후 | 비고 |
|------|------|------|--------|------|
| 1 | 배터리<br>분리 | 메인 기체 배터리 분리 | OK □ | |
| 2 | 조종기부 | 조종기 스위치 OFF | OK □ | |
| 3 | 비행기록 | 조종 후 운용시간 작성 | | |
| 4 | 비행 후<br>기체<br>점검 | 비행 기체 점검 1번 ~ 3번 재점검 실시 | OK □ | |

교육훈련규정

# 1 총 칙

## 1.1 제1조(목적)

본 규정은 초경량비행장치(무인멀티콥터) 조종자, 지도조종자, 실기평가조종자 양성 교육 및 훈련
에 대한 전반적인 사항을 규정한다.

## 1.2 제2조(용어 정의)

본 규정은 항공법에 따라 규정하는 용어를 사용함을 원칙으로 하고 그 외 용어에 대해서는 아래의
용어를 준용한다.

### 1.2.1 학생 조종자(Unmaned Multicopter Student Pilt)

- 무인항공기 조종을 위해 최초로 교육원에 입과한 피교육생

### 1.2.2 조종자

- 무인항공기 조종교육과정 총 20시간을 이수하고 교통안전공단에서 실시하는 필기&실기 시험을
  모두 통과한자

### 1.2.3 지도조종자

- 조종자 자격 취득 이후 총비행시간이 100시간 이상 자격을 갖춘자로 교통안전공단에서 실시하
  는 2박3일 교관과정에서 합격한자

## 1.2.4 실기평가조종자

- 무인항공기의 조종자 자격을 취득하고 총 비행시간이 150시간 이상으로 모든 조종자 교육과정을 평가할 수 있는 자

## 1.2.5 모의 비행(Simulated Flight)

- 실기비행을 대신하여 컴퓨터 시뮬레이터를 이용해 20시간 이상으로 자체 평가를 통과해야한다.

## 1.3 제3조(적용범위)

본 규정은 진주무인항공교육원에서 시행하는 모든 교육훈련에 대하여 피교육자, 교관, 직원에 대하여 적용한다.

## 1.4 제4조(유효기간)

본 규정은 국토교통부 고시 제2015-310호의 효력 발생 일까지 적용한다.

# 2 교육 및 목표

## 2.1 사업 및 교육목표

　본 교육원은 초경량비행장치 국가지정교육원 지정을 통하여 드론 전문기술인력의 필기(이론) 및 모의비행 훈련을 위해서 한국국제대학교 무인항공기학과의 관련시설과 교관자격을 갖춘 교수와 학생 등으로 구성된 인력을 활용하고, 실기비행훈련은 대운동장을 활용함으로서 드론 실기비행훈련의 최적환경을 제공하여 자격시험을 준비하는 사람들의 고비용 교육비와 다양한 불편함을 해소시키고자 하며, 교육생들을 체계적으로 교육하여 년간 100명 이상의 초경량비행장치(드론) 조종자를 배출하고자 한다.

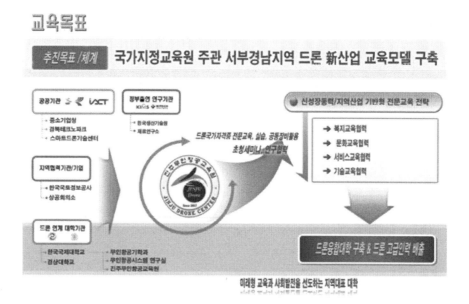

(그림 6-1) 국가지정교육원 주관 교육모델

## 2.2 세부내용

본 교육원의 교육훈련을 통한 우수한 조종자 인력을 배출하고 활용하여 4차 산업에 부합하는 교육 협력 및 서비스를 제공한다.

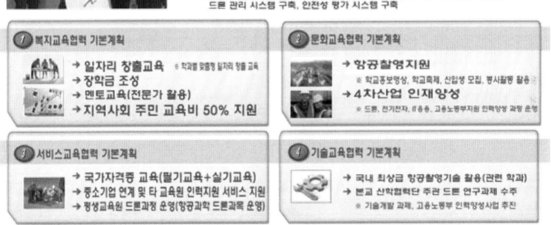

(그림 6-2) 교육협력 및 서비스 상세내용

## 2.3 교육계획 수립

본 교육원은 교육계획은 국내 초경량비행장치 교육원 및 무인항공기&드론학과의 교육 커리큘럼을 참고하여 최적의 교육계획을 수립하고 분기별 교육위원회를 구성하여 교육과정을 개발하고 운영한다. 교육위원은 교관 및 외부인사로 구성하고 필요시 피교육생도 포함할 수 있다.

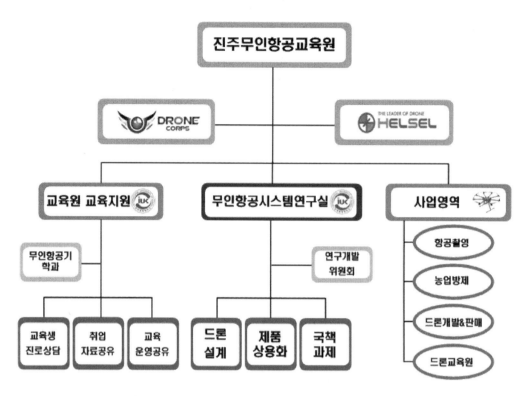

(그림 6-3) 진주무인항공교육원 협업 조직도

## 2.4 교재개발

본 교육원의 교재는 초경량비행장치(무인멀티콥터) 운영을 중심으로 적용가능하고 지속적인 내용 보안을 통하여 정확한 정보를 전달 할 수 있도록 교육위원회의 심의를 거쳐 내용을 확정하고 재 발간하여 활용한다.

# 3 교육기관

## 3.1 목적

본 교육기관의 명칭은 '진주무인항공교육원'이라 칭한다.

## 3.2 장소

본 교육기관은 진주시 한국국제대학교 대운동장(경상남도 진주시 동부로 965 대운동장)에 위치하며 사무실 3개, 실기비행장 1개(2라인), 실내드론교육장 1개, 정비실 1개, 학습실 1개, 창고 1개, 남자화장실 1개, 여자화장실 1개, 샤워장 1개를 보유하고 흡연전용구역 있다. 통영시 산양스포츠파크에서 분점으로 운영하고 있다.

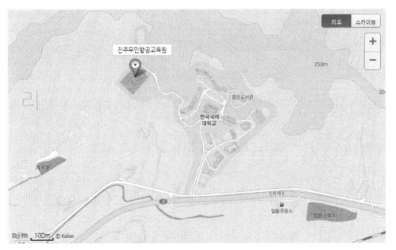

- **주소** : 경남 진주시 문산읍 동부로 965 한국국제대학교 대운동장

(그림 6-4) 진주무인항공교육원 본점 위치

# 4  교육과정

## 4.1 교육과정 종류

본 교육원의 교육과정은 정규과정과 비정규과정으로 구분한다.

### 4.1.1 정규과정

1) 초경량비행장치(무인멀티콥터)조종자 양성과정
2) 초경량비행장치(무인멀티콥터)교관조종자 양성과정
3) 초경량비행장치(무인멀티콥터)평가교관조종자 양성과정

### 4.1.2 비정규과정

1) 일일 체험교육
2) 방과 후 체험교육
3) 한국국제대학교 평생교육과정

### 4.1.3 정비교육과정

1) Ceres 10s 기체정비

### 4.1.4 항공촬영교육과정

1) 지상 및 항공촬영

## 4.1.5 항공측량교육과정

1) 드론을 활용한 항공측량

## 4.2 교육과정

본 교육원은 초경량비행장치 지정교육원 규정에 따라 학과교육 20시간, 실기교육시간 20시간, 모의비행 20시간을 포함하여 운영한다. 학과교육은 실기교육과 보조를 맞추어 실시하되, 학과교육이 실기교육 이전에 필요한 경우에는 학과교육의 진도를 실기교육 시작 전에 종료하여야 한다. 단, 학과교육과 실기교육을 병행하여 실시하기가 가능한 경우에는 이를 교육규정에 명시하고 시행하여야 한다.

## 4.2.1 교육과목 및 교육시간

### 1) 학과교육

학과교육시간은 20시간 이상으로 학과교육의 과목 및 과목별 교육시간은 다음과 같다.

(그림 6-1) 학과교육의 과목 및 과목별 교육시간

| 교 육 과 목 | 교 육 시 간 |
|---|---|
| 1. 항공법규 | 2 |
| 2. 항공기상 | 3 |
| 3. 항공역학(비행이론) | 8 |
| 4. 비행운용 이론 | 7 |
| 계 | 20시간 |

### 2) 실기교육

동력비행장치 실기교육시간은 20시간 이상이며 실기교육의 과목 및 과목별 교육시간은 다음과 같다.

(그림 6-2) 실기교육의 과목 및 과목별 교육시간

| 과 목 | 동승비행시간 | 단독비행시간 (또는 기장시간) | 계 |
|---|---|---|---|
| 1. 장주 이착륙 | 5 | 2 | 7 |
| 2. 공중 조작 | 3 | 2 | 1 |
| 3. 지표부근에서의 조작 | 4 | 1 | 5 |
| 4. 비정상 및 비상절차 | 3 | - | 3 |
| 계 | 15시간 | 5시간 | 20시간 |

## 4.3 교육평가

본 교육원은 교육평가는 교관조종자 자격을 소지한 조종자가 평가하며 이론, 모의비행, 실기, 정규, 수시 평가로 나누어 적절하게 실시한다.

### 4.3.1 이론평가

이론평과는 훈련규정에 포함되는 과목 항공법, 항공개론, 항공역학, 항공기상, 조종자 준수사항을 중심으로 평가를 진행한다. 문항은 40문제로 70점 미만은 재평가를 실시하고 실기교육 대상에서 제외한다. 사전에 문제 유출을 방지하고 시험 시 부정한 행위가 발생 시 즉각 퇴소조치 시킨다.

### 4.3.2 모의비행평가

모의비행 평가는 지도교관이 수행하고 드론군단에서 개발한 시험비행장 가상공간에서 실기비행 코스와 동일하게 진행하여 채점을 한다. 전 코스를 모두 통과해야 실기비행이 가능하다.

### 4.3.3 실기평가

실기평가는 평가조종자의 평가만 유효하다. 비행코스는 규정코스를 비행하고 불합격 시 수료증 발급이 불가능 하다.

### 4.3.4 정규평가

정규평가는 교관조종자, 평가조종자가 평가가 가능하고 이론, 구술, 실기 평가를 불시에 실시하여 피교육생들이 항상 지속적인 기량을 유지하고 최종시험에 대비할 수 있도록 정규평가를 실시한다. 기수별로 1회 실시한다.

### 4.3.5 수시평가

정규평가자들 중 기량이 부족한 피교육생을 수시로 평가하여 지속적인 기량을 유지하고 최종시험에 대비할 수 있도록 수시평가를 실시한다. 기수별로 횟수를 제한하지 않는다.

## 4.4 평가기준

본 교육원의 평가기준 및 관련 서류는 별지의 서식을 활용한다.

## 4.5 교육수료 및 증명서발급

본 교육원의 교육과정을 수료한 피교육생들에게 증명서를 발급하여야 한다. 발급내용은 아래와 같다.
① 수료증명서 발급번호
② 수료자 성명
③ 수료자 생년월일
④ 수료자 주소
⑤ 수료한 과정명
⑥ 수료증 발급일
⑦ 교육원 원장 이름 및 직인

## 4.6 제5조(기록보관)

본 교육원은 전문교육기관 제1항의 규정에 의한 각 피교육생의 기록을 그 교육과정을 수료한 날로부터 최소한 10년간 보관(내용 넣기)하여야 한다. 단, 요약본은 준영구 보관하여야 한다. 세부내용은 아래와 같다.

① 교육과정 입과신청서

② 교육과정명

③ 피교육생의 성명, 주민등록번호(외국인의 경우 국적 및 생년월일) 및 현주소

④ 피교육생의 출석기록부

⑤ 교육훈련 수료과목 및 내용

⑥ 교육훈련 평가결과

⑦ 수료일자 등

# 5 학사운영

## 5.1 입과기준

### 5.1.1 입과 자격

본 교육원의 입과 자격은 아래와 같다.

1) 전문교육기관의 명칭
2) 소료증명서 발급 일련번호
3) 수료자의 성명, 주민등록번호(외국인의 경우 국적 및 생년월일) 및 현주소
4) 수료한 교육과정명(학과교육 및 실기교육 수료를 명기할 것)
5) 교육과정을 만족하게 수료했다는 내용의 진술
6) 수료증명서 발급 연월일
7) 수료증명서 발급자의 직책·성명 및 직인
8) 교육과정 출석률이 100%가 가능한 자

### 5.1.2 선발 방법

본 교육원의 선발 방법은 입과 자격을 만족한 피교육생으로 선착순으로 교육생을 선발한다.

## 5.2 교육정원

### 5.2.1 초경량비행장치 조종자(무인멀티콥터) 과정

1) 기수별 교육정원(8명)
2) 연간 최대 교육정원(200명)

### 5.2.2 초경량비행장치 교관조종자(무인멀티콥터) 과정

1) 기수별 교육정원(3명)
2) 연간 최대 교육정원(34명)

### 5.2.3 초경량비행장치 평가조종자(무인멀티콥터) 과정

1) 기수별 교육정원(3명)
2) 연간 최대 교육정원(14명)

### 5.2.4 편입

- 해당과정 입과 전 다른 교육과정에 재적경력이 있는 학생을 해당과정에 편입시키는 경우 입과 전 과정의 교육받은 과목(동일과목에 한함) 및 재적 중의 성적에 따라 해당과정에 있어서의 학과교육 또는 실기교육 일부를 이수한 것으로 볼 수 있다. 단, 입과 예정 교육기간의 3분의 2를 초과할 수 없다.
- 다른 지정전문교육기관에서 해당과정과 동일한 과정에 재적경력이 있는 피교육생을 해당과정에 편입시키는 경우 그 교육기관에서 이수한 교육내용을 해당과정에 있어서도 이수한 것으로 인정할 수 있다. 단, 성적불량 등의 이유로 그 교육기관을 퇴학당한 자 또는 질병 등의 이유로 교육을 중단한 자는 제외한다.
- 학과교육 또는 실기교육만을 받고자 하는 자에 대한 교육도 실시할 수 있다.

## 5.3 선택교육

본 교육원의 교육과정 중 학과교육 또는 실기교육을 따로 선택하여 교육을 받을 수도 있다.

# 6 교육훈련지침

## 6.1 준수사항

본 교육원의 비행실기교관은 조종피교육생에 대하여 조종연습을 감독할 경우 다음 각목의 사항을 준수하여야 한다.

### 6.1.1 실기교관은 조종연습을 시작하기 전 확인사항

① 연습계획의 내용이 적절할 것
② 조종피교육생이 조종연습을 하는데 필요한 지식 및 능력이 있을 것
③ 비행하고자 하는 공역에서 기상상태가 조종연습을 하는데 적절할 것
④ 사용하는 초경량비행장치가 연습을 하는데 필요한 성능 및 장치를 갖추고 있을 것

### 6.1.2 실기교관은 조종피교육생이 처음으로 그 형식의 초경량비행장치를 사용하여 단독비행에 의한 조종연습을 하고자 할 때 확인사항

① 실기교관은 조종피교육생과 동승하는 경우 조종피교육생이 조종을 하고 있을 때에는 그 조종업무에 대하여 계속 주시할 것.
② 조종피교육생이 그 비행에 의한 조종연습을 하는데 필요한 경험을 가지고 있을 것
③ 조종피교육생 단독으로 이륙 및 착륙을 할 수 있을 것
④ 조종피교육생이 그 연습에 필요한 지식 및 정보를 숙지할 것
⑤ 조종피교육생이 그 연습을 하는데 필요한 용구를 휴대하고 그 용구의 사용방법을 숙지하고 있을 것

## 6.1.3 실기교육을 실시할 경우 다음 각목의 사항을 준수사항

① 갑작스런 기상상태를 대비한 대책 수립

② 이착륙 비행장은 훈련용 초경량비행장치와 쌍방송수신이 가능한 무선송수신 통신장비를 구비할 것

## 6.2 교육계획표

교육계획표

| 구분 | 시간 | 1일차 | 2일차 | 3일차 | 4일차 | 5일차 |
|---|---|---|---|---|---|---|
| 1 | 09:00 ~ 09:50 | **[등록/OT]**<br>■ 입과신청서<br>■ 비행순서 숙지 및 기본설명 | **[모의비행]**<br>■ Real Flight Drone (시뮬레이션) | **[항공역학]**<br>■ 구조와 원리<br>■ 물리적 역학 | **[모의비행]**<br>■ Real Flight Drone (시뮬레이션) | **[비행운용 이론]**<br>■ 안전관리<br>■ 비행교수법 |
| 2 | 10:00 ~ 10:50 | **[항공법규]**<br>■ 무인항공기 항공법규 이론 | **[항공역학]**<br>■ 회전익 구조 및 특성 | | | **[모의비행]**<br>■ Real Flight Drone (시뮬레이션) |
| 3 | 11:00 ~ 11:50 | | | | | |
| 4 | 12:00 ~ 12:50 | 점심시간 | | | | |
| 5 | 13:00 ~ 13:50 | **[모의비행]**<br>■ 조종법 교육 | **[모의비행]**<br>■ Real Flight Drone (시뮬레이션) | **[비행운용 이론]**<br>■ 드론의 이해<br>■ 무인항공기 분류 | **[비행운용 이론]**<br>■ 무인멀티콥터 원리와 구성 | **[비행운용 이론]**<br>■ 고장예방<br>■ 고장진단 |
| 6 | 14:00 ~ 14:50 | **[항공역학]**<br>■ 항공의 역사<br>■ 비행원리<br>■ 날개 구조 및 특성 | | | | |
| 7 | 15:00 ~ 15:50 | | | | | **[모의비행]**<br>■ Real Flight Drone (시뮬레이션) |
| 8 | 16:00 ~ 16:50 | | **[항공기상]**<br>■ 기온과 습도<br>■ 기상 | **[모의비행]**<br>■ Real Flight Drone (시뮬레이션) | **[모의비행]**<br>■ Real Flight Drone (시뮬레이션) | |
| 9 | 17:00 ~ 17:50 | **[모의비행]**<br>■ Real Flight Drone (시뮬레이션) | | | | |

# 교육계획표

| 구분 | 시간 | 6일차 | 7일차 | 8일차 | 9일차 | 10일차 |
|---|---|---|---|---|---|---|
| 1 | 09:00 ~ 09:50 | **[실습비행]**<br>■ 교관동반<br>■ Ceres 10s<br>기본비행(이착륙/제자리비행)<br>- 상,하,좌,우 호버링<br>반복연습 | **[실습비행]**<br>■ 교관동반<br>■ Ceres 10s<br>- 좌,우측 호버링<br>- 직진및후진비행<br>- 삼각비행 | **[실습비행]**<br>■ 교관동반<br>■ Ceres 10s<br>- 원주비행<br>- 비상조작<br>- 정상접근및착륙<br>- 측풍접근및착륙 | **[실습비행]**<br>■ 교관동반<br>■ Ceres 10s<br>- 원주비행<br>- 비상조작<br>- 정상접근및착륙<br>- 측풍접근및착륙 | **[실습비행]**<br>■ 교관동반<br>■ Ceres 10s<br>- 좌,우측 호버링<br>- 직진및후진비행<br>- 삼각비행<br>- 원주비행<br>- 비상조작<br>- 정상접근및착륙<br>- 측풍접근및착륙 |
| 2 | 10:00 ~ 10:50 | | | | | |
| 3 | 11:00 ~ 11:50 | | | | | |
| 4 | 12:00 ~ 12:50 | 점심시간 | | | | |
| 5 | 13:00 ~ 13:50 | **[실습비행]**<br>■ 교관동반<br>■ Ceres 10s<br>기본비행(이착륙/제자리비행)<br>- 상,하,좌,우 호버링<br>반복연습 | **[실습비행]**<br>■ 교관동반<br>■ Ceres 10s<br>- 좌,우측 호버링<br>- 직진및후진비행<br>- 삼각비행 | **[실습비행]**<br>■ 교관동반<br>■ Ceres 10s<br>- 원주비행<br>- 비상조작<br>- 정상접근및착륙<br>- 측풍접근및착륙 | **[실습비행]**<br>■ 교관동반<br>■ Ceres 10s<br>- 원주비행<br>- 비상조작<br>- 정상접근및착륙<br>- 측풍접근및착륙 | **[중간평가]**<br>■ 교관동반<br>■ Ceres 10s<br>- 좌,우측 호버링<br>- 직진및후진비행<br>- 삼각비행<br>- 원주비행<br>- 비상조작<br>- 정상접근및착륙<br>- 측풍접근및착륙 |
| 6 | 14:00 ~ 14:50 | | | | | |
| 7 | 15:00 ~ 15:50 | | | | | |
| 8 | 16:00 ~ 16:50 | | | | | |
| 9 | 17:00 ~ 17:50 | | | | | **[중간평가]**<br>■ 종합강평 |

# 교육계획표

| 구분 | 시간 | 11일차 | 12일차 | 13일차 | 14일차 | 15일차 |
|---|---|---|---|---|---|---|
| 1 | 09:00 ~ 09:50 | **[실습종합비행]**<br>■ 교관동반<br>■ Ceres 10s | **[실습종합비행]**<br>■ 단독비행<br>■ Ceres 10s | **[실습종합비행]**<br>■ 단독비행<br>■ Ceres 10s | **[실습종합비행]**<br>■ 단독비행<br>■ Ceres 10s | **[최종평가]**<br>■ Ceres 10s<br>- 좌,우측 호버링<br>- 직진및후진비행<br>- 삼각비행<br>- 원주비행<br>- 비상조작<br>- 정상접근및착륙<br>- 측풍접근및착륙 |
| 2 | 10:00 ~ 10:50 | - 좌,우측 호버링<br>- 직진및후진비행<br>- 삼각비행 | - 좌,우측 호버링<br>- 직진및후진비행<br>- 삼각비행 | - 좌,우측 호버링<br>- 직진및후진비행<br>- 삼각비행 | - 좌,우측 호버링<br>- 직진및후진비행<br>- 삼각비행 | |
| 3 | 11:00 ~ 11:50 | - 원주비행<br>- 비상조작<br>- 정상접근및착륙<br>- 측풍접근및착륙 | - 원주비행<br>- 비상조작<br>- 정상접근및착륙<br>- 측풍접근및착륙 | - 원주비행<br>- 비상조작<br>- 정상접근및착륙<br>- 측풍접근및착륙 | - 원주비행<br>- 비상조작<br>- 정상접근및착륙<br>- 측풍접근및착륙 | |
| 4 | 12:00 ~ 12:50 | 점심시간 | | | | |
| 5 | 13:00 ~ 13:50 | **[실습종합비행]**<br>■ 교관동반<br>■ Ceres 10s | **[실습종합비행]**<br>■ 단독비행<br>■ Ceres 10s | **[실습종합비행]**<br>■ 단독비행<br>■ Ceres 10s | **[실습종합비행]**<br>■ 단독비행<br>■ Ceres 10s | **[최종평가]**<br>■ 종합강평 |
| 6 | 14:00 ~ 14:50 | - 좌,우측 호버링<br>- 직진및후진비행 | - 좌,우측 호버링<br>- 직진및후진비행 | - 좌,우측 호버링<br>- 직진및후진비행 | - 좌,우측 호버링<br>- 직진및후진비행 | |
| 7 | 15:00 ~ 15:50 | - 삼각비행<br>- 원주비행 | - 삼각비행<br>- 원주비행 | - 삼각비행<br>- 원주비행 | - 삼각비행<br>- 원주비행 | |
| 8 | 16:00 ~ 16:50 | - 비상조작<br>- 정상접근및착륙<br>- 측풍접근및착륙 | - 비상조작<br>- 정상접근및착륙<br>- 측풍접근및착륙 | - 비상조작<br>- 정상접근및착륙<br>- 측풍접근및착륙 | - 비상조작<br>- 정상접근및착륙<br>- 측풍접근및착륙 | |
| 9 | 17:00 ~ 17:50 | | | | | **[수료식]** |

## 6.3 초경량 비행장치 비행 기록부

본 교육원의 비행시 초경량 비행장치 비행 기록부를 필히 작성하고 교육원 및 개인의 철저한 기록부 관리가 중요하다.

# 초경량 비행장치 비행 기록부

비행일자 : 2018. 01. 01          기종 : Ceres 10s EDU          신고번호 : S7682S

| 월/일 | 이륙 | | 착륙 | | 비행시간 | 누적 비행 시간 | 비행 목적 | 특이 사항 | 조종자 | 확인 | 확인관 |
|---|---|---|---|---|---|---|---|---|---|---|---|
| | 시각 | 장소 | 시각 | 장소 | | | | | | | |
| / | : | 한국국제대학교 대운동장 | : | 한국국제대학교 대운동장 | : | : | | | | | |
| / | : | 한국국제대학교 대운동장 | : | 한국국제대학교 대운동장 | : | : | | | | | |
| / | : | 한국국제대학교 대운동장 | : | 한국국제대학교 대운동장 | : | : | | | | | |
| / | : | 한국국제대학교 대운동장 | : | 한국국제대학교 대운동장 | : | : | | | | | |
| / | : | 한국국제대학교 대운동장 | : | 한국국제대학교 대운동장 | : | : | | | | | |
| / | : | 한국국제대학교 대운동장 | : | 한국국제대학교 대운동장 | : | : | | | | | |
| / | : | 한국국제대학교 대운동장 | : | 한국국제대학교 대운동장 | : | : | | | | | |
| / | : | 한국국제대학교 대운동장 | : | 한국국제대학교 대운동장 | : | : | | | | | |
| / | : | 한국국제대학교 대운동장 | : | 한국국제대학교 대운동장 | : | : | | | | | |
| / | : | 한국국제대학교 대운동장 | : | 한국국제대학교 대운동장 | : | : | | | | | |
| / | : | 한국국제대학교 대운동장 | : | 한국국제대학교 대운동장 | : | : | | | | | |
| / | : | 한국국제대학교 대운동장 | : | 한국국제대학교 대운동장 | : | : | | | | | |
| / | : | 한국국제대학교 대운동장 | : | 한국국제대학교 대운동장 | : | : | | | | | |
| / | : | 한국국제대학교 대운동장 | : | 한국국제대학교 대운동장 | : | : | | | | | |

## 6.4 비행경력증명서

본 교육원의 비행종료 시 초경량 비행장치 비행 기록부를 바탕으로 지도조종자가 비행경력증명서를 발급해야한다.

## 비 행 경 력 증 명 서

1.성명:　　2. 소속:　　3. 생년월일(주민등록번호/여권번호):　　4.연락처:

| ① 일자 | ② 착륙 횟수 | ③ 초경량비행장치 | | | | ④ 비행경로 | | ⑤ 비행시간 | | | ⑥ 임무별 비행시간 | | | | ⑦ 비행목적 (훈련내용) | ⑧ 지도조종자 | | |
|---|---|---|---|---|---|---|---|---|---|---|---|---|---|---|---|---|---|---|
| | | 종류 | 형식 | 신고번호 | 최종인증검사일 | FROM | TO | FROM | TO | 비행시간 (hrs) | 기장 | 훈련 | 교관 | 소계 | | 성명 | 자격번호 | 서명 |
| | | | | | | | | | | | | | | | | | | |
| | | | | | | | | | | | | | | | | | | |
| | | | | | | | | | | | | | | | | | | |
| | | | | | | | | | | | | | | | | | | |
| | | | | | | | | | | | | | | | | | | |
| | | | | | | | | | | | | | | | | | | |
| | | | | | | | | | | | | | | | | | | |
| | | | | | | | | | | | | | | | | | | |
| | | | | | | | | | | | | | | | | | | |
| | | | | | | | | | | | | | | | | | | |
| | | | | | | | | | | | | | | | | | | |
| | | | | | | | | | | | | | | | | | | |
| | | | | | | | | | | | | | | | | | | |
| | | | | | | | | | | | | | | | | | | |
| | | | | | | | | | | | | | | | | | | |
| | | | | | | | | | | | | | | | | | | |
| 계 | | | | | | | | | | | | | | | | | | |

초경량비행장치 조종자 증명 운영세칙 제9조에 따라 비행경력을 증명합니다.

발급일:　　발급기관명/주소　　발급자　　(인) 전화번호:

## 6.5 모의비행 평가

본 교육원의 모의비행 시 모의비행 채점을 실시하고 종료 시 지도조종자는 모의비행 채점표를 작성하여 교육원에 제출한다.

모의비행 채점표

초경량비행장치조종자(무인멀티콥터)

| 등급표기 |
|---|
| A : 100 |
| B : 90 |
| C : 80 |
| D : 70 |
| F : 60 |

| 응시자성명 | | 사 용 비행장치 | | | 판정 | |
|---|---|---|---|---|---|---|
| 시험일시 | | 시험장소 | | | | |

| 구분 순번 | 영역 및 항목 | 등급 |
|---|---|---|
| **모의비행 시험(이륙 및 공중조작)** | | |
| 1 | 이륙비행 | |
| 2 | 공중 정지비행(호버링) | |
| 3 | 직진 및 후진 수평비행 | |
| 4 | 삼각비행 | |
| 5 | 원주비행(러더턴) | |
| 6 | 비상조작 | |
| **모의비행 시험(착륙조작)** | | |
| 7 | 정상접근 및 착륙 | |
| 8 | 측풍접근 및 착륙 | |
| **모의비행 시험(비행 후 점검)** | | |
| 9 | 비행 후 점검 | |
| 10 | 비행기록 | |
| **모의비행 시험(종합능력)** | | |
| 11 | 안전거리 유지 | |
| 12 | 계획성 | |
| 13 | 판단력 | |
| 14 | 규칙의 준수 | |
| 15 | 조작의 원활성 | |

§ 모의비행은 시뮬레이터로 진행한다.
§ 평균 80점 이하는 불합격

**평가위원 의견 :**

# 6.6 실기비행 평가

본 교육원의 실기비행 시 실기비행 채점을 실시하고 종료 시 지도조종자는 실기비행 채점표를 작성하여 교육원에 제출한다.

## 실기시험 채점표

### 초경량비행장치조종자(무인멀티콥터)

| 등급표기 |
|---|
| A : 100 |
| B : 90 |
| C : 80 |
| D : 70 |
| F : 60 |

| 응시자성명 | | 사 용<br>비행장치 | | 판정 | |
|---|---|---|---|---|---|
| 시험일시 | | 시험장소 | | | |

| 구분<br>순번 | 영역 및 항목 | 등 급 |
|---|---|---|
| **구술시험** | | |
| 1 | 기체에 관련한 사항 | |
| 2 | 조종자에 관련한 사항 | |
| 3 | 공역 및 비행장에 관련한 사항 | |
| 4 | 일반지식 및 비상절차 | |
| 5 | 이륙 중 엔진 고장 및 이륙 포기 | |
| **실기시험(비행 전 절차)** | | |
| 6 | 비행 전 점검 | |
| 7 | 기체의 시동 | |
| 8 | 이륙 전 점검 | |
| **실기시험(이륙 및 공중조작)** | | |
| 9 | 이륙비행 | |
| 10 | 공중 정지비행(호버링) | |
| 11 | 직진 및 후진 수평비행 | |
| 12 | 삼각비행 | |
| 13 | 원주비행(러더턴) | |
| 14 | 비상조작 | |
| **실기시험(착륙조작)** | | |
| 15 | 정상접근 및 착륙 | |
| 16 | 측풍접근 및 착륙 | |
| **실기시험(비행 후 점검)** | | |
| 17 | 비행 후 점검 | |
| 18 | 비행기록 | |
| **실기시험(종합능력)** | | |
| 19 | 안전거리 유지 | |
| 20 | 계획성 | |
| 21 | 판단력 | |
| 22 | 규칙의 준수 | |
| 23 | 조작의 원활성 | |

§ 실기비행은 Ceres 10s EDU로 진행한다.
§ 평균 80점 이하는 불합격

**실기시험위원 의견 :**

# 운용기체 Ceres 10s

# 1 DJI 소개

## 1.1 DJI(디제이아이)는 무엇인가

DJI(디제이아이)사는 중국 DJI Tech. Co. Ltd 중국 광동성 선전에 있는 세계적인 드론 메이커(산업 분야 : 무인 기체 및 촬영 장비 제조업)이다. 전 세계 군사용을 제외한 일반 산업용 드론(Unmanned Aerial Vehicle System, UAV)시장의 70% 이상을 장악하고 있는 회사이기도 하다.

THE FUTURE OF POSSIBLE

(그림 7-1) DJI 본사 로고

이 회사에서 생산하는 일반 상업용 드론은 일반 동영상, 취미활동, 소량의 택배 물량을 수송, 방송 촬영용 등 많은 용도의 드론을 활용 중에 있다. 전 세계 일반 상업용 드론의 표준 기술은 대부분 DJI사에서 독자적으로 개발하고 있으며 그 기술은 드론 기술에서 고급 기술로 분류된다.

DJI사는 드론에 대한 기술 및 특허를 세계에서 제일 많이 갖고 있는 업체이다. 군사용 드론은 미국이 많은 기술 및 특허를 가지고 있지만, 일반 상업용 드론만으로 따진다면 세계 1위인 미국, 독일, 일본도 DJI사의 경쟁자가 되지 못하는 실정이다. 비유를 한다면 현재 대한민국의 삼성전자가 스마트폰 분야에서 세계 1위로 평가된다면 DJI사는 일반/상업용 드론에서 세계 1위로 타기업과 비교해 선두에 있다. 특히 DJI사의 창업자이자 현재 회장인 프랭크 왕(Frank Wang)은 드론 업계에서 최고의 인물로 불리고 있다. 처음에는 회장인 프랭크 왕은 회사를 2006년도에 설립할 때 그 누구나 쉽게 조종하고, 조립이 불필요한 드론을 제작하고 관련 소프트웨어를 개발목표로 설정하여 회사를 설립하였다. 그 목표를 달성하게 만든 히트작이 바로 현재 최고의 드론이라고 불리고 있는 팬텀(Phantom)시리즈와 전문가 촬영용으로 사용이 되고 있는 인스파이어(Inspire)시리즈가 대표적인 회사 제품이다.

(그림 7-2) 중국 DJI사가 개발한 팬텀 4 PRO

(그림 7-3) 중국 DJI사가 개발한 인스파이어2

(그림 7-4) 중국 DJI사가 개발한 AGRAS MG-1

# 2 어플리케이션 화면구성

## 2.1 초기 화면

모바일에서 DJI GO 4를 실행시키면 초기 접속 화면이 그림 2-4와 같이 나타난다. 본 어플리케이션을 통하여 팬텀4 PRO, 팬텀 4 ADVANCED, INSPIRE 2, SPARK 기체 선택이 가능하고 왼쪽 상단 배너를 선택하여 기체 연동이 가능하게 한다. 이 목록에서 조종자가 소유하고 있는 기체를 선택하면 최종 설정 완료 된다.

(그림 7-5) DJI사 DJI GO 4 초기 실행 화면

## 2.1.1 우측 상단 목록

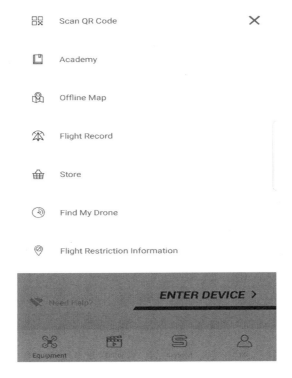

(그림 7-6) 우측 상단 목록 화면

우측 상단 목록은 Scan QR Code, Academy, Offline Map, Flight Record, Store, Find My Drone, Flight Restriction information 기능이 있다.

### 1) Scan QR Code

Scan QR Code는 DJI사 제품에 대하여 QR Code를 통해 제품의 정보를 확인 할 수 있는 기능이다. QR Code는 어플리케이션에 있는 QR Code 기능을 통하여 확인이 가능하다.

## 2) Academy

Academy는 조종자가 소유하고 있는 기체에 대한 정보를 얻을 수 있다. Academy에 접속을 하게 되면 총 4가지의 선택사항을 볼 수 있다.

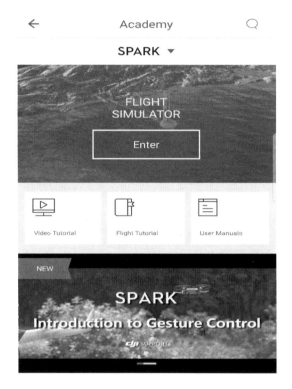

(그림 7-7) Academy 화면

첫 번째로 보일 것은 Flight Simulator이다. Flight Simulator는 기체가 모바일이랑 연결된 상태에서만 사용이 가능한 기능이다. 이 기능은 휴대폰을 사용해서 가상 시뮬레이션으로 드론을 비행할 수 있는 기능이다.

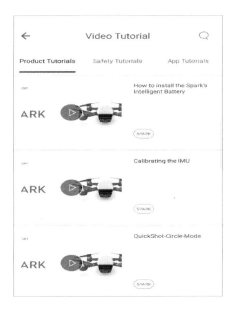

(그림 7-8) Video Tutorial 화면

두 번째는 Video Tutorial입니다. Video Tutorial는 모든 DJI사 제품의 튜터리얼(제품, 안전, DJI 어플리케이션 기능 영상)을 확인할 수 있다.

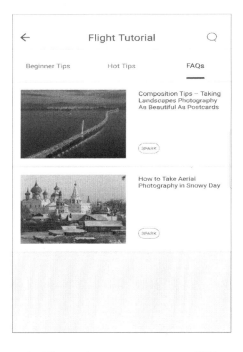

(그림 7-9) Flight Tutorial 화면

Flight Tutorial는 조종자가 숙지해야 되는 중요한 내용들을 모아두었다. 소프트웨어, 배터리, 카메라, 기체 및 조종기 등 필수적인 내용들로 구성이 되어 있다.

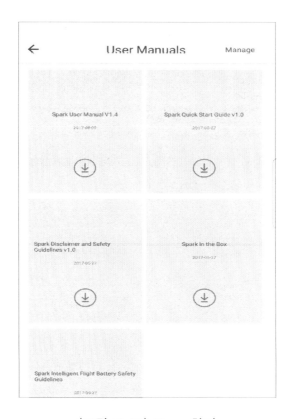

(그림 7-10) User 화면

마지막으로는 User Manuals는 DJI사 각 제품의 기본적인 Manual이 등록 되어 있다.

## 3) Offline Map

(그림 7-11) Offline Map 화면

Offline Map는 원래 기체에서 자동으로 뜨는 지도가 아닌 사용자의 휴대폰으로 직접 거주하는 지역의 지도를 다운로드해서 사용하는 기능이다.

## 4) Flight Record

(그림 7-12) Flight Record 화면

Flight Record는 앞에서 소개된 화면 중 가장 중요시되는 화면이다. Flight Record는 직접 기체를 구매하고 첫 비행부터 현재까지 비행한 기록(실적)이 자동으로 저장된 곳이다. 기록을 살펴보면 조종자가 비행한 지역, 최대 고도, 속도 및 거리, 비행 원격 측정, 기체 상태 정보 및 기타 매개 변수가 포함된다. 또한 세부적인 기록을 확인 할 수 있다. 그리고 각각의 비행 기록을 선택하면 그 당시 비행한 기체, 날짜, 배터리 용량, Hight, Distance, Hor.Speed 및 Ver.Speed 등 확인이 가능하다. 타임라인으로 조종자가 비행한 경로가 지도에 표시되고 비행하면서 어떻게 조종을 했는지 기록을 확인할 수 있다. 실질적으로 데이터에 액세스하려면 기체에 있는 USB 포트와 PC에 직접 연결하고 DJI GO 4를 실행시키면 된다. 드론에 대한 기본적인 경험이 부족한 조종자들은 이 기능을 사용하여 비행했던 기록들을 확인하고 참고하여 조종능력 향상에 직접적으로 도움이 되는 기능이다.

## 5) DJI Mobile Online Store

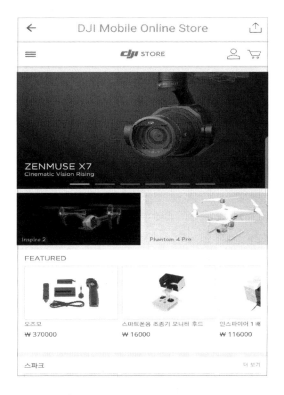

(그림 7-13) DJI Mobile Online Store 화면

DJI Mobile Online Store는 DJI사에서 생산되는 모든 기체 및 기체에 필요한 악세서리(배터리, 프로펠러 가이드, 프로펠러, 조종기, 충전기, 이동식 가방)등 필요한 부품 및 물품을 구입할 수 있는 온라인 스토어다.

## 6) Find Mind Drone

Find My Drone 기능은 초보자들뿐만 아니라 숙련된 조종사들에게도 필요한 필수적인 기능이다. 조종자 준수사항에서는 '기체 비행 시 기체는 무조건 조종자의 시야에서 보여야 한다.'라고 명시되어 있다. 하지만 인간의 오류 및 기상 악화로 인한 갑자기 기체가 조종기와 통신이 단절되는 경우 조종사의 시야에서 벗어나 드론의 위치를 찾을 수 없다. 하지만 이 기능 사용하여 조종자가 기체를 찾는데 활용이 가능하다.

이 기능은 두 가지로 구분이 가능하다. 첫째, 조종기와 모바일 연결상태에서는 현재 조종자가 위치한 지역이 지도에 표시되고 기체의 위치도 지도상에 함께 표시가 된다. 또한 카메라가 정상 작동하고 어느 위치에 추락하였는지 확인이 가능하다. 둘째, 조종기와 모바일이 열결되지 않을 때는 기체가 마지막으로 확인 된 지역이 지도상에 표시된다. 이러한 기능은 대부분의 상위급으로 분류되는 기체에 기본적으로 Find My Drone 기능이 탑재되어 있다.

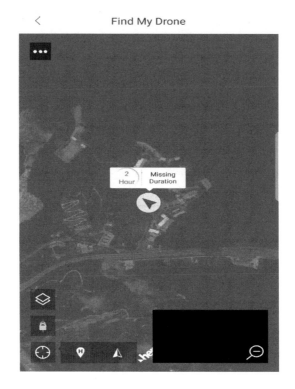

(그림 7-14) Find My Drone 화면

## 2.2 실행 화면

### 2.2.1 실행 초기 화면

이 메뉴는 기체 운용 시 나타나는 화면으로 카메라 기능, 배터리기능, 비행모드, 자동이륙 모드, 네비게이션 기능, 조종기 감도 설정, 조종기 모드설정, 특수 비행 등 다양한 기능들을 설정하고 확인할 수 있다. 비행 전 화면에 접속하기 위해서는 Ready to Go를 누르면 된다.

**GO FLY**

• Connected

(그림 7-15) GO Fly

초기 화면에서 처음 기체를 연결하기 전에는 "Enter Device"이라고 표시되고 기체랑 연결이 완료된 경우에는 위 사진처럼 "GO Fly"로 표시되면서 무인 기체가 제대로 작동하고 이륙 준비가 된 상태이다.

## 2.2.2 카메라 설정 화면

### 1) 카메라 기본 설정

카메라 설정화면은 우측에 표시된 3가지 기본 기능이 있다.

- 사진 / 동영상 전환
- 사진 촬영 시작 버튼
- 카메라 설정

### 2) 카메라 세부 설정

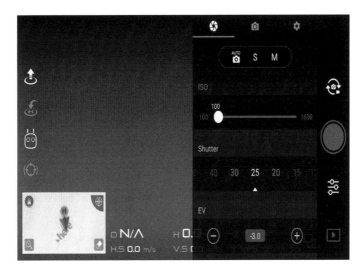

(a) 카메라 세부 설정화면 1

(b) 카메라 세부 설정화면 2

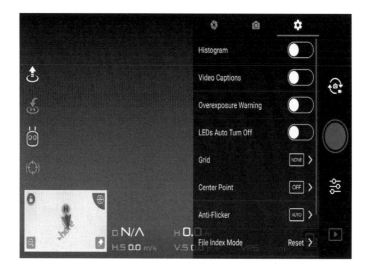

(c) 카메라 세부 설정화면 3

(그림 7-16) 카메라 설정 화면

- ▨ ISO 설정 / Shutter 설정 / EV 설정
- ▨ 포토 설정 / 비율 설정 / 빛 밝기 설정 / 색깔 및 스타일 설정
- ▨ Histogram / Video Caption / Over Exposure Warning / LEDs Auto Turn Off / Grid / Center Point / Anti-Flicker / File Index Mode 설정

## 2.2.2 Aircraft Status

### 1) Aircraft Status 목록

(그림 7-17) Aircraft Status 화면-1


(1) Flight Mode

● P / A / S 모드 중 설정된 모드 확인


(2) Compass

● 나침반 설정 확인


(3) Maximum Altitude

● 최대 고도 설정 확인


(4) Maximum Flight Distance

● 최대 비행 거리 확인

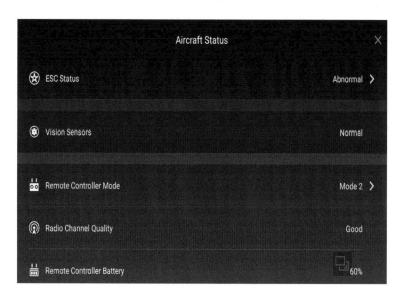

(그림 7-18) Aircraft Status 화면-2

(5) ESC Status

• 모터 1 / 2 / 3 / 4 작동 여부 확인

  (인스파이어2 모터 4개 중 한 개라도 이상 있을 시 위 사진처럼 Abnormal로 표시된다. 이상 없을
  시 Normal로 표시된다.)

(6) Vision Sensors

• 2-axis FPV 카메라 및 여러 개의 보조 카메라 연결 확인

(7) Remote Controller Mode

• Mode 1 / 2 / 3 / Custom 설정된 모드 확인

(8) Radio Channel Quality

• 수신 상태 확인

(9) Remote Controller Battery

• 현재 조종기 배터리 잔량 확인

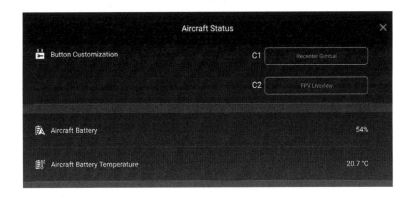

(그림 7-19) Aircraft Status 화면-3

(10) Button Customization

• C1 및 조종자 정의 C2 버튼에 사용자가 원하는 간 단한 명령을 지정 할 수 있다.

(11) Aircraft Battery

• 현재 기체 배터리 잔량 확인

(12) Aircraft Battery Temperature

• 기체 온도 확인

(그림 7-20) Aircraft Status 화면-4

(13) Gimbal Status

• 카메라 Gimbal 상태 확인

(14) Remaining SD Card Capacity

• SD 카드 잔량 확인

## 2.2.3 Main Controller Setting

이 기능은 홈 포인트 표시 설정, 비행 모드 설정, 초보자 모드(켜기/끄기), 최대 고도 및 거리 설정이 가능하다.

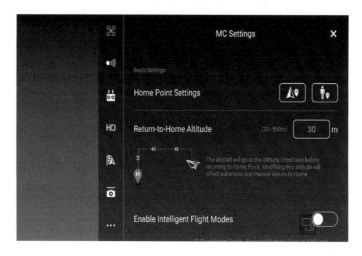

(그림 7-21) MC Settings 설정 화면

### 1) MC Settings

#### (1) Return to Home

기체 시동 시 "Home Point Recorded"라는 음성을 확인할 수 있다. 이 음성은 '시동을 걸었던 위치를 확인했다.'라는 뜻으로 위치 확인 동시에 녹색 H가 지도에 표시되면서 홈 포인트가 설정된다. 또한 RTH 기능을 사용할 준비가 되었음을 의미한다. 모든 DJI사 기체에서 제공되는 조종기에는 항상 전원 파워 버튼 옆에 RTH-Return to Home 버튼이 있다. 이 기능을 활성화 한다면 조종자가 조종 할 필요 없이 홈(H) 버튼만 누르면 기체가 자동으로 처음 이륙했던 위치로 이동하여 착륙한다.

#### (2) Return to Home Altitude

기체가 컨트롤러와 연결이 끊어지면 고도 조정 제어를 할 수 없기 때문에 이 기능은 매우 중요한 설정 중 하나다. 기본적으로 조종자는 비상 상황 시 Altitude 모드로 전환하여 안전한 장소에 신속히 착륙해야한다. Return to Home Altitude 설정은 30M로 설정되어 있다. 그러나 비행 지역의 주변 장애물을 고려하여 기본 설정 30M보다 더 높게 설정을 권장한다.

(그림 7-22) MC Settings 화면-1

(3) Max Flight Altitude

기체가 얼마나 높은 고도로 비행할 수 있는지를 결정한다. 미국의 경우에는 법적으로는 400M로 규정되어있지만 우리나라의 경우에는 미국보다 적은 150M로 지정되어 있다. 법적으로 150M 지정되어 있으며, 모든 상위 드론들은 이 높이를 넘지 않도록 설정 되어 있다. 그러나 현재까지는 이륙지점으로 부터의 고도 150M로 아직까지 그 기준이 명확하지는 않다.

(4) Max Distance

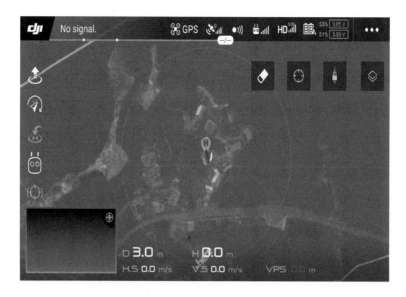

(그림 7-23)  Max Distance 화면

이 설정은 기체가 원격 제어기에서 얼마나 멀리 이동할 수 있는지를 결정하는 기능이다.

(5) Beginner Mode

무인기체(드론)을 처음 조종하는 초보 조종자들에게는 이 모드를 추천한다. 간편하면서도 기본을 익히는데 매우 유용하다. 이 기능은 어플리케이션의 많은 고급 기능을 사용할 수 없도록 설정 한다. 기체의 고도, 거리 및 속도 제한을 초보자들이 쉽게 기체를 운용할 수 있도록 자동으로 설정한다. 또한 비행 중 보다 편안하게 비행 할 수 있도록 고급 설정으로 나아갈 수 있기 때문에 초보자 연습기능으로 매우 유용하다.

## 2) Visual Navigation Settings

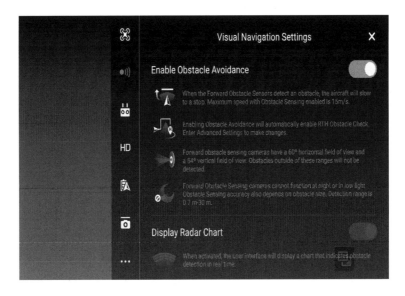

(그림 7-24) Visual Navigation Settings 화면

### (1) Enable Forward/Back Obstacle Sensing

각 기체의 Vision System의 구성 개수는 다르지만 기본적으로 스테레오 비전 센서(Stereo Vision Sensors), 그리고 초음파 센서(Ultrasonic Sensors)가 기체의 전면 및 하단에 위치해 있다. 비전 시스템은 무인 기체의 전원이 켜지면 자동으로 활성화되면서 수동 조치가 필요하지 않다. 비전 시스템은 일반적으로 센서가 없는 실내 환경에서 사용되고 비전 시스템 센서를 사용하여 드론 기체가 GPS 없어도 정밀 호버링을 수행 할 수 있도록 설계 되었다.

적외선 감지 시스템은 기체의 상부에 2개의 적외선 모듈로 구성된다. 이들은 에어로프트의 윗면에 있는 장애물을 스캔하고 각 비행 모드에서 사용한다.

【설정 방법】
장애물 센서는 22mph의 속도를 넘어서면 작동을 멈춘다.
⋄ 설정 방법
Open DJI Go ⇨ Visual Navigation Open DJI Go  MC Settings

## (2) Smart Return Home

리모컨의 RTH 버튼을 사용하거나 DJI GO 4 어플리케이션의 RTH 버튼을 탭 한 후 GPS를 사용하여 Smart RTH를 시작할 수 있는 경우 화면의 지침을 따르시면 된다. 기체는 자동으로 마지막으로 기록 된 홈 지점으로 돌아간다. 원격 제어 장치를 사용하여 기체의 속도 및 고도를 제어하여 Smart RTH 프로세서 사용 시 장애물 충돌을 피하고, 기체가 돌아올 때 장착된 카메라를 사용하여 약 300M 전방의 장애물을 식별하여 자동으로 안전한 경로를 계획 할 수 있는 Smart한 기능이다. Smart RTH 버튼을 한 번 누르면 프로세서가 시작되고 버튼을 다시 누르면 절차가 종료되어 조종자가 드론 기체의 모든 제어에 대한 권한을 다시 가져올 수 있다.

【주의 사항】
기체의 배터리 잔량 확인 하면서 사용해야한다. 강한 풍속으로 기체의 배터리 수명은 더 짧아지기 때문에 배터리 잔량을 어느 정도 남겨 놓고 사용해야한다. 일반적으로 배터리 알람은 30~40%로 설정하여 사용하고 있다.

【설정 방법】
Open DJI Go ⇨ Visual Navigation ⇨ Advance Vision Settings

## (3) Low Battery RTH

DJI사 배터리가 비행에 영향을 줄 수 있을 정도로 방전이 되면 자동으로 배터리의 안전장치가 작동된다. 안정장치는 조종자의 화면에 메시지로 표시되며 메시지 발생 시 즉시 귀환하거나 안전한 장소에 착륙하는 것이 좋다. DJI사 어플리케이션은 배터리가 부족하면 화면상에서 '배터리 부족' 경고를 표시한다. 10초 카운트다운 후 조종자가 아무런 조치도 취하지 않으면 드론 기체는 자동으로 기록해 놨던 이륙 지점으로 돌아간다. 조종자는 기체 조종기의 RTH 버튼을 눌러 기체 자동 귀환 절차를 취소 할 수도 있다. 기체가 현재의 배터리 레벨에서 현재 고도를 내려갈 만큼만 있다면 드론 기체는 자동으로 착륙 하지만, 배터리 레벨이 착륙을 위한 최소한의 배터리 잔량보다 높게 표시된다면 조종자 본인이 수동으로 기체를 착륙시켜야한다.

## 3) Remote Controller Settings

### (1) Remote Controller Calibration

(그림 7-25) Remote Controller Calibration 화면

기체에 설치되어 있는 GPS 모듈을 사용하기 위한 필수 기능으로 조종자가 반드시 설정을 해야 된다. GPS 모듈에는 지자기 필드를 측정하기 위한 자기장 센서가 내장되어 있다. 주변의 자계가 강하여 기체의 비행에 영향을 줄 수 있는 장소는 비행을 자제하고 이륙 시 사전에 검토가 필요하다. 그렇지 않으면 나침반 모듈이 손상되어 기체가 비정상적으로 작동하거나 제어 불능 상태가 될 수 있다. 첫 비행 전이나 다른 지역으로 비행 할 때 나침반을 항상 보정이 필요하다. 비행 전 강자성 물질 및 기타 전자 장비로부터 멀리하고 지속적으로 교정하지 않으면 자기의 간섭이나 기타 강자성 물질이 있음을 암시 할 수 있다.

### (2) Return to Home Altitude 세부 설정

앞서 설명한 Return to Home Altitude의 세부 내용으로 컨트롤러와 연결이 끊어지면 고도 조정 제어를 할 수 없어 기체 추락 및 사고로 이어지기 때문에 이 기능은 매우 중요한 설정이다.

기본적인 설정은 30M로 설정되어 있지만 비행 지역의 주변에 장애물을 고려하여 기본 설정인 30M 보다 더 높게 설정이 필요하다.

## 4) Mode (1 / 2 / 3) / Custom

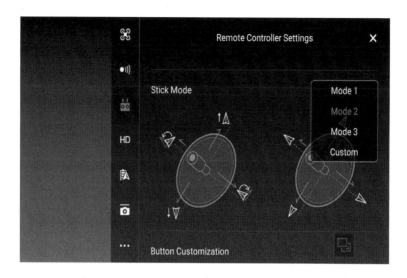

(그림 7-26) Remote Controller Settings 화면

조종자 모드는 스틱의 움직임에 따라 기체가 반응하게 되는데 에어론, 엘리베이터, 스트롤, 러더의 조합이 모드마다 다르게 설정되어 있다. 일반적으로 과거에는 헬리콥터 조종기를 Mode 1으로 많이 사용하였으나 현재 시중에 완구용 드론이 많이 보급되고 일반인들이 Mode 2를 많이 접하고 있다.

(1) Mode 1

● Mode 1(좌측-에어론/스트롤, 우측-러더/엘리베이터)

(2) Mode 2

● Mode 2(좌측-러더/스트롤, 우측-에어론/엘리베이터)

왼쪽 스틱은 스로틀과 러더의 기능이 있다. 스로틀은 기체의 고도기능을 담당한다. 스틱이 중앙에 위치하면 기체가 고도를 유지하게 된다. 스틱이 중심을 기준으로 상승/하강 조작이 가능하다. 러더는 기체의 제자리 회전기능을 담당한다. 스틱이 중앙에 위치하면 기체가 일정방향을 유지하게 된다. 스틱이 중심을 기준으로 제자리반시계방향회전/제자리 시계방향회전 조작이 가능하다.

오른쪽 스틱은 에어론과 엘리베이터의 기능이 있다. 에어론은 기체의 기체이동 기능을 담당한다. 스틱이 중앙에 위치하면 기체가 이동하지 않는다. 스틱이 중심을 기준으로 좌측이동/우측이동 조작이 가능하다. 엘리베이터는 기체의 직진 및 후진 기능을 담당한다. 스틱이 중앙에 위치하면 이동하지 않는다. 스틱이 중심을 기준으로 직진/후진 조작이 가능하다.

(3) Custom

● 조종자/사용자 본인에 맞춰서 설정 가능한 기능


## 5) Button Customization

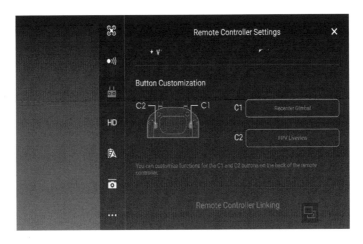

(그림 7-27) Button Customization 화면


조종자 정의 C1 및 조종자 정의 C2 버튼에 사용자가 원하는 간단한 명령을 지정하여 버튼 조작 시 바로 기능 및 화면을 불러온다. 배터리 잔량 표시, 카메라 짐벌 각도 변경 등 몇 가지 설정이 가능하다.


## 6) Image Transmission Settings

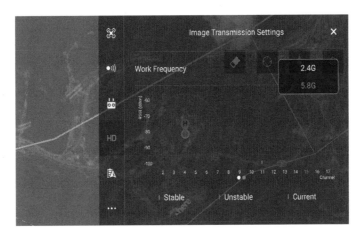

(그림 7-28) Image Transmission Settings 화면

(1) Frequency

- 원격 제어 주파수
- 2.4Ghz, 5.8Ghz 주파수 대역을 지원

(2) Channel

아래는 GFSK 비디오다운 링크 시스템이 사용하는 DJI "채널"번호에 해당하는 주파수 목록이다. 센터 주파수가 나열되고 센터의 양쪽에서 5Mhz가 사용되는 10Mhz 와이드 채널이다.

(표 7-1) DJI사 채널 및 주파수

| 채널 | 주파수 | 채널 | 주파수 |
|---|---|---|---|
| CH 1 | 2.285 Ghz | CH 17 | 2.445 Ghz |
| CH 2 | 2.295 Ghz | CH 18 | 2.455 Ghz |
| CH 3 | 2.305 Ghz | CH 19 | 2.465 Ghz |
| CH 4 | 2.315 Ghz | CH 20 | 2.475 Ghz |
| CH 5 | 2.325 Ghz | CH 21 | 2.485 Ghz |
| CH 6 | 2.335 Ghz | CH 22 | 2.495 Ghz |
| CH 7 | 2.345 Ghz | CH 23 | 2.505 Ghz |
| CH 8 | 2.355 Ghz | CH 24 | 2.515 Ghz |
| CH 9 | 2.365 Ghz | CH 25 | 2.525 Ghz |
| CH 10 | 2.375 Ghz | CH 26 | 2.535 Ghz |
| CH 11 | 2.385 Ghz | CH 27 | 2.545 Ghz |
| CH 12 | 2.390 Ghz | CH 28 | 2.505 Ghz |
| CH 13 | 2.405 Ghz | CH 29 | 2.565 Ghz |
| CH 14 | 2.415 Ghz | CH 30 | 2.575 Ghz |
| CH 15 | 2.425 Ghz | CH 31 | 2.585 Ghz |
| CH 16 | 2.435 Ghz | CH 32 | 2.595 Ghz |

(3) Image Transmission Mode

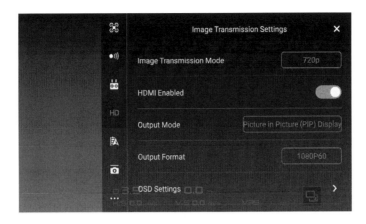

(그림 2-29) Image Transmission Mode 화면

이미지 전송은 드론의 필수 기능이지만 DJI Go 4 어플리케이션의 이미지 전송 설정에 관한 정보는 많지 않다. 초보 조종자는 장거리 비행 및 체공을 목적으로 한다면 자동 설정을 사용해야 한다.

새로운 위치로 비행했을 때 신호 채널이 약해져 비행 제어에 영향을 줄 수 있다. 자동 설정은 상황에 따라 채널을 전환한다. 자동 설정으로 거리를 늘릴 수 있는 방법은 많지 않지만 맞춤 설정을 사용하는 경우 슬라이더를 사용하여 이미지 전송 품질을 저하시키지만 신호를 잃지 않고 비행이 가능하다.

7) Aircraft Battery

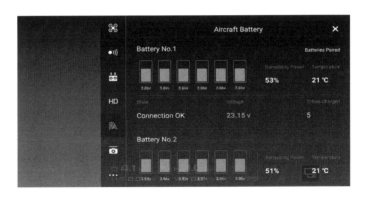

(그림 7-30) Aircraft Battery 화면

(1) Critical

● DJI GO 4 어플리케이션에서 비행 중에 배터리가 알람 설정치 만큼 소모되면 사용자에게 경고한다.

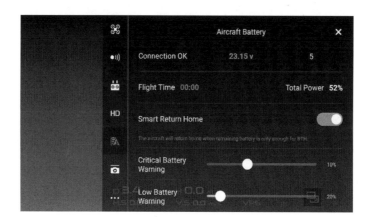

(그림 7-31) Low Battery Warning 설정 화면

이 기능은 우발적 인 손상을 피하기 위해 즉시 안전한 장소에 신속하게 착륙해야 한다. 예를 들어 Phantom 2 Vision에는 두 가지 수준의 배터리 부족 경고가 있다. 기본 배터리 수준 경고 임계값은 각각 30% (배터리 부족 경고) 및 15%이다.

(2) Battery 보관 및 사용 시 주의 사항

(표 7-2) Battery 보관 및 사용 시 주의 사항

| 1 | 저온 (0℃ 이하) 환경에서 비행 할 때 배터리 용량이 현저하게 감소함 |
| 2 | 매우 낮은 온도 (-10℃ 이하) 환경에서 배터리를 사용을 자제하고 -10~5℃의 온도 환경에서 배터리 전압이 적절한 수준에 도달해야한다. |
| 3 | DJI GO 4 어플리케이션에서 저온 환경 시 '배터리 부족 경고'를 표시하면 즉시 비행을 종료함 |
| 4 | 저온 환경에서 비행하기 전에 배터리를 실내에 보관 |
| 5 | 배터리의 최적 성능을 보장하려면 배터리 온도를 20℃ 이상으로 유지 |
| 6 | 배터리 셀의 온도가 작동 범위 (0℃ ~ 40℃)를 벗어나면 충전기가 배터리 충전을 중지해야 함 |
| 7 | 추운 곳에서는 배터리를 배터리 칸에 넣고 이륙하기 전에 약 1 ~ 2 분 동안 예열되도록 한다. |

## (3) 배터리 부족으로 인하여 자동 착륙 시

- 기체가 배터리 부족으로 인하여 자동으로 하강하고 착륙 할 때, 장애물 있을 시 스로틀을 위쪽으로 밀어 착륙하기에 더 적합한 위치로 이동할 수 있음
- 배터리 부족 경고가 표시되면 비행 중에 전원이 손실되지 않도록 기체를 다시 원점으로 이동해야 함

## (4) DJI GO 4 어플리케이션의 배터리 부족 경고

배터리 잔량 경고가 배터리 잔량이 낮을 때 DJI GO 4의 카메라 페이지에 표시된다.

【특징】
➩ 카메라 화면에 빨간색 사각형이 깜박인다.
➩ 기체 배터리 아이콘이 빨간색으로 바뀐다.

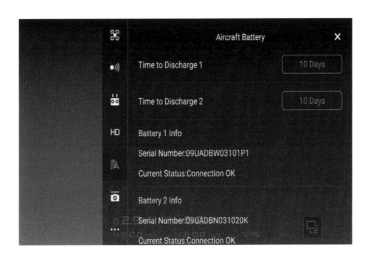

(그림 7-32) Aircraft Battery 화면

## 8) Battery Info

## (1) 전원 작동 방법

- 전원 버튼을 한 번 누른 다음 버튼을 다시 2 ~ 3초간 눌러 전원 ON
- 전원 LED가 빨간색으로 바뀌고 배터리 레벨 표시가 현재 배터리 레벨을 표시

## (2) 전원 끄는 방법

- 전원 버튼을 한 번 누른 다음 버튼을 다시 2 ~ 3초간 눌러 전원 OFF

## (3) 배터리 잔량 확인 방법

- 배터리 잔량 표시기에는 배터리 잔량을 표시
- 배터리의 전원이 꺼지면 전원 버튼을 한 번 누를시 배터리 레벨 표시등이 켜지면서 현재 배터리 레벨이 표시됨

## (4) 배터리 주의 사항(Low Temperature Notice)

- 지능형 비행 배터리의 성능은 저온 환경에서 비행 할 때 크게 감소한다. 각 비행 전 배터리가 완전히 충전되고 셀 전압이 4.35V인지 확인해야한다.
- 저온 환경에서 비행 할 때 DJI GO 4 어플리케이션에 'Critical Low Battery Level Warning'이 표시되면 비행을 중지하고 즉시 착륙해야한다. 이 경고가 발령되더라도 착륙할 때까지 기체의 움직임을 제어가 가능하다.
- 배터리를 빗속이나 습기가 많은 장소에 보관하지 말아야 한다. 만약에 배터리 내 물이 들어갔다면 잠재적으로 화재 및 폭발 가능성이 있으므로 주의가 필요하다.
- 정격 용량 및 장비별 지정된 정품 배터리 사용을 권장한다.
- 배터리가 부풀거나, 녹유 및 본체에 손상된 경우 사용을 금지한다.
- 전원이 켜진 상태에서 배터리 탈부착을 해서는 안 된다.
- 배터리를 전기 및 전자기 환경에 노출시키지 말아야한다. 노출 시 배터리 관리 보드가 고장이 생길 확률이 높아지며, 비행 중 심각한 사고를 일으킬 수 있다.
- 배터리를 임의로 분해하는 경우 화재/폭발 가능하다.
- 비행 중 수중으로 추락 시, 안전하고 개방된 곳에 두고 배터리가 건조될 때까지 안전거리를 유지한다.
- 망가지거나 심한 충격이 가해진 배터리는 사용을 금지한다.
- 배터리 커넥터나 터미널은 청결하고 건조한 상태를 유지해야한다.
- 저전력 경고가 점등 시 즉시 복귀/착륙시켜야 한다.

(5) 배터리 관리 사항

● 온도가 높은 주변에 보관해서는 안 된다.

● 어린이나 애완동물이 접근 가능한 장소에 보관하면 안 된다.

● 온도가 적합한 장소에 보관해야한다.(22도 ~ 28도)

● 배터리를 떨어트리거나, 심한 충격, 쑤심, 및 인위적으로 합선시키면 안 된다.

● 10일 이상 사용하지 않고 보관할 경우 40% ~ 60% 방전시킨 후 보관해야 배터리의 수명을 연장
할 수 있다.

● 기체(드론)를 장기 보관할 경우 배터리를 비행체에서 분리 후 따로 보관을 한다.


(6) 배터리 폐기

● 완전히 방전시킨 후 정해진 재활용 구역에 버린다.

● 배터리는 일반 쓰레기에 버려서는 안 되며 반드시  배터리 폐기/재활용 규정에 따라 폐기시켜야
한다.


## 9) General Settings

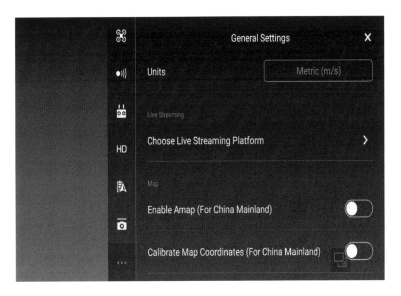

(그림 7-33) General Settings 화면

(1) All Warnings

● DJI GO 4에서 발생하는 모든 경고를 관리

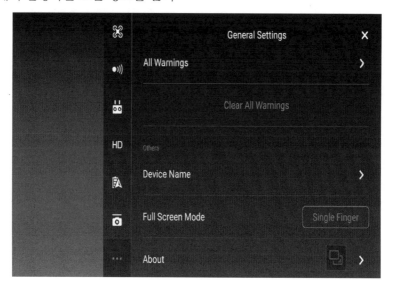

(그림 7-34) General Settings - All warnings 화면

# 3 조종기 구성 및 설정

## 3.1 비행 모드 설정

### 3.1.1 Multiple Flight Modes

#### 1) Positioning Mode (P-MODE) / P(위치 조정) 모드

이 모드는 모든 무인 기체 센서가 작동 가능하여 안정된 비행을 하게 된다. 조종기를 놓으면 무인 기체가 자동으로 브레이크를 밟고 멈추면서 GPS를 이용하여 멈춘 위치에서 호버링을 하게 된다. P모드는 GPS 신호가 강할 때 가장 잘 작동되는 모드이다. 기체는 GPS 및 비전 시스템을 사용하여 자동으로 기체 비행 상황에 따라 안정적인 자세를 잡고 장애물, 조종사의 조종, 움직이는 물체를 추적한다. 이 모드를 사용하면 TapFly 및 Active Track등 기체에 설정 가능한 고급 기능이 활성화된다.

#### 2) Attitude or ATTI Mode (A-MODE) / A(자세) 모드

A모드 모드에서 무인 기체 센서는 무력화되어 바람과 기류가 기체에 영향을 줄 수 있기 때문에 P모드 보다는 기체의 자세와 조종이 불안정하다. 기본적으로 설정 위치에 멈추게 하는 '자동 브레이크'가 없으므로 조종자가 설정 위치에 정지하기위해서는 수동조작을 지속적으로 해야 한다. 숙련된 조종자들은 ATTI모드에서 촬영하는 것을 선호한다. 자동 제동이 불가능하기 때문에 가능한 가장 부드러운 움직임, 영상을 얻을 수 있기 때문이다.

A모드는 위에 설명되어 있는 P모드와 S모드와 다르게 GPS와 비전 시스템을 둘 다 사용 불가능한 경우 기체의 고도를 제어하기 위해 자체 기압계만 사용하는 모드이다.

### 3) Sport Mode (S-MODE) / S(스포츠) 모드

Sport Mode에서는 기체가 GPS 위성에 연결할 수 있도록 하면서 기체의 최대 잠재력을 최대한 발휘할 수 있다. 주의할 점은 장애물 회피 기능을 사용할 수 없다. S모드는 조종자가 기체의 조종을 향상시키기 위해 설정하는 모드이다. S 모드를 설정 시 기체의 비행 속도는 최대치에 설정된다.

> 【특징】
> ⇨ GPS 설정이 지원 안 되는 모드 : Sport Mode & ATTI Mode 모드

## 3.2 | 조종기

### 3.2.1 조종기 구성

### 1) RTH / 리턴 투 홈 기능

RTH 버튼을 길게 눌러 처음 이륙한 위치로 돌아간다. 자동비행 취소를 위해서는 버튼을 다시 눌러 기체 저어권을 수동으로 전환할 수 있다.

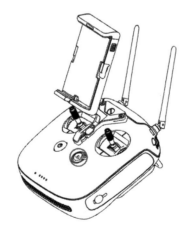

(그림 7-35) DJI사 조종기 RTH 버튼 위치

## 3.2.2 조종기 설정

### 1) Button Customization

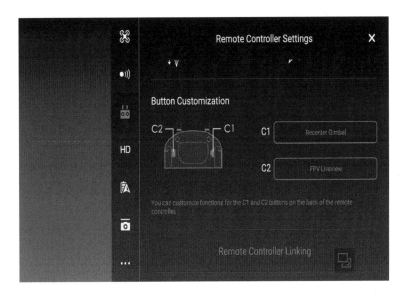

(그림 7-36) Remote Controller Settings / Button Customization

- 좌측 C1 / 우측 C2 설정 가능
- C1 : Gimbal Follow / Free Mode
- C2 : FPV Gimbal Recenter / Downward 45

### 2) 듀얼 원격 컨트롤러 모드

이중 원격 제어기 모드에서 동일한 기체에 둘 이상의 원격 제어기를 연결할 수 있다. 듀얼 컨트롤러 모드에서 "Master" 원격 컨트롤러 조작자는 기체의 방향을 제어하고 "Slave" 원격 컨트롤러는 짐벌과 카메라 작동의 이동을 제어한다. "Master" 및 "Slave" 원격 컨트롤러는 각각 다른 WIFI 설정을 부여받아서 연결된다. 듀얼 원격 컨트롤러 모드는 기본적으로 비활성화 되어 있다. 사용자는 DJI GO 4 어플리케이션을 통해 "Master" 리모컨에서 이 기능을 활성화해야한다.

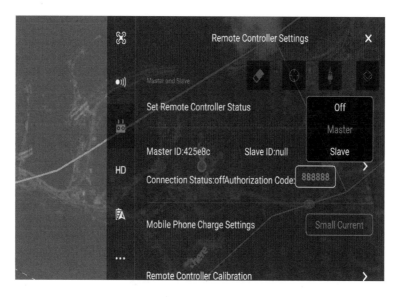

(그림 7-37) Remote Controller Settings - Master 설정 화면

(1) "Master" Remote Controller 설정

(표 7-3) Master Remote Controller 설정 방법

| 1 | 리모컨을 모바일 장치에 연결하고 DJI GO 4 어플리케이션 실행 |
|---|---|
| 2 | 카메라 페이지로 이동하여 컨트롤러 모양의 아이콘을 눌러 원격 컨트롤러 설정 창으로 접속 |
| 3 | "Master"를 선택하여 리모컨을 "Master" 리모컨으로 설정해라. |
| 4 | "Slave" 원격 제어기의 연결 암호를 입력해라. |

(2) "Slave" Remote Controller 설정

(표 7-4) Slave Remote Controller 설정 방법

| 1 | "slave"를 선택하여 원격 제어기를 "slave" 원격 제어기로 설정해라. |
|---|---|

### 3) 조종기 연결

원격 제어기는 인도전 기체에 연결된다. 연결은 처음 새로운 리모컨을 사용할 때만 필요하다. 다음 단계에 따라 새 리모컨을 연결이 가능하다.

(표 7-5) 조종기 연결 방법

| 1 | 리모컨의 전원을 켜고 모바일 장치에 연결하고 DJI GO 4 어플리케이션을 작동시킴 |
|---|---|
| 2 | 지능형 배터리를 ON |
| 3 | 카메라보기를 입력하고 "원격 제어기 연결" 버튼을 누름 |
| 4 | 원격 컨트롤러가 링크 준비가 되었으며 리모컨 상태 표시기가 파란색으로 깜박이고 "삐" 소리가 나게 됨 |
| 5 | 연결 버튼을 눌러 연결을 시작하고 링크가 성공하면 리모컨 상태 표시기에 연두색이 표시됨 |
| 6 | 연결이 실패하면 재시도하여 연결 |

## 3.3    장치 연결

### 3.3.1 모바일 및 조종기 장치 연결

#### 1) 모바일 장치 연결

모바일 장치 홀더를 원하는 위치로 움직여 측면에 있는 단추를 눌러 클램프를 분리 한 다음 모바일 장치를 클램프에 넣어서 사용이 가능하다. 여기서 클램프를 조정하여 모바일 장치를 단단하게 고정시킨 다음 USB 케이블로 모바일 장치를 리모컨에 연결한다. 케이블의 한쪽 끝을 모바일 장치에 연결하고 다른 쪽 끝을 리모컨 후면의 USB 포트에 연결하면 장치 연결이 가능하다.

# 4 DJI GO 4 호환

## 4.1 DJI GO 4 연동되는 기체

### 4.1.1 DJI사 기체 목록

1) Phantom 3 Professional

2) Phantom 4 PRO

(그림 7-38) Phantom 3 Professional

(그림 7-39) Phantom 4 PRO

## 3) Inspire 2

(그림 7-40) Inspire 2

## 4.2 DJI사 기체

### 4.2.1 Phantom Series

1) Phantom

2) Phantom FC40

3) Phantom 2

(그림 7-41) Phantom 2

4) Phantom 2 Vision

5) Phantom 2 Vision+

6) Phantom 3 Standard

(그림 7-42) Phantom 3 Standard

7) Phantom 3 Advanced

(그림 7-43) Phantom 3 Advanced

8) Phantom 3 Professional

9) Phantom 4 PRO

10) Phantom 4 ADVANCE

## 4.2.2 Inspire Series

1) Inspire 1

(그림 7-44) Inspire 1

2) Inspire 1 PRO

3) Inspire 2

## 4.2.3 Zenmuse X5 Series

1) Zenmuse X5

(그림 7-45) Zenmuse X5

## 4.2.4 Matrice Series

1) Matrice 100

(그림 7-46) Matrice 100

## 4.2.5 Spreading Wings Series

1) S800

(그림 7-47) S800

2) S800 EVO

3) S900

(그림 7-48) S900

4) S1000

(그림 7-49) S1000

5) S1000+

## 4.2.6 Spark Series

1) Spark

(그림 7-50) Spark

## 4.2.7 Mavic Series

1) Mavic PRO

(그림 7-51) Mavic PRO

# 5 펌웨어 업데이트

DJI 기체 펌웨어 업데이트

## 5.1.1 Updating The Firmware

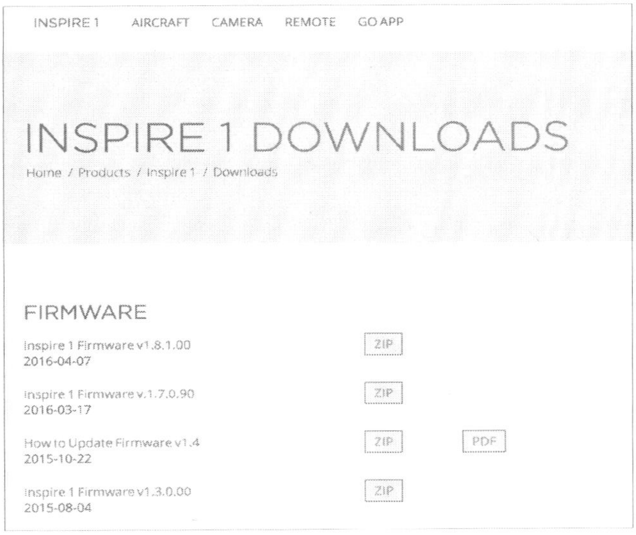

(그림 7-52) 펌웨어 업데이트 파일

### 1) 기체 펌웨어 업데이트

DJI사는 펌웨어 업데이트를 통해 지속적으로 서비스를 제공한다. 자세한 업데이트 정보는 공식 DJI 웹 사이트를 참조하고 아래 지침에 따라 펌웨어를 업데이트가 가능하다.

## 2) 펌웨어 업데이트 지침

### (표 7-6) 펌웨어 업데이트 방법

| | |
|---|---|
| 1 | 공식 DJI 웹 사이트에서 최신 펌웨어 업데이트 프로그램을 다운로드함 (http://www.dji.com/기체/info#downloads) |
| 2 | 충전 허브를 컨 다음 마이크로 USB 케이블을 사용하여 컴퓨터에 연결 |
| 3 | 펌웨어 업데이트 프로그램을 실행하고 업데이트 버튼을 누름 |
| 4 | 업데이트가 성공적으로 완료되면 충전 허브가 자동으로 다시 시작됨 |
| 5 | 펌웨어 업데이트가 실패하면이 프로세스를 반복 |

# 6 DJI 코리아

DJI GO 4는 무엇인가?

(그림 7-53) DJI GO 4 어플리케이션

DJI GO 4는 DJI(디제이아이)는 중국 DJI회사-DJI Technology Co. Ltd (http://www.dji.com/kr)에서 개발한 어플이다. DJI Go 어플리케이션을 사용하면 태블릿이나 휴대 전화와 같은 다양한 스마트 장치를 이용하여 DJI Mavic Pro, DJI Phantom 및 DJI Inspire의 리모컨에 연결해서 아무런 제한 없이 기체의 조종기를 대신하게 만들 수 있는 어플리케이션이다.

2016년 3월 11일 무인기체(드론) 분야 세계 선도기업인 DJI가 서울 마포구 홍대지역에 DJI 코리아의 플래그십 스토어를 공식 오픈했다.

(그림 7-54) DJI 홍대 코리아 플래그십 스토어

최근 모바일 기기를 통한 영상 콘텐츠 소비 증가로 인하여 사진 작가 및 콘텐츠 생산자로 이루어진 커뮤니티 또한 늘어나는 추세로, 이러한 분야에 한국은 잠재력이 높은 시장으로 인식한 DJI사는 한국 공식 매장을 국내 처음으로 오픈 했다.

최신의 항공 촬영 장비를 찾는 전문가뿐만 아니라 무인기체(드론)에 처음을 접했거나 관심이 많은 일반 고객까지 누구든지 DJI사의 기술과 특별한 경험을 체험이 가능하도록 만들었다.

이번에 오픈하는 DJI사 플래그십 스토어는 DJI 본사가 있는 중국 선전에 오픈한 OTC 하버에 이은 두 번째 스토어로, 중국을 제외한 해외/아시아 최초의 공식 플래그십 스토어이다.

【주소】
⇨ 대한민국 서울시 마포구 어울마당로 140 / 홍대입구역 8번 출구 도보 5분
【영업시간】
⇨ 10:00 ~ 22:00(월 ~ 일) / AS센터 10:00 ~ 19:00(월 ~ 토)

Chapter

# 08

# 드론의 이해

# 1 Parrot사 소개

## 1.1 Parrot 회사에 관하여

(그림 8-1) Parrot사 로고

　Parrot사는 프랑스 파리에 본사를 둔 무선기기 제조사로 시초는 1994년에 현재 CEO인 Henri Seydoux가 설립하는 것으로 시작되었다. Parrot사는 무선, 블루투스 등을 기반으로 핸즈프리 (Hands-free)를 할 수 있도록 도와주는 기기 개발 및 판매하는 기업이다. 주로 헤드셋, 블루투스 스피커 등의 제품이다. 그러나 최근에는 드론분야에 적극적으로 참여하여 현재 드론분야에서 주목받고 있는 기업 중 하나다. 최근 Parrot사는 '1가구 1드론' 시대를 준비하면서 Parrot 회사의 개성을 잘 나타내고 있고 드론개발에 열중 하고 있는 모습을 보여주고 있다.

　다른 드론 회사들도 마찬가지로 각 회사들의 개성을 살린 드론들을 개발하고 있습니다. 예로 DJI 회사는 고공에서도 흔들림이 없는 '짐벌' 기술력을 바탕으로 항공 촬영에 중점을 두고 있으며 미국 회사인 3D로보틱스는 건설 혹은 운반에 중점적으로 드론을 개발 하고 있다. 그럼 패럿 회사는 어떠한 특징이 있을까?

　패럿 회사는 스마트폰 시장에 비유를 하자면 '아이폰' 회사에 비유하곤한다. 디자인과 혁신적인 기술을 바탕으로 개발하는데 이는 매우 독창적인 개발 방법이다. 예시로 세계최초로 스마트폰으로 조종이 가능한 'AR드론'을 출시하였고 또한 2016년에는 세계최초로 전투기와 유사하게 비행하는 드론인 '패럿 디스코'를 선보였다. 이처럼 DJI사와 차별화하여 드론시장에 판매되고 있다.

## 1.2　Free Flight Pro(Ver. 5.0.2)란?

(그림 8-2) Free Flight Pro 어플리케이션 로고

　Free Flight Pro는 NoDisign이 개발한 Parrot 회사의 공식 어플리케이션이다. 이 어플리케이션은 Parrot 회사의 무인기체 즉, 드론을 더욱 쉽게 조종 및 컨트롤을 할 수 있도록 지원하며 여러 환경 속에서도 자신이 원하는 비행과 안전한 비행을 할 수 있도록 다양한 기능들을 가지고 있다. 그리고 비행 중 저장된 사진, 동영상 및 비행한 경로 등 수집된 모든 자료들을 Youtube로 쉽게 업로드를 할 수 있게 설계되어져 있다. 또 다른 차별화된 기능으로 Follow Me, Camaraman, Auto Shots 등의 자동 비행 옵션을 이용하여 다양한 자신의 모습을 카메라에 손쉽게 담을 수 있다.

(그림 8-3) FOLLOW ME 옵션 화면

(그림 8-4) Camaraman 옵션 화면

# 2 어플리케이션 화면구성

## 2.1 초기 화면

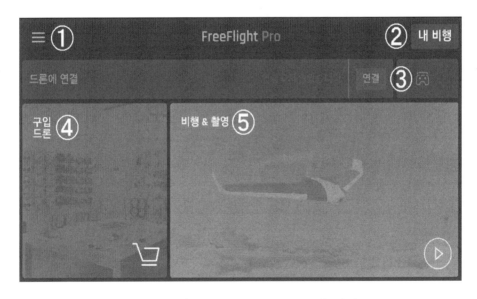

(그림 8-5) Free Flight Pro 초기 화면

Free Flught Pro의 초기 화면에는 총 6가지의 메뉴 버튼이 있다. 각각에 대하여 간략하게 설명 드리면① ▤ 버튼 : 이 어플리케이션에서 사용가능한 여러 기능들을 담고 있다 ② 내 비행 : 과거에 자신이 날렸던 비행에 관한 기록들을 보관하고 있다. ③ 드론 & 리모컨 연결 : 현재 연동되어 있는 기체(드론)에 관한 간략한 정보를 볼 수 있으며 연결 과거 연동된 드론에 관한 정보도 볼 확인할 수 있다. 또한 현재 연결되어져 있는 컨트롤러의 정보 또한 확인이 가능 하다. ④ 구입 드론 : 아직 기체가 한번이

라도 연결 되어 있지 않았다면 '구입 드론'이라는 창이 뜬다. 이 창으로 들어가면 Parrot 회사 사이트로 이동한다. ⑤ 비행 & 촬영 : 드론 비행과 촬영에 쓰이는 기능으로 수동조작으로 실행이 된다.

## 2.1.1 ▤ 목록

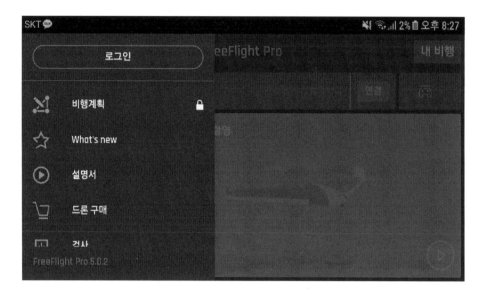

(그림 8-6) ▤ 목록 실행화면

▤ 버튼 속에는 차례대로 드론 자율비행 기능이 있는 비행계획 메뉴, 어플리케이션 최신 업데이트 내용이 담긴 What's new 메뉴, Parrot 제품에 처음 접하시는 분들을 위한 설명서 메뉴, 드론 구매 메뉴, 드론에 대한 간략한 정보를 파악할 수 있는 검사메뉴, 스마트 폰으로 손쉽게 지형을 알려 주는 맵 미리 로드 메뉴, 그리고 기타 정보들을 담고 있는 About 메뉴가 있다.

### 1) 비행 계획

비행 계획은 어플리케이션에서 유일하게 유료인 옵션으로 드론이 자체적으로 비행을 할 수 있도록 해주는 옵션이다. 화면에는 현재 위치의 위성지도가 표시되고 있다, 손으로 화면을 터치하여 수동적으로 비행경로와 고도를 지정하고, 한 포인트를 찍어 그 곳을 바라보며 자율비행을 하도록 할 수 있다.

## (1) 자율 비행

(그림 8-7) 자율 비행 실행화면

자율 비행은 자신이 직접 비행경로와 고도 및 방향, 타이머 등을 조절하여 자신만의 스타일로 드론을 비행하고 촬영 할 수 있다.

## (2) 점진적 방향 전환

드론의 시야(카메라)방향을 점진적으로 움직일 수 있다.

(그림 8-8) 점진적 방향 전환 실행화면

(3) 랜드마크

(그림 8-9) 랜드마크 실행화면


랜드마크는 위성 지도상에 포인트를 찍어 포인트를 중심으로 바라보며 자동 촬영하는 모드로서 수동 조작 시 조종기의 에어런, 엘리베이터, 러더를 동시에 조작함으로써 매끄럽지 못한 녹화하면을 보다 섬세하고 정밀하게 촬영하는데 도움이 되는 기능이다.


(3) 영상 편집

(그림 8-10) 영상편집 실행화면


시간 순서로 드론의 움직임, 동작 등을 자유롭게 설정하여 영상편집이 가능하다.

## 2) What's new

### (1) 5.0.2 버전에 추가된 여러 기능 소개 메뉴

손으로 공중으로 던져 바로 기체를 이륙 시킬 수 있는 기능이다.

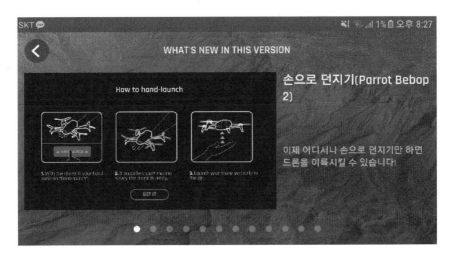

(그림 8-11) 손으로 던지기 화면

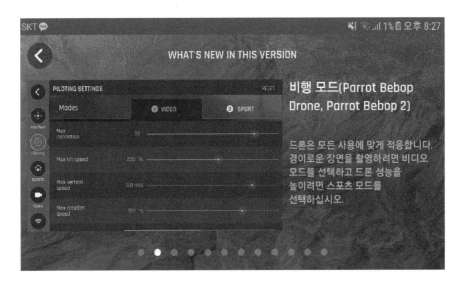

(그림 8-12) 비행 모드 화면

비디오 모드 / 스포츠 모드 두 가지 모드로 비행을 즐길 수 있고 각 비행 모드에 따른 세부적인 조정이 가능하다.

(그림 8-13) Cameraman 화면

촬영할 피사체를 이미지 중앙에 유지시키는 카메라 보정 장치다.

(그림 8-14) 피사체 프레이밍 화면

촬영하기 위해서는 Cameraman과 GPS 추적 및 디스플레이 모드에서 피사체를 중심에서 벗어나게 하면 보다 역동적으로 촬영을 할 수 있다.

Touch & Fly는 원하는 목적지를 표시하면 드론이 고도를 유지하면서 목적지로 이동한다.

(그림 8-15) Touch & Fly 화면

관심지점(POI)을 만들려면 손가락으로 지도를 누르고 드론 방향을 잡아주면 플레이밍이 자동으로 이루어진다.

(그림 8-16) 관심 지점 설정화면

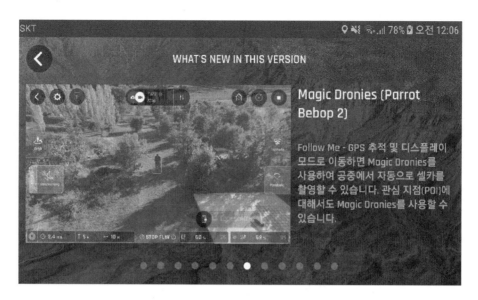

(그림 8-17) Magic Dronies 화면

Magic Dronies를 사용하여 공중에서 자동으로 셀카를 촬영할 수 있다. 관심지점(POI)에 대해서도 사용이 가능하다.

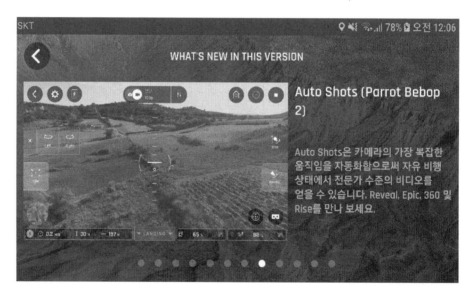

(그림 8-18) Auto Shots 화면

Auto Shots은 카메라의 가장 복잡한 움직임을 자동화함으로써 자유 비행 상태 시 전문가 수준의 비디오 및 높은 품질을 얻을 수 있다.

(그림 8-19) Flight Plan 바로가기 화면

Flight Plan이 조종 인터페이스에 통합되어 비행 계획에 신속하게 엑세스할 수 있다. 또한 새 카메라 위젯을 사용하여 사진 모드에서 비디오 모드로 빠르게 전환이 가능하다.

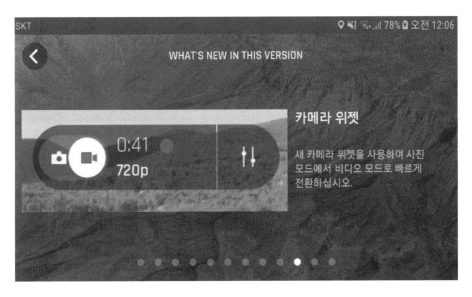

(그림 8-20) 카메라 위젯 화면

(그림 8-21) 거리 측정 정보 표시줄 활성화 화면

거리 측정 정보 표시줄이 활성화 되었습니다. 클릭하면 관련 설정에 직접 엑세스할 수 있습니다.

(그림 8-22) 드론 찾기

비행 시 통신상태가 불안하고 조종자 시야 밖으로 벗어날 경우 실시간 위치 추적을 통해 드론을 쉽게 찾을 수 있으며 세부적으로 현재 비행하고 있는 기체의 종류, 기체 시리얼 넘버 등 자세한 정보까지 확인이 가능하다.

## 3) 설명서

'설명서' 메뉴는 Parrot 회사의 제품에 처음 접하시는 분들을 위하여 Parrot 회사 사이트 접속을 도와 제품 설명을 목적으로 한다.

## 4) 드론 구매

'드론 구매' 메뉴는 Parrot 회사의 제품을 구매 하는 것을 돕기 위하여 Parrot사 사이트 접속을 도와 제품 판매/구매를 목적으로 한다.

## 5) 맵 미리 로드

(그림 8-23) 맵 미리로드 화면

'맵 미리 로드' 는 드론을 비행할 구역을 미리 표시하여 장소에 대한 많은 정보들을 조종자에게 제공한다. 또한 17개까지 미리 장소 저장이 가능하며 추후에 다시 이륙지점으로 찾을 수 있도록 도와주는 기능이다. 이러한 기능들은 추후 택배 기능과 연동되어 매우 유용하게 사용될 수 있는 기능이다

## 6) 검사

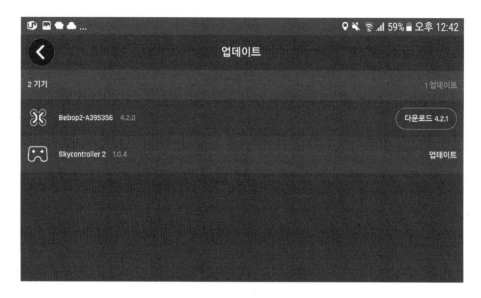

(그림 8-24) 검사

　'검사' 메뉴는 과거 연결되었던 드론이나 현재 연결되어 있는 드론에 대한 세부 정보 및 업데이트 내용을 알려주고 있으며 실시간 업데이트가 가능하게 하는 메뉴이다.

## 7) About

(그림 8-25) About 화면

'About' 메뉴에서는 어플리케이션의 버전 확인이 가능하고 어플리케이션 사용에 대한 법적고지 관련된 내용들을 다루고 있다.

## 2.1.2 내 비행

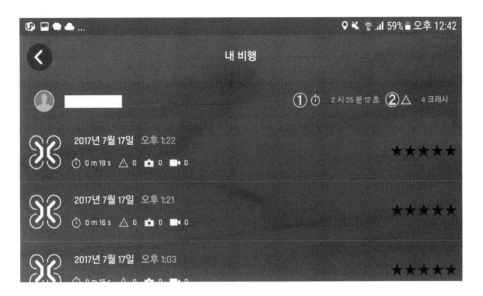

(그림 8-26) 내 비행 옵션 화면

위 그림 3-26은 내 비행 옵션으로 들어간 첫 화면이다. 세부적인 내용으로는 자신의 프로필 사진 또는 닉네임(혹은 이름)과 함께 현재까지 비행한 기체의 세부정보를 확인 할 수 있다. 표시①은 현재까지 기체 비행시간의 총합, ②는 현재까지 기체를 운행하면서 사고 혹은 충돌 횟수를 나타낸다. 아래를 확인하면 최근 일자별로 기체를 운행한 기록들을 확인 할 수 있고 평점을 매길 수도 있습니다. 기록에서는 드론 비행시간, 크래시 횟수 사진 및 영상 촬영 기록들을 확인할 수 있다.

## 3.1 Parro 비행 & 촬영 초기 화면 구성

(그림 8-27) 비행 & 촬영 초기화면

### 3.1.1 설정

#### 1) 인터페이스

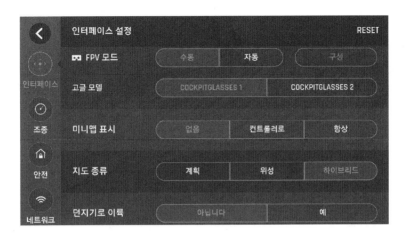

(그림 8-28) 인터페이스 설정화면

##### (1) FPV모드

FPV(First Person View)로 해석하면 1인칭 시점이란 뜻이다. 여기서 FPV 모드라는 것은 말 그대로 패롯 전용 FPV고글(COCKPITGLASSES 시리즈)을 이용하여 1인칭 시야로 비행을 한다는 의미를 지닌다.

##### (2) 미니맵 표시

'미니맵 표시'기능은 미니 맵의 표시 유무나 어디에 나타내는지 설정하는 기능 이다. '컨트롤러로'는 컨트롤러에 미니맵을 표시한다는 의미이며 '항상'은 항상 미니맵을 표시한다는 의미를 나타낸다.

##### (3) 지도 종류

'계획'은 비행계획 기능을 구매하신 분에 한해서 적용이 되는 기능으로 앞서 말한 '비행계획' 기능으로 미리 자율비행 경로를 계획을 하였다면 화면상에 자율비행 경로를 보여준다. 그리고 '위성'은 위성사진을 보여준다.

##### (4) 던지기로 이륙

던지기 이륙은 이번 버전에 추가된 기능으로 드론을 수평으로 던지면 바로 이륙을 하도록 하는 기능이다.

## (5) 눈금 표시

눈금 표시 기능은 눈금을 표시해주는 기능으로 거리 측정 및 거리에 따라 계획적인 비행을 할 수 있다.

## 2) 조종

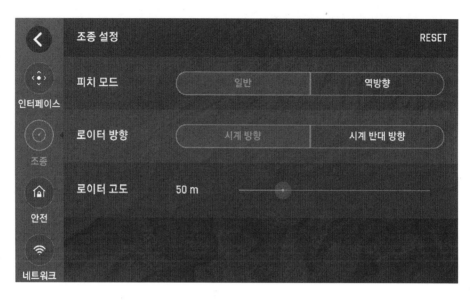

(그림 3-3) 조종 설정화면

## (1) 피치모드

피치란 드론을 회전시키는 것을 의미한다. 피치모드 설정을 살펴보면 일반방향 / 역방향 선택이 가능하다. 이는 피치 방향을 정방향 및 역방향 회전에 대하여 설정하는 기능이다.

## (2) 로이터 방향

로이터란 '제자리에서 배회하다.'라는 뜻으로 로이터 모드는 자동적으로 현재의 위치, 기수 방향 및 고도를 유지시키는 것을 말한다.

## 3) 안전

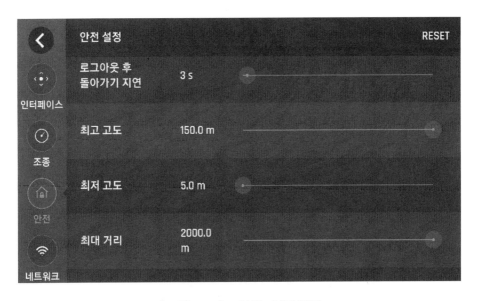

(그림 3-4) 안전 설정화면

### (1) 로그아웃 후 돌아가기 지연

로그아웃 후 돌아가기 지연과 관련된 시간설정을 0s~120s로 설정이 가능하다.

### (2) 최고 고도

최고 고도는 드론이 최대로 날 수 있는 고도를 설정 하는 것이다. 최소 50.0M ~ 최대 150.0M까지 조정이 가능하다.

### (3) 최저 고도

최저 고도는 드론이 최저로 날 수 있는 고도를 설정 하는 것이다. 최소 5.0M~최대 50.0M까지 조정이 가능하다.

### (4) 최대 거리

최대 거리는 조종자로 부터 비행 가능한 거리를 제한하는 것이다. 최소 200.0m~최대 2000.0m까지 조정이 가능하다.

## (5) 물리적 한계

물리적인 한계란 앞서 설정한 최고 고도, 최저 고도 및 최대 거리 등 설정한 한계를 적용 유무를 선택한다.

## 4) 네트워크

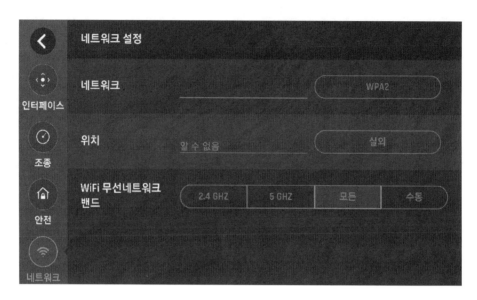

(그림 3-5) 네트워크

현재 주위 네트워크에 대한 정보를 담고 있다.

### (1) 위치

GPS 상의 현 위치를 의미 한다.

### (2) WiFi 무선 네트워크 밴드

지원하는 무선 인터넷의 종류를 선택할 수 있다.

## 5) 리턴 투 홈

마지막으로 이륙했던 장소로 이동하는 기능으로 드론과 조종기와 연결이 끊겨도 이 기능이 자동으로 실행이 된다.

## 6) 카메라 / 비디오 전환

카메라모드 / 비디오모드 모드를 전환 시킬 수 있다.

## 7) 촬영 세부 설정

(그림 3-6) 촬영 세부 설정화면

### (1) 카메라 / 비디오 전환

모드를 전환 시킨다.

### (2) 카메라 효과 주기

사진 혹은 비디오에 효과를 주는 것으로 순서대로 AWB(Auto White Balance), 백열등 효과, 태양광효과, 흐린 날씨 효과 기능이 있다.

### (3) 사진 촬영, 비디오 on / off

사진을 촬영하거나 비디오촬영을 시작하거나 정지시킨다.

### (4) 밝기 조절

밝기를 조절 하는 것으로 '-'는 어둡게 '+' 밝게 조절이 가능하다.

### (5) 사진 모드 / 비디오 녹화 시간

사진 모드일 경우 단순히 사진 모드라고 알려주는 카메라 모양의 아이콘이 뜨지만 비디오 모드를
할 경우 녹화 시간을 알려 준다.

## 8) 회전

기체를 '좌' 또는 '우'로 회전 시킨다.

## 9) 사진 촬영 / 비디오 On / Off

사진을 촬영, 비디오 촬영을 시작하거나 정지 시킨다.

## 10) 조종기

기체를 수동으로 조종한다.

## 11) 속력 / 고도 / 거리

기체에 대한 실시간 정보를 간략히 알려 준다.

## 12) 거리 측정 정보 표시줄 활성화

거리측정 정보 표시줄을 활성화 시킨다.

## 13) 휴대폰 배터리, GPS 상태 / 드론 연결 상태, 배터리, GPS상태

휴대폰 배터리 잔량, GPS 수신 상태, 기체와 통신 상태, 기체의 배터리 잔량, 기체 GPS 상태를 나타
내 준다.

# 4 Free Flight 호환

## 4.1 FREE FLIGHT PRO 연동되는 기체 목록

### 4.1.1 일반 드론

- Bebop 1
- Bebop 2
- MAMBO FPV
- DISCO
- AR DRONE 2.0

### 4.1.2 미니 드론

- Roling Spider
- Airborn Night
- Airborn Cargo
- MAMBO
- SWING

# DJI사 DJI GO

**01** 다음 중 무인항공기(드론)의 용어의 정의 포함 내용으로 적절하지 않은 것은?

① 조종사가 지상에서 원격으로 자동 반자 동형태로 통제하는 항공기

② 자동비행장치가 탑재되어 자동비행이 가능한 비행하는 항공기

③ 비행체, 지상통제장비, 통신장비, 탑재임 무장비, 지원장비로 구성된 시스템 항공기

④ 자동항법장치가 없이 원격통제되는 모 형항공기

**02** 농업 방제지역으로 부적합한 장소라 볼 수 없는 곳은?

① 학교 주변 지역
② 축사 및 잠사 지역
③ 상수원 보호구역
④ 농업 진흥 구역

**03** 무인항공기를 지칭하는 용어로 볼 수 없는 것은?

① UAV
② UGV
③ RPAS
④ Drone

**04** 리튬폴리머 배터리 보관 시 주의사항이 아닌 것은?

① 더운 날씨에 차량에 배터리를 보관하지 마시오. 적합한 보관 장소의 온도는 22℃~28℃이다.

② 배터리를 낙하, 충격, 쏘심, 또는 인위 적으로 합선시키지 마시오.

③ 손상된 배터리나 전력 수준이 50% 이상 인 상태에서 배송하지 마시오.

④ 화로나 전열기 등 열원 주변처럼 따뜻한 장소에 보관하시오.

**05** 무인비행장치 비행모드 중에서 자동복귀 모드에 해당하는 설명이 아닌 것은?

① 이륙 전 임의의 장소를 설정할 수 있다.

② 이륙장소로 자동으로 되돌아 올 수 있다.

③ 수신되는 GPS 위성 수에 상관없이 설정할 수 있다.

④ Auto-land(자동 착륙)과 Auto- hover (자동 제자리비행)을 설정할 수 있다.

**06** 다음 설명에 해당하는 무인항공 비행체는?

> 단시간에 고속으로 임무지역까지 비행하여 단시간에 완료해야 하는 임무에 적합하다. 회전익의 수직 이륙성능과 고정익의 고속 비행이 가능한 장점이 있으나 단점으로는 비행체가 크고 구조적으로 복잡하여 시스템 안정성/신뢰성 확보가 어려우며, 양쪽의 이중 프로펠러/로터 형태로 이착륙시 돌풍 등의 바람의 변화에 취약하고, 탑재용량이 적어 상대적으로 체공시간이 짧다. 또한 조종/제어가 상대적으로 어려워 운용자 양성에 많은 시간이 필요하다.

① 다중 로터형(Muli-Rotor) 비행체      ② 고정익 비행체

③ 동축반전형 비행체      ④ 틸트로터형 비행체

**07** 리튬폴리머(LI-Po) 배터리 취급/보관 방법으로 부적절한 설명은?

① 배터리가 부풀거나, 누유 또는 손상된 상태일 경우에는 수리하여 사용한다.

② 빗속이나 습기가 많은 장소에 보관하지 말아야 한다.

③ 정격 용량 및 장비별 지정된 정품 배터리를 사용해야한다.

④ 배터리는 -10℃~40℃의 온도 범위에서 사용한다.

**08** 회전익 엔진으로 부적절한 엔진은?

① 왕복엔진      ② 제트엔진

③ 증기기관      ④ 로터리엔진

**09** 비행방향의 반대방향인 공기흐름의 속도방향과 Airfoil의 시위선이 만드는 사이각을 말하며, 양력, 항력 및 피치 모멘트에 가장 큰 영향을 주는 것은?

① 상반각      ② 받음각

③ 붙임각      ④ 후퇴각

**10** 드론이 제자리 비행을 하다가 이동시키면 계속 정지상태를 유지하려는 것은 뉴턴의 운동법칙 중 무슨 법칙인가?

① 가속도의 법칙      ② 관성의 법칙

③ 작용반작용의 법칙      ④ 등가속도의 법칙

**11** 지면효과를 받을 수 있는 통상고도는?

① 지표면 위의 비행기 날개폭의 절반이하  ② 지표면 위의 비행기 날개폭의 2배 고도

③ 비행기 날개폭의 4배 고도  ④ 비행기 날개폭의 5배 고도

**12** 유도기류의 설명 중 맞는 것은?

① 취부각(붙임각)이 "0"일 때 Airfoil을 지나는 기류는 상, 하로 흐른다.

② 취부각의 증가로 영각(받음각)이 증가 하면 공기는 위로 가속하게 된다.

③ 공기가 로터 블레이드의 움직임에 의해 변화된 하강기류를 말한다.

④ 유도기류 속도는 취부 각이 증가하면 감소한다.

**13** 날개의 상하부를 흐르는 공기의 압력차에 의해 발생하는 압력의 원리는?

① 작용-반작용의 법칙  ② 가속도의 법칙

③ 베르누이의 정리  ④ 관성의 법칙

**14** 항력과 속도와의 관계 설명 중 틀린 것은?

① 항력은 속도제곱에 반비례한다.

② 유해항력은 거의 모든 항력을 포함하고 있어 저속 시 작고, 고속 시 크다.

③ 형상항력은 블레이드가 회전할 때 발생 하는 마찰성 저항이므로 속도가 증가하면 점차 증가한다.

④ 유도항력은 하강풍인 유도기류에 의해 발생하므로 저속과 제자리 비행 시 가 장 크며, 속도가 증가할수록 감소한다.

**15** 다음 중 무인회전익비행장치가 고정익형 무인비행기와 비행특성이 가장 다른 점은?

① 우선회 비행  ② 제자리 비행

③ 좌선회 비행  ④ 전진비행

**16** 양력의 발생원리 설명 중 틀린 것은?

① 정체점에서 발생된 높은 압력의 파장에 의 해 분리된 공기는 후연에서 다시 만난다.

② Airfoil 상부에서는 곡선율과 취부각(붙 임각)으로 공기의 이동거리가 길다.

③ Airfoil 하부에서는 곡선율과 취부각(붙 임각)으로 공기의 이동거리가 짧다.

④ 모든 물체는 공기의 압력(정압)이 낮은 곳에서 높은 곳으로 이동한다.

**17** 회전익 비행장치의 특성이 아닌 것은?

① 제자리, 측/후방 비행이 가능하다.　② 엔진 정지시 자동활공이 가능하다.

③ 동적으로 불안하다.　④ 최저 속도를 제한한다.


**18** 다음 중 날개의 받음각에 대한 설명이다. 틀린 것은?

① 기체의 중심선과 날개의 시위선이 이루는 각이다.

② 공기흐름의 속도방향과 날개 골의 시위 선이 이루는 각이다.

③ 받음각이 증가하면 일정한 각까지 양력 과 항력이 증가한다.

④ 비행 중 받음각은 변할 수 있다.


**19** 블레이드에 대한 설명 중 틀린 것은?

① 익근의 꼬임각이 익단의 꼬임각보다 작게 한다.

② 길이에 따라 익근의 속도는 느리고 익단의 속도는 빠르게 회전한다.

③ 익근의 꼬임각이 익단의 꼬임각보다 크게 한다.

④ 익근과 익단의 꼬임각이 서로 다른 이 유는 양력의 불균형을 해소하기 위함이다.


**20** 세로 안정성과 관계있는 운동은 무엇인가?

① Yawing　② Rolling

③ Pitching　④ Rolling & Yawing


**21** 멀티콥터 암의 한쪽 끝에 모터와 로터를 장착하여 운용할 때 반대쪽에 작용하는 힘의 법칙은 무엇인가?

① 관성의 법칙　② 가속도의 법칙

③ 작용과 반작용의 법칙　④ 연속의 법칙


**22** 쿼드 X형 멀티콥터가 전진비행 시 모터(로 터포함)의 회전속도 변화 중 맞는 것은?

① 앞의 두 개가 빨리 회전한다.　② 뒤의 두 개가 빨리 회전한다.

③ 좌측의 두 개가 빨리 회전한다.　④ 우측의 두 개가 빨리 회전한다.

**23** 음 지역 중 우리나라 평균해수면 높이를 0m로 선정하여 평균해수면의 기준이 되는 지역은?

① 영일만
② 순천만
③ 인천만
④ 강화만

**24** 바람이 존재하는 근본적인 원인은?

① 기압차이
② 고도차이
③ 공기밀도 차이
④ 자전과 공전현상

**25** 안개의 시정조건은?

① 3마일 이하로 제한
② 5마일 이하로 제한
③ 7마일 이하로 제한
④ 10마일 이하로 제한

**26** 해수면의 기온과 표준기압은?

① 15℃와 29.92 inch.Hg
② 15℃와 29.92"mb
③ 15°F와 29.92 inch.Hg
④ 15°F와 29.92"mb

**27** 공기의 고기압에서 저기압으로의 직접적인 흐름을 방해하는 힘은?

① 구심력
② 원심력
③ 전향력
④ 마찰력

**28** 지구의 기상에서 일어나는 변화의 가장 근 본적인 원인은?

① 해수면의 온도 상승
② 구름의 량
③ 지구 표면에 받아들이는 태양 에너지의 변화
④ 구름의 대이동

**29** 해륙풍과 산곡풍에 대한 설명 중 잘못 연 결된 것은?

① 낮에 바다에서 육지로 공기 이동하는 것을 해풍이라 한다.

② 밤에 육지에서 바다로 공기 이동하는 것을 육풍이라 한다.

③ 낮에 골짜기에서 산 정상으로 공기 이 동하는 것을 곡풍이라 한다.

④ 밤에 산 정상에서 산 아래로 공기 이동하는 것을 곡풍이라 한다.

**30** 번개와 뇌우에 관한 설명 중 틀린 것은?

① 번개가 강할수록 뇌우도 강하다.

② 번개가 자주 일어나면 뇌우도 계속 성장하고 있다는 것이다.

③ 번개와 뇌우의 강도와는 상관없다.

④ 밤에 멀리서 수평으로 형성되는 번개는 스콜라인이 발달하고 있음을 나타내고 있다.


**31** 다음 중 해풍에 대하여 설명한 것 중 가장 적절한 것은?

① 여름철 해상에서 육지 방향으로 부는 바람

② 낮에 해상에서 육지 방향으로 부는 바람

③ 낮에 육지에서 바다로 부는 바람

④ 밤에 해상에서 육지 방향으로 부는 바람


**32** 다음 중 항공기 양력발생에 영향을 미치지 않는 것은?

① 기온                              ② 습도
③ 기압                              ④ 바람


**33** 초경량비행장치의 용어 설명으로 틀린 것은?

① 초경량비행장치의 종류에는 동력비행장치, 행글라이더, 패러글라이더, 기구류 및 무인비행장치 등

② 무인동력 비행장치는 연료의 중량을 제외 한 자체 중량이 120kg 이하인 무인비행기, 무인헬리콥터 또는 무인 멀티콥터

③ 회전익 비행장치에는 초경량 자이로플 레인, 초경량 헬리콥터 등이 있다.

④ 무인비행선은 연료의 중량을 제외한 자체 중량이 180kg이하 이고, 길이가 20m 이 하인 무인비행선을 말한다.


**34** 항공안전법상 신고를 필요로 하지 아니하는 초경량비행장치의 범위가 아닌 것은?

① 동력을 이용하지 아니하는 비행장치

② 낙하산류

③ 무인동력비행장치 중에서 연료의 무게를 제외한 자체무게가 12kg 이하 인 것

④ 군사 목적으로 사용되지 아니하는 초경량비행장치

**35** 초경량비행장치 조종자 전문교육기관 지정 기준으로 가장 적절한 것은?

① 비행시간이 100시간 이상인 지도조종자 1명이상 보유

② 비행시간이 150시간 이상인 지도조종자 2명이상 보유

③ 비행시간이 100시간 이상인 실기평가 조종자 1명이상 보유

④ 비행시간이 150시간 이상인 실기평가 조종자 2명이상 보유

**36** 초경량비행장치를 사용하여 영리 목적을 할 경우 보험에 가입하여야 한다. 그 경우가 아닌 것은?

① 항공기 대여업에서의 사용　　　　② 초경량비행장치 사용 사업에의 사용

③ 초경량비행장치 조종교육에의 사용　　④ 초경량비행장치의 판매 시 사용

**37** 초경량비행장치의 변경신고는 사유발생일 로부터 몇일 이내에 신고하여야 하는가?

① 30일　　　　　　　　　　　② 60일

③ 90일　　　　　　　　　　　④ 180일

**38** 초경량비행장치의 인증검사 종류 중 초도 검사 이후 안전성 인증서의 유효기간이 도래 하여 새로운 안전성 인증서를 교부받기 위하 여 실시하는 검사는 무엇인가?

① 정기검사　　　　　　　　　② 초도검사

③ 수시검사　　　　　　　　　④ 재검사

**39** 초경량비행장치를 이용하여 비행 시 유의 사항이 아닌 것은?

① 태풍 및 돌풍 등 악기상 조건하에서는 비행하지 말아야 한다.

② 제원표에 표시된 최대이륙중량을 초과 하여 비행하지 말아야 한다.

③ 주변에 지상 장애물이 없는 장소에서 이·착륙하여야 한다.

④ 날씨가 맑은 날이나 보름 달 등으로 시야 가 확보되면 야간비행도 하여야 한다.

**40** 비행장(헬기장 포함) 또는 활주로의 설치, 폐쇄 또는 운용상 중요한 변경, 비행금지구 역, 비행제한구역, 위험구역의 설정, 폐지(발 효 또는 해제포함) 또는 상태의 변경 등의 정 보를 수록하여 항공종사자들에게 배포하는 공고문은?

① AIC　　　　　　　　　　　② AIP

③ AIRAC　　　　　　　　　　④ NOTAM

# 초경량비행장치 필기기출문제

**01**  농업용 무인멀티콥터 비행 전 점검할 내용으로 맞지 않은 것은?

① 기체이력부에서 이전 비행기록과 이상 발생 여부는 확인할 필요가 없다.

② 연료 또는 배터리의 만충 여부를 확인 한다.

③ 비행체 외부의 손상 여부를 육안 및 촉 수 점검한다.

④ 전원 인가상태에서 각 조종부위의 작동 점검을 실시한다.

**02**  조종자가 방제작업 비행 전에 점검할 항목 과 거리가 먼 것은?

① 살포구역, 위험장소, 장해물의 위치 확인      ② 풍향, 풍속 확인

③ 지형, 건물 등의 확인      ④ 주차장 위치 및 주변 고속도로 교통량 의 확인

**03**  무인멀티콥터의 주요 구성요소가 아닌 것 은?

① 프로펠러(로터)      ② 모터

③ 변속기      ④ 카브레터

**04**  다음 중 국제민간항공기구(ICAO)에서 공 식 용어로 선정한 무인항공기의 명칭은?

① UAV(Unmanned Aerial Vehicle)      ② Drone

③ RPAS (Remotly Piloted Aircraft System)      ④ UAS(Unmanned Aircraft System)

**05**  회전익 무인비행장치 이착륙 지점으로 적합한 지역에 해당하지 않은 곳은?

① 모래먼지가 나지 않는 평탄한 농로      ② 경사가 있으나 가급적 수평이 지점

③ 풍압으로 작물이나 시설물이 손상되지 않는 지역      ④ 사람들이 접근하기 쉬운 지역

**06**  회전익 무인비행장치의 탑재량에 영향을 미치는 것이라 할 수 없는 것은?

① 장애물이 적은 지역      ② 기온

③ 습도      ④ 해발고도

**07** 비행교관이 범하기 쉬운 과오가 아닌 것은?

① 자기 고유의 기술은, 자기만의 것으로 소유하고 잘난 체 하려는 태도

② 교관이라고 해서 교육생을 비인격적으로 대우

③ 교관이 당황하거나 화난 목소리나 어조로 교육 진행

④ 교육생의 과오에 대해서 필요 이상의 자기감정을 자재


**08** 3개 이상의 로터/프로펠러가 장착되어 상대적으로 비행이 안정적이어서 조종이 쉬운 비행체 형태는?

① 다중 로터형(Muli-Rotor) 비행체　　　② 고정익 비행체

③ 동축반전형 비행체　　　④ 틸트로터형 비행체


**09** 무인항공방제작업 보조준비물이 아닌 것은?

① 예비 연료 및 배터리　　　② 깃발 또는 표지 수단

③ 무전기 및 전파모니터기　　　④ 카메라 탑재용 짐벌 장치


**10** 회전익 무인비행장치 기본 비행 단계에서의 교육 지도 요령으로 부적절한 것은?

① 초기 제자리 비행 교육 시 끌려 다니지 않도록 기본 조작 교육 철저

② 기체에 집중하여 시야를 좁혀가면서 주 의력을 비행체에 집중하도록 훈련한다.

③ 파워, 피치, 러더의 삼타일치 조작에 대 한 기본적인 원리를 설명해 주라.

④ 가급적 교육생이 혼자 스스로 조종한다 는 느낌이 들도록 하라.


**11** 다음 중 기상 7대 요소는 무엇인가?

① 기압, 전선, 기온, 습도, 구름, 강수, 바람　　　② 기압, 기온, 습도, 구름, 강수, 바람, 시정

③ 해수면, 전선, 기온, 난기류, 시정, 바람, 습도　　　④ 기압, 기온, 대기, 안정성, 해수면, 바람, 시정


**12** 구름을 잘 구분한 것은 어느 것인가?

① 높이에 따른 상층운, 중층운, 하층운, 수직으로 발달한 구름

② 층운, 적운, 난운, 권운

③ 층운, 적란운, 권운

④ 운량에 따라 작은 구름, 중간 구름, 큰 구름 그리고 수직으로 발달한 구름

**13** 구름과 안개의 구분 시 발생 높이의 기준 은?

① 구름의 발생이 AGL 50ft 이상 시 구름, 50ft이하에서 발생 시 안개

② 구름의 발생이 AGL 70ft 이상 시 구름, 70ft이하에서 발생 시 안개

③ 구름의 발생이 AGL 90ft 이상 시 구름, 90ft이하에서 발생 시 안개

④ 구름의 발생이 AGL 120ft 이상 시 구 름, 120ft이하에서 발생 시 안개

**14** 물질의 상위 상태로 변화시키는데 요구되 는 열에너지는 무엇인가?

① 잠열                          ② 열량

③ 비열                          ④ 현열

**15** 이슬, 안개 또는 구름이 형성될 수 있는 조건은?

① 수증기가 응축될 때              ② 수증기가 존재할 때

③ 기온과 노점이 같을 때           ④ 수증기가 없을 때

**16** 바람을 느끼고 나뭇잎이 흔들리기 시작할 때의 풍속은 어느 정도인가?

① 0.3~1.5m/sec                 ② 1.6~3.3m/sec

③ 3.4~5.4m/sec                 ④ 5.5~7.9m/sec

**17** 다음 중 안개에 관한 설명 중 틀린 것은?

① 적당한 바람만 있으면 높은 층으로 발달해 간다.

② 공중에 떠돌아다니는 작은 물방울 집단으로 지표면 가까이에서 발생한다.

③ 수평가시거리가 3km이하가 되었을 때 안개라고 한다.

④ 공기가 냉각되고 포화상태에 도달하고 응결하기 위한 핵이 필요하다.

**18** 운량의 구분 시 하늘의 상태가 5/8~6/8 인 경우를 무엇이라 하는가?

① Sky Clear(SKC/CLR)          ② scattered(SCT)

③ broken(BKN)                 ④ overcast(OVC)

**19** 다음 구름의 종류 중 비가 내리는 구름은?

① Ac

② Ns

③ St

④ Sc

**20** 구름의 형성조건이 아닌 것은?

① 풍부한 수증기

② 냉각작용

③ 응결핵

④ 시정

**21** 지면효과에 대한 설명으로 맞는 것은?

① 공기흐름 패턴과 함께 지표면의 간섭의 결과이다.

② 날개에 대한 증가된 유해항력으로 공기 흐름 패턴에서 변형된 결과이다.

③ 날개에 대한 공기흐름 패턴의 방해 결과이다.

④ 지표면과 날개 사이를 흐르는 공기흐름 이 빨라져 유해항력이 증가함으로써 발생하는 현상이다.

**22** 대칭형 Airfoil에 대한 설명 중 틀린 것은?

① 상부와 하부표면이 대칭을 이루고 있으나 평균 캠버선과 익현선은 일치하지 않는다.

② 중력중심 이동이 대체로 일정하게 유지 되어 주로 저속 항공기에 적합하다.

③ 장점은 제작비용이 저렴하고 제작도 용 이하다.

④ 단점은 비대칭형 Airfoil에 비해 양력이 적게 발생하여 실속이 발생할 수 있는 경우가 더 많다.

**23** 비행장치의 무게중심은 어떻게 결정할 수 있는가?

① CG=TA×TW(총 암과 총 무게를 곱한 값이다.)

② CG=TM÷TW(총 모멘트를 총 무게로 나누어 얻은 값이다.)

③ CG=TM÷TA(총 모멘트를 총 암으로 나누어진 값이다.)

④ CG=TA÷TM(총 암을 모멘트로 나누 어 얻은 값이다.)

**24** 실속에 대한 설명 중 틀린 것은?

① 실속의 직접적인 원인은 과도한 받음각 이다.

② 실속은 무게, 하중계수, 비행속도 또는 밀도고도에 관계없이 항상 다른 받음각 에서 발생한다.

③ 임계 받음각을 초과할 수 있는 경우는 고속비행, 저속비행, 깊은 선회비행 등 이다.

④ 선회비행 시 원심력과 무게의 조화에 의해 부과된 하중들이 상호 균형을 이 루기 위한 추가적인 양력이 필 요하다.

**25** 영각(받음각)에 대한 설명 중 틀린 것은?

① Airfoil의 익현선과 합력 상대풍의 사 이 각

② 취부각(붙임각)의 변화 없이도 변화될 수 있다.

③ 양력과 항력의 크기를 결정하는 중요한 요소

④ 영각(받음각)이 커지면 양력이 작아지고 영각이 작아지면 양력이 커진다.

**26** 회전익 비행장치의 유동력 침하가 발생될 수 있는 비행조건이 아닌 것은?

① 높은 강하율로 오토 로테이션 접근 시

② 배풍 접근 시

③ 지면효과 밖에서 하버링을 하는 동안 일정한 고도를 유지하지 않을 때

④ 편대비행 접근 시

**27** 아래 설명은 어떤 원리를 설명하는 것인가?

> **메인 로터와 테일 로터의 상관관계**
> * 동축 헬리콥터의 아래 부분 로터는 시 계방향으로 회전하고, 윗 부분 로터는 반시계 방향으로 회 전한다.
> * 종렬식 헬리콥터의 앞 부분 로터는 시 계방향으로 회전하고 뒷 부분 로터는 반시계 방향으로 회전 한다.
> * 옆쪽의 로터는 반 시계방향으로 회전한다.

① 토크 상쇄　　　　　　　② 전이성향 해소

③ 횡단류 효과 억제　　　　④ 양력 불균형 해소

**28** 블레이드가 공기를 지날 때 표면마찰(점성 마찰)로 인해 발생하는 마찰성 저항으로 회전 익 항공기에서만 발생하며 마찰항력이라고도 하는 항력은?

① 유도항력　　　　　　　② 유해항력

③ 형상항력　　　　　　　④ 총항력

29 날개에서 양력이 발생하는 원리의 기초가 되는 베르누이 정리에 대한 설명이다. 틀린 것은?

① 전압(Pt)=동압(O)+정압(P)

② 흐름의 속도가 빨라지면 동압이 증가하고 정압이 감소한다.

③ 음속보다 빠른 흐름에서는 동압과 정압 이 동시에 증가한다.

④ 동압과 정압의 차이로 비행속도를 측정 할 수 있다.


30 쿼드 X형 멀티콥터가 전진비행 시 모터(로 터포함)의 회전속도 변화 중 맞는 것은?

① 앞의 두 개가 빨리 회전한다.　　② 뒤의 두 개가 빨리 회전한다.

③ 좌측의 두 개가 빨리 회전한다.　④ 우측의 두 개가 빨리 회전한다.


31 다음 중 공항시설법상 유도로 등의 색은?

① 녹색　　　　　　　　　　　　② 청색

③ 백색　　　　　　　　　　　　④ 황색


32 초경량비행장치를 소유하거나 사용할 수 있 는 권리가 있는 자는 초경량비행장치를 영리목적으로 사용하
여서는 아니 된다. 그러나 국토 교통부령으로 정하는 보험 또는 공제에 가입한 경우는 그러하지 않는데 아
닌 경우는?

① 항공기 대여업에의 사용　　　　② 항공기 운송사업

③ 초경량비행장치 사용사업에의 사용　④ 항공레저스포츠 사업에의 사용


33 초경량비행장치 조종자의 준수사항에 어긋나는 것은?

① 인명이나 재산에 위험을 초래할 우려가 있는 낙하물을 투하하는 행위

② 관제공역, 통제공역, 주의공역에서 비행하는 행위

③ 안개 등으로 인하여 지상목표물을 육안으로 식별할 수 없는 상태에서 비행하는 행위

④ 일몰 후부터 일출 전이라도 날씨가 맑고 밝은 상태에서 비행하는 행위


34 초경량비행장치를 이용하여 비행 시 유의 사항이 아닌 것은?

① 군 방공비상사태 인지 시 즉시 비행을 중지하고 착륙하여야 한다.

② 항공기 부근에는 접근하지 말아야 한다.

③ 유사 초경량비행장치끼리는 가까이 접근이 가능하다.

④ 비행 중 사주경계를 철저히 하여야 한다.

**35** 초경량비행장치 조종자의 준수사항에 어긋나는 것은?

① 항공기 또는 경량 항공기를 육안으로 식별하여 미리 피하여야 한다.

② 해당 무인비행장치를 육안으로 확인할 수 있는 범위 내에서 조종해야 한다.

③ 모든 항공기, 경량항공기 및 동력을 이용 하지 아니하는 초경량비행장치에 대하여 우선권을 가지고 비행하여야 한다.

④ 레포츠 사업에 종사하는 초경량비행장 치 조종자는 비행 전 비행안전사항을 동 승자에게 충분히 설명하여야 한다.

**36** 초경량비행장치 운용시간으로 가장 맞는 것은?

① 일출부터 일몰 30분전까지　　② 일출 30분전부터 일몰까지

③ 일출 후 30분부터 일몰 30분 전까지　　④ 일출부터 일몰까지

**37** 다음 중 초경량비행장치의 비행 가능한 지역은 어느 것인가?

① CP-16　　② R35

③ P-73A　　④ UA-14

**38** 초경량무인비행장치의 비행안전을 위한 기술상의 기준에 적합하다는 안전성 인증을 받지 아니하고 비행한 사람의 1차 과태료는  마인가?

① 50만원　　② 100만원

③ 250만원　　④ 500만원

**39** 모든 항공사진촬영은 사전 승인을 득하고 촬영하여야 한다. 그러나 명백히 주요 국가/ 군사시설이 없는 곳은 허용이 된다. 이중 명백한 주요 국가/군사시설이 아닌 곳은?

① 국가 및 군사보안목표 시설, 군사시설

② 군수산업시설 등 국가 보안상 중요한 시설 및 지역

③ 비행금지구역(공익 목적 등인 경우 제 한적으로 허용 가능)

④ 국립공원

**40** 위반행위에 대한 과태료 금액이 잘못된 것은?

① 신고번호를 표시하지 않았거나 거짓으로 표시한 경우 1차 위반은 10만원이다.

② 말소 신고를 하지 않은 경우 1차 위반 은 5만원이다.

③ 조종자 증명을 받지 아니하고 비행한 경우 1차 위반은 30만원이다.

④ 조종자 준수사항을 위반한 경우 1차 위 반은 50만원이다.

**01** 다음 중 무인비행장치 기본 구성 요소라 볼 수 없는 것은?

① 조종자와 지원 인력
② 비행체와 조종기
③ 관제소 교신용 무전기
④ 임무 탑재 카메라

**02** 무인회전익비행장치 비상절차로서 적절하지 않는 것은?

① 항상 비행 상태 경고등을 모니터하면서 조종해야한다.
② GPS 경고등이 점등되면 즉시 자세모드로 전환하여 비행을 실시한다.
③ 제어시스템 고장 경고가 점등될 경우, 즉시 착륙시켜 주변 피해가 발생하지 않도록 한다.
④ 기체이상을 발생하면 안전한 장소를 찾아 비스듬히 하강 착륙 시킨다.

**03** 무인멀티콥터 이륙 절차로서 적절하지 않은 것은?

① 비행 전 각 조종부의 작동점검을 실시한다.
② 시동 후 고도를 급상승시켜 불필요한 배터리 낭비를 줄인다.
③ 이륙은 수직으로 천천히 상승시킨다.
④ 제자리비행 상태에서 전/후/좌/우 작동 점검을 실시한다.

**04** 전동식 멀티콥터의 기체 구성품과 거리가 먼 것은?

① 프로펠러
② 모터와 변속기
③ 자동비행장치
④ 클러치

**05** 무인멀티콥터 이륙 절차로서 적절한 것은?

① 숙달된 조종자의 경우 비행체와 안전거리를 적당히 줄여서 적용한다.
② 시동 후 준비상태가 될 때까지 아이들 작동을 한 후에 이륙을 실시한다.
③ 장애물들을 피해 측면비행으로 이륙과 착륙을 실시한다.
④ 비행상태 등은 필요할 때만 모니터하면 된다.

**06** 무인비행장치 조종자로서 갖추어야할 소양 이라 할 수 없는 것은?

① 정신적 안정성과 성숙도                    ② 정보처리 능력

③ 급함과 다혈질적 성격                       ④ 빠른 상황판단 능력


**07** 무인비행장치들이 가지고 있는 일반적인 비행 모드가 아닌 것은?

① 수동 모드(Manual Mode)                   ② 고도제어 모드(Altitude Mode)

③ 자세제어 모드(Attitude Mode)            ④ GPS 모드(GPS Mode)


**08** 항공방제 작업 종료 후 점검 및 조치사항 으로 적절하지 않은 것은?

① 빈 용기는 안전한 장소에 폐기한다.

② 약제 잔량은 안전한 장소에 책임자를 정해 보관한다.

③ 기체 살포장치는 다시 재사용을 위해 세척하지 않고 보관한다.

④ 얼굴, 손, 발 등을 세제로 잘 씻고, 반 드시 가글한다.


**09** 회전익 무인비행장치 기본비행 단계에서의 교육 지도 요령으로 부적절한 것은?

① 교육생보다 앞쪽이나 옆에 서서 교관의 조작을 잘 볼 수 있게 서라.

② 헬기에 집중하지 말고 시야를 점차 넓혀가 면서 주의력을 분배하도록 훈련을 한다.

③ 파워, 피치, 러더의 삼타일치 조작에 대 한기본적인 원리를 설명해 주라.

④ 통제권 전환 시 확실한 확인 후 전환 실시


**10** 다음 중 멀티콥터용 모터와 관련된 설명 중 옳지 않은 것은?

① DC 모터는 영구적으로 사용할 수 없다 는 단점이 있다

② BLDC 모터는 ESC(속도제어장치)가 필 요 없다

③ 2300KV는 모터의 회전수로서 1V로 분 당 2300번 회전한다는 의미이다.

④ Brushless 모터는 비교적 큰 멀티콥터 에 적당하다.


**11** 비행장치에 작용하는 힘은?

① 양력, 무게, 추력, 항력                      ② 양력, 중력, 무게, 추력

③ 양력, 무게, 동력, 마찰                      ④ 양력, 마찰, 추력, 항력

**12** 유관을 통과하는 완전유체의 유입량과 유출량은 항상 일정하다는 법칙은 무슨 법칙인가?

① 가속도의 법칙　　　　　　　　　② 관성의 법칙

③ 작용반작용의 법칙　　　　　　　④ 연속의 법칙


**13** 고유의 안정성이란 무엇을 의미하는가?

① 이착륙 성능이 좋다.　　　　　　② 실속이 되기 어렵다.

③ 스핀이 되지 않는다.　　　　　　④ 조종이 보다 용이하다.


**14** 베르누이 정리에 대한 바른 설명은?

① 정압이 일정하다.　　　　　　　② 동압이 일정하다

③ 전압이 일정하다　　　　　　　　④ 동압과 전압의 합이 일정하다.


**15** 지면효과에 대한 설명 중 가장 옳은 것은?

① 지면효과에 의해 회전날개 후류의 속도는 급격하게 증가되고 압력은 감소한다.

② 동일 엔진일 경우 지면효과가 나타나는 낮은 고도에서 더 많은 무게를 지탱할 수 있다.

③ 지면효과는 양력 감소현상을 초래하기는 하지만 항공기의 진동을 감소시키는 등 긍정적인 면도 있다.

④ 지면효과는 양력의 급격한 감소현상과 같은 헬리콥터의 비행성에 항상 불리한 영향을 미친다.


**16** 토크작용은 어떤 운동법칙에 해당되는가?

① 관성의 법칙　　　　　　　　　　② 가속도의 법칙

③ 작용과 반작용의 법칙　　　　　　④ 연속의 법칙


**17** 멀티콥터나 무인회전익비행장치의 착륙 조작 시 지면에 근접 시 힘이 증가되고 착륙 조작이 어려워지는 것은 어떤 현상 때문인가?

① 지면효과를 받기 때문　　　　　　② 전이성향 때문

③ 양력불균형 때문　　　　　　　　④ 횡단류효과 때문


**18** 무인동력비행장치의 수직이, 착륙비행을 위하여 어떤 조종장치를 조작하는가?

① 쓰로틀　　　　　　　　　　　　② 엘리베이터

③ 에일러론　　　　　　　　　　　④ 러더

**19** 날개에 있어서 양력과 항력의 합성력이 실제로 작용하는 작용점으로 받음각이 변화함에 따라 위치가 변화하며 모든 항공역학적인 힘들이 집중되는 점을 무엇이라 하는가?

① 압력중심
② 공력중심
③ 무게중심
④ 평균공력시위

**20** 드론이 제자리 비행을 하다가 전진비행을 계속하면 속도가 증가되어 이륙하게 되는데 이것은 뉴튼의 운동법칙 중 무슨 법칙인가?

① 가속도의 법칙
② 관성의 법칙
③ 작용반작용의 법칙
④ 등가속도의 법칙

**21** 대부분의 기상이 발생하는 대기의 층은?

① 대류권
② 성층권
③ 중간권
④ 열권

**22** 다음 중 고기압이나 저기압 시스템의 설명 에 관하여 맞는 것은?

① 고기압 지역 또는 마루에서 공기는 올라간다.
② 고기압 지역 또는 마루에서 공기는 내려간다.
③ 저기압 지역 또는 골에서 공기는 정체 한다.
④ 저기압 지역 도는 골에서 공기는 내려간다.

**23** 산바람과 골바람에 대한 설명 중 맞는 것은?

① 산악지역에서 낮에 형성되는 바람은 골바람으로 산 아래에서 산 위(정상)로 부는 바람이다.
② 산바람은 산 정상부분으로 불고 골바람 은 산 정상에서 아래로 부는 바람이다.
③ 산바람과 골바람 모두 산의 경사 정도에 따라 가열되는 정도에 따른 바람이다.
④ 산바람은 낮에 그리고 골바람은 밤에 형성된다.

**24** 뇌우 발생 시 항상 함께 동반되는 기상현상은?

① 강한 소나기
② 스콜라인
③ 과냉각 물방울
④ 번개

**25** "한랭기단의 찬 공기가 온난기단의 따뜻한 공기 쪽으로 파고 들 때 형성되며 전선 부근 에 소나기나 뇌우, 우박 등 궂은 날씨를 동반 하는 전선"을 무슨 전선인가?

① 한랭전선 ② 온난전선
③ 정체전선 ④ 폐색전선

**26** 일반적으로 안개, 연무, 박무를 구분하는 시정조건이 틀린 것은?

① 안개 : 1km미만 ② 박무 : 2km미만
③ 연무 : 2-5km ④ 안개 : 2km

**27** 안정대기 상태란 무엇인가?

① 불안정한 시정 ② 지속적 강수
③ 불안정 난류 ④ 안정된 기류

**28** 습한 공기가 산 경사면을 타고 상승하면서 팽창함에 따라 공기가 노점이하로 단열냉각 되면서 발생하며, 주로 산악지대에서 관찰되고 구름의 존재에 관계없이 형성되는 안개는?

① 활승안개 ② 이류안개
③ 증기안개 ④ 복사안개

**29** 대기 중에서 가장 많은 기체는 무엇인가?

① 산소 ② 질소
③ 이산화탄소 ④ 수소

**30** 1기압에 대한 설명 중 틀린 것은?

① 폭 1㎠, 높이 76㎝의 수은주 기둥 ② 폭 1㎠, 높이 1,000km의 공기기둥
③ 760mmHg = 29.92inHg ④ 1015mbar = 1,015bar

**31** 초경량비행장치 조종자 전문교육기관 지정을 위해 국토교통부 장관에게 제출할 서류가 아닌 것은?

① 전문교관의 현황 ② 교육시설 및 장비의 현황
③ 교육훈련계획 및 교육훈련 규정 ④ 보유한 비행장치의 제원

**32** 다음 중 초경량비행장치 사용사업의 범위가 아닌 경우는?

① 비료 또는 농약살포, 씨앗 뿌리기 등 농업 지원  ② 사진촬영, 육상 및 해상측량 또는 탐사

③ 산림 또는 공원 등의 관측 및 탐사  ④ 지방 행사시 시범 비행

**33** 항공종사자가 업무를 정상적으로 수행할 수 없는 혈중 알콜농도의 기준은?

① 0.02% 이상  ② 0.03% 이상

③ 0.05% 이상  ④ 0.5% 이상

**34** 초경량비행장치 지도 조종자 자격증명 시험 응시 기준으로 틀린 것은?

① 나이가 만 14세 이상인 사람

② 나이가 만 20세 이상인 사람

③ 해당 비행장치의 비행경력이 100시간 이상인 사람

④ 단, 유인 자유기구는 비행경력이 70시 간 이상인 사람

**35** 다음 중 안전관리제도에 대한 설명으로 틀 린 것은?

① 이륙중량이 25kg이상이면 안정성검사 와 비행 시 비행승인을 받아야 한다.

② 자체 중량이 12kg이하이면 사업을 하더라도 안정성검사를 받지 않아도 된다.

③ 무게가 약 2kg인 취미, 오락용 드론은 조 종자 준수사항을 준수하지 않아도 된다.

④ 자체 중량이 12kg이상이라도 개인 취미용으로 활용하면 조종자격증명이 필요 없다.

**36** 초경량비행장치의 사고 중 항공철도사고조사위원회가 사고의 조사를 하여야 하는 경우 가 아닌 것은?

① 차량이 주기된 초경량비행장치를 파손 시킨 사고

② 초경량비행장치로 인하여 사람이 중상 또는 사망한 사고

③ 비행 중 발생한 화재사고

④ 비행 중 추락, 충돌 사고

**37** 초경량비행장치로 위규비행을 한 자가 지방항공청장이 고지한 과태료 처분에 이의가 있어 이의를 제기

할 수 있는 기간은?

① 고지를 받은 날로부터 10일 이내  ② 고지를 받은 날로부터 15일 이내

③ 고지를 받은 날로부터 30일 이내  ④ 고지를 받은 날로부터 60일 이내

**38** 초경량무인비행장치 비행 시 조종자 준수사항을 3차 위반할 경우 항공안전법에 따라 부과 되는 과태료는 얼마인가?

① 100만원 ② 200만원
③ 300만원 ④ 500만원

**39** 초경량 비행장치의 등록일련번호 등은 누가 부여하는가?

① 국토교통부장관 ② 교통안전공단 이사장
③ 항공협회장 ④ 지방항공청장

**40** 비행금지, 제한구역 등에 대한 설명 중 틀린 것은?

① P-73, P-518, P-61~65 지역은 비행 금지구역이다.
② 군/민간 비행장의 관제권은 주변 9.3km까지의 구역이다.
③ 원자력 발전소, 연구소는 주변 19km까 지의 구역이다.
④ 서울지역 R-75내에서는 비행이 금지되어 있다.

**01** 항공법상에 무인비행장치 사용사업을 위해 가입해야하는 필수 보험은?

① 기체보험(동산종합보험)  ② 자손 종합 보험

③ 대인/대물 배상 책임보험  ④ 살포보험(약제살포 배상책임보험)

**02** 자동비행장치(FCS)를 구성하는 기본 시스템으로 볼 수 없는 것은?

① 자이로와 마그네틱콤파스  ② 레이저 및 초음파 센서

③ GPS 수신기와 안테나  ④ 전원관리 장치(PMU)

**03** 다음 중 산악지형 등 이착륙 공간이 좁은 지형에서 사용되는 이착륙 방식에 적합한 비행체 형태와 거리가 가장 먼 것은?

① 고정익 비행기  ② 헬리콥터

③ 다중로터형 수직이착륙기  ④ 틸트로터형 수직이착륙기

**04** 배터리를 오래 효율적으로 사용하는 방법으로 적절한 것은?

① 충전기는 정격 용량이 맞으면 여러 종류 모델 장비를 혼용해서 사용한다.

② 10일 이상 장기간 보관할 경우 100% 만충시켜서 보관한다.

③ 매 비행 시마다 배터리를 만충시켜 사용 한다.

④ 충전이 다 됐어도 배터리를 계속 충전기에 걸어 놓아 자연 방전을 방지한다.

**05** 무인항공 방제작업 시 약제 관련 주의사항이 아닌 것은?

① 혼합 가능한 약제 외에 혼용을 금지한다.

② 살포지역 선정 시 경계구역 내의 물체들에 주의한다.

③ 빈 용기는 쓰레기장에 폐기한다.

④ 살포 장치의 살포 기존에 따라 실시한다.

**06** 비행 중 GPS 에러 경고등이 점등되었을 때의 원인과 조치로 가장 적절한 것은?

① 건물 근처에서는 발생하지 않는다.

② 자세제어모드로 전환하여 자세제어 상태에서 수동으로 조종하여 복귀시킨다.

③ 마그네틱 센서의 문제로 발생한다.

④ GPS 신호는 전파 세기가 강하여 재밍 의 위험이 낮다.

**07** 무인비행장치 조종자가 갖추어야할 지적 처리 능력이 아닌 것은?

① 바른 경험                    ② 위험도의 식별과 평가 능력

③ 경계심                       ④ 문제해결 능력

**08** 무인비행장치 운용 간 통신장비 사용으로 적절한 것은?

① 송수신 거리를 늘리기 위한 임의의 출력 증폭 장비를 사용

② 2.4Ghz 주파수 대역에서는 미 인증된 장비를 마음대로 쓸 수 있다.

③ 영상송수신용은 5.8Ghz 대역의 장비는 미 인증된 장비를 쓸 수밖에 없다.

④ 무인기 제어용으로 국제적으로 할당된 주파수는 5030~5091 Mhz 이다.

**09** 자동비행장치(FCS)에 탑재된 센서와 역할 의 연결이 부적절한 것은?

① 자이로 – 비행체 자세             ② 지자기센서  비행체 방향

③ GPS 수신기 – 속도와 자세         ④ 가속도계 – 자세변화 속도

**10** 다음 중 무인멀티콥터 비행 후 점검사항이 아닌 것은?

① 송신기와 수신기를 끈다.           ② 비행체 각 부분을 세부적으로 점검한다.

③ 모터와 변속기의 발열 상태를 점검한다.  ④ 프롭의 파손 여부를 점검한다.

**11** 수평 직전비행을 하다가 상승비행으로 전환 시 받음각(영각)이 증가하면 양력은 어떻게 변화하는가?

① 순간적으로 감소한다.             ② 순간적으로 증가한다.

③ 변화가 없다.                    ④ 지속적으로 감소한다.

12 회전익 항공기 또는 비행장치 등 회전익에만 발생하며 블레이드가 회전할 때 공기와 마찰하면서 발생하는 항력은 무슨 항력인가?

① 유도항력      ② 유해항력      ③ 형상항력      ④ 총항력

13 취부각(붙임각)의 설명이 아닌 것은?

① Airfoil의 익현선과 로터 회전면이 이루는 각

② 취부각(붙임각)에 따라서 양력은 증가 만 한다.

③ 블레이드 피치각

④ 유도기류와 항공기 속도가 없는 상태에 서는 영각(받음각)과 동일하다.

14 비행장치에 작용하는 4가지의 힘이 균형을 이룰 때는 언제인가?

① 가속중일 때      ② 지상에 정지 상태에 있을 때

③ 등 가속도 비행 시      ④ 상승을 시작할 때

15 항공기에 작용하는 세 개의 축이 교차되는 곳은 어디인가?

① 무게 중심      ② 압력 중심

③ 가로축의 중간지점      ④ 세로축의 중간지점

16 베르누이 정리에 대한 바른 설명은?

① 베르누이 정리는 밀도와는 무관하다.      ② 유체의 속도가 증가하면 정압이 감소한다.

③ 위치 에너지의 변화에 의한 압력이 동압이다.      ④ 정상 흐름에서 정압과 동압의 합은 일정하지 않다.

17 착륙 접근 중 안전에 문제가 있다고 판단하여 다시 이륙하는 것을 무엇이라 하는가?

① 하드랜딩      ② 복행

③ 플로팅      ④ 바운싱

18 멀티콥터의 이동비행 시 속도가 증가될 때 통상 나타나는 현상은?

① 고도가 올라간다.      ② 고도가 내려간다.

③ 기수가 좌로 돌아간다.      ④ 기수가 우로 돌아간다.

**19** 실속에 대한 설명 중 틀린 것은?

① 실속은 무게, 하중계수, 비행속도, 밀도 고도와 관계없이 항상 같은 받음각 속에 서 발생한다.

② 실속의 직접적인 원인은 과도한 취부각 때문이다.

③ 임계 받음각을 초과할 수 있는 경우는 고속비행, 저속비행, 깊은 선회비행이다.

④ 날개의 윗면을 흐르는 공기 흐름이 조 기에 분리되어 형성된 와류가 확산되어 더 이상 양력을 발생하지 못 할 때 발생 한다.

**20** 안정성에 관하여 연결한 것 중 틀린 것은 ?

① 가로 안정성 – rolling                    ② 세로 안정성 – pitching

③ 방향 안정성 – yawing                    ④ 방향안정성 - rolling & yawing

**21** 물질 1g의 온도를 1℃ 올리는데 요구되는 열은?

① 잠열                                          ② 열량

③ 비열                                          ④ 현열

**22** 다음 중 열량에 대한 내용으로 맞는 것은?

① 물질의 온도가 증가함에 따라 열에너지를 흡수할 수 있는 양

② 물질 10g의 온도를 10℃ 올리는데 요구되는 열

③ 온도계로 측정한 온도

④ 물질의 하위 상태로 변화시키는 데 요 구되는 열에너지

**23** 기온과 이슬점 기온의 분포가 5% 이하일 때 예측 대기현상은?

① 서리                                          ② 이슬비

③ 강수                                          ④ 안개

**24** 강수 발생률을 강화시키는 것은?

① 온난한 하강기류                            ② 수직활동

③ 상승기류                                      ④ 수평활동

25 푄 현상의 발생조건이 아닌 것은?

① 지형적 상승현상          ② 습한 공기

③ 건조하고 습윤단열기온감률      ④ 강한 기압경도력

26 우리나라에 영향을 미치는 기단 중 초여름 장마기에 해양성 한대 기단으로 불연속선의 장마전선을 이루어 영향을 미치는 기단은?

① 시베리아 기단           ② 양쯔강 기단

③ 오호츠크 기단          ④ 북태평양 기단

27 뇌우 형성조건이 아닌 것은?

① 대기의 불안정          ② 풍부한 수증기

③ 강한 상승기류          ④ 강한 하강기류

28 습윤하고 온난한 공기가 한랭한 육지나 수면으로 이동해 오면 하층부터 냉각되어 공기 속의 수증기가 응결되어 생기는 안개로 바다 에서 주로 발생하는 안개는?

① 활승안개              ② 이류안개

③ 증기안개             ④ 복사안개

29 가열된 공기와 냉각된 공기의 수직순환 형태를 무엇이라고 하는가?

① 복사                ② 전도

③ 대류                ④ 이류

30 짧은 거리 내에서 순간적으로 풍향과 풍속 이 급변하는 현상으로 뇌우, 전선, 깔때기 형태의 바람, 산악파 등에 의해 형성되는 것은?

① 윈드시어            ② 돌풍

③ 회오리바람         ④ 토네이도

31 초경량비행장치 사고로 분류할 수 없는 것은?

① 초경량비행장치에 의한 사람의 사망, 중상 또는 행방불명

② 초경량비행장치의 덮개나 부분품의 고장

③ 초경량비행장치의 추락, 충돌 또는 화재 발생

④ 초경량비행장치의 위치를 확인할 수 없거나 비행장치에 접근이 불가할 경우

32　초경량비행장치의 말소신고의 설명 중 틀린 것은?

① 사유 발생일로부터 30일 이내에 신고하여야 한다.

② 비행장치가 멸실된 경우 실시한다.

③ 비행장치의 존재 여부가 2개월 이상 불분명할 경우 실시한다.

④ 비행장치가 외국에 매도된 경우 실시한다.

33　다음 공역 중 통제공역이 아닌 것은?

① 비행금지 구역　　　　　　　　　　② 비행제한 구역

③ 초경량비행장치 비행제한 구역　　　④ 군 작전구역

34　초경량비행장치 조종자 전문교육기관 지정 시의 시설 및 장비 보유 기준으로 틀린 것은?

① 강의실 및 사무실 각 1개 이상　　　② 이·착륙 시설

③ 훈련용 비행장치 1대 이상　　　　　④ 훈련용 비행장치 최소 3대 이상

35　다음 중 법령, 규정, 절차 및 시설 등의 주요한 변경이 장기간 예상되거나 비행기 안전에 영향을 미치는 것의 통지와 기술, 법령 또는 순수한 행정사항에 관한 설명과 조언의 정보를 통지하는 것은 무엇인가?

① 항공고시보(NOTAM)　　　　　　　② 항공정보간행물(AIP)

③ 항공정보 회람(AIC)　　　　　　　　④ AIRAC

36　다음 중 초경량무인비행장치 비행허가 승인에 대한 설명으로 틀린 것은?

① 비행금지구역(P-73, P-61등) 비행허가는 군에 받아야 한다.

② 공역이 두 개 이상 겹칠 때는 우선하는 기관에 허가를 받아야 하다.

③ 군 관제권 지역의 비행허가는 군에서 받아야 한다.

④ 민간 관제권 지역의 비행허가는 국토부의 비행승인을 받아야 한다.

**37** 초경량비행장치 운용제한에 관한 설명 중 틀린 것은?

① 인구밀집지역이나 사람이 운집한 장소 상공에서 비행하면 안 된다.

② 인명이나 재산에 위험을 초래할 우려가 있는 낙하 물을 투하하면 안 된다.

③ 보름달이나 인공조명 등이 밝은 곳은 야간에 비행할 수 있다.

④ 안개 등으로 인하여 지상목표물이 육안으로 식별할 수 없는 상태에서 비행하여서는 안 된다.


**38** 조종자격증명 취득의 설명 중 맞는 것은?

① 자격증명 취득 연령은 만 14세, 교관 조종자격증명은 만 20세 이상이다.

② 자격증명과 교관자격증명 취득 연령은 모두 만 14세 이상이다.

③ 자격증명과 교관자격증명 취득 연령은 모두 만 20세 이상이다.

④ 자격증명 취득 연령은 만 14세, 교관 조종자격증명은 만 25세 이상이다.


**39** 무인 멀티콥터의 비행과 관련한 사항 중 틀린 것은?

① 최대 이륙중량 25kg이하 기체는 비행금지구역 및 관제권을 제외한 공역에서 고도 150m이하에서는 비행 승인 없이 비행이 가능하다.

② 최대 이륙중량 25kg 초과 기체는 전 공역 에서 사전 비행승인 후 비행이 가능하다.

③ 초경량비행장치 전용공역에도 사전 비행 계획을 제출 후 승인을 받고 비행한다.

④ 최대 이륙중량 상관없이 비행금지구역 및 관제권에서는 사전 비행승인 없이는 비행이 불가하다.


**40** 조종자 준수사항으로 틀린 것은?

① 야간에 비행은 금지되어 있다.

② 사람이 많은 아파트 놀이터 등에서 비행은 가능하다.

③ 음주, 마약을 복용한 상태에서 비행은 금지되어 있다.

④ 사고나 분실에 대비하여 비행장치에 소유 자 이름과 연락처를 기재하여야 한다.

**01** 안전하고 효율적인 무인항공 방제작업을 위한 필수 요원이 아닌 사람은?

① 조종자　　　　　　　　　　　② 신호자
③ 보조자　　　　　　　　　　　④ 운전자

**02** 무인비행장치 비행모드 중에서 자동복귀에 대한 설명으로 맞는 것은?

① 자동으로 자세를 잡아주면서 수평을 유지시켜주는 비행모드
② 자세제어에 GPS를 이용한 위치제어가 포함되어 위치와 자세를 잡아준다.
③ 설정된 경로에 따라 자동으로 비행하는 비행 모드
④ 비행 중 통신두절 상태가 발생했을 때 이륙 위치나 이륙 전 설정한 위치로 자동 복귀한다.

**03** 무인항공기를 지칭하는 용어로 볼 수 없는 것은?

① UAV　　　　　　　　　　　② UGV
③ RPAS　　　　　　　　　　　④ Drone

**04** 비행교육 요령으로 적합하지 않은 것은?

① 동기 유발　　　　　　　　　　② 계속적인 교시
③ 교육생 개별적 접근　　　　　　④ 비행교육 상의 과오 불인정

**05** 무인항공 방제작업 간 사고발생 요인으로 거리가 먼 것은?

① 부적절한 조종교육 및 숙달 훈련　　② 비행체의 고장과 이상
③ 과신에 의한 나홀로 비행　　　　　④ 조종자와 신호수 간의 교대비행 실시

**06** 비행 교관이 학생에게 적합한 교수 방법 적용이 잘못된 것은?

① 학생에 맞은 교수 방법 적용　　　　② 정확한 표준 조작 요구
③ 부정적인 면의 강조　　　　　　　④ 교관이 먼저 비행 원리에 정통하고 적용

**07** 무선주파수 사용에 대해서 무선국허가가 필요치 않은 경우는?

① 가시권 내의 산업용 무인비행장치가 미 약주파수 대역을 사용할 경우

② 가시권 밖에 고출력 무선장비 사용 시

③ 항공촬영 영상수신을 위해 5.8Ghz의 3W 고출력 장비를 사용할 경우

④ 원활한 운용자 간 연락을 위해 고출력 산업용 무전기를 사용하는 경우


**08** 무인비행장치 조종자에 의해 관리되어야 할 위험관리 요소로서 거리가 먼 것은?

① 비행장치(본체의 상태와 연료 등)

② 상황(상기의 각 요소의 정확한 상황 확인)

③ 조종자(정신적·신체적 건강 상태나 음 주, 피로 등)

④ 환경(교통상황, 수질오염 등)


**09** 초경량무인비행장치 배터리의 종류가 아닌 것은?

① 니켈 카드뮴(Ni-Cd)　　　　　　② 니켈(메탈)수소 (Ni-MH)

③ 니켈아연(Ni-Zi)　　　　　　　④ 니켈폴리머(Ni-Po)


**10** 무인멀티콥터를 이용한 항공촬영 작업 간 인원 구성으로 부적절한 인원은?

① 비행 교관　　　　　　　　　② 비행체 조종자

③ 카메라운용자　　　　　　　　④ 주변 안전관리자


**11** 무인비행장치를 이용하여 비행 시 유의사항이 아닌 것은?

① 정해진 용도 이외의 목적으로 사용하지 말아야 한다.

② 고압 송전선 주위에서 비행하지 말아야 한다.

③ 추락, 비상착륙 시는 인명, 재산의 보호를 위해 노력해야 한다.

④ 공항 및 대형 비행장 반경 5km를 벗어나면 관할 관제탑의 승인 없이 비행하여도 된다.


**12** 총 무게가 5kg인 비행장치가 45도의 경사로 동 고도로 선회할 때 총 하중계수는 얼마인가?

① 5kg　　　　　　　　　　② 6kg

③ 7.5kg　　　　　　　　　④ 10kg

**13** 상대풍의 설명 중 틀린 것은?

① Airfoil에 상대적인 공기의 흐름이다.

② Airfoil의 움직임에 의해 상대풍의 방향 은 변하게 된다.

③ Airfoil의 방향에 따라 상대풍의 방향도 달라지게된다.

④ Airfoil이 위로 이동하면 상대풍도 위로 향하게 된다.

**14** 베르누이 정리에 의한 압력과 속도와의 관계는?

① 압력증가, 속도 증가

② 압력증가, 속도 감소

③ 압력증가, 속도 일정

④ 압력감소, 속도 일정

**15** 지면효과를 받을 때의 설명 중 잘못된 것은?

① 받음 각이 증가한다.

② 항력의 크기가 증가한다.

③ 양력의 크기가 증가한다.

④ 같은 출력으로 많은 무게를 지탱할 수 있다.

**16** 멀티콥터의 이동방향이 아닌 것은?

① 전진

② 후진

③ 회전

④ 배면

**17** 무인동력비행장치의 전, 후진비행을 위하여 어떤 조종장치를 조작하는가?

① 쓰로틀

② 엘리베이터

③ 에일러론

④ 러더

**18** 무인헬리콥터와 멀티콥터의 양력발생원리 중 맞는 것은?

① 멀티콥터 : 고정 피치

② 멀티콥터 : 변동 피치

③ 헬리콥터 : 고정 피치

④ 헬리콥터 : 고정 및 변동 피치

**19** 대기 중의 수증기의 양을 나타내는 것은?

① 습도

② 기온

③ 밀도

④ 기압

**20** 이슬비란 무엇인가?

① 빗방울 크기가 직경 0.5mm 이하일 때 　② 빗방울 크기가 직경 0.7mm 이하일 때

③ 빗방울 크기가 직경 0.9mm 이하일 때 　④ 빗방울 크기가 직경 1mm 이하일 때

**21** 기온의 변화가 거의 없으며 평균 높이가 약 17km의 대기권 층은 무엇인가?

① 대류권 　② 대류권계면

③ 성층권계면 　④ 성층권

**22** 이류안개가 가장 많이 발생하는 지역은 어디인가?

① 산 경사지 　② 해안지역

③ 수평 내륙지역 　④ 산간 내륙지역

**23** 태풍의 세력이 약해져서 소멸되기 직전 또는 소멸되어 무엇으로 변하는가?

① 열대성 고기압 　② 열대성 저기압

③ 열대성 폭풍 　④ 편서풍

**24** 항공정기기상보고에서 바람 방향, 즉 풍향의 기준은 무엇인가?

① 자북 　② 진북

③ 도북 　④ 자북과 도북

**25** 다음 중 착빙에 관한 설명 중 틀린 것은?

① 착빙은 지표면의 기온이 추운 겨울철에 만 발생하며 조심하면 된다.

② 항공기의 이륙을 어렵게 하거나 불가능 하게도 할 수 있다.

③ 양력을 감소시킨다.

④ 마찰을 일으켜 항력을 증가시킨다.

**26** 초경량비행장치를 이용하여 비행정보구역 내에 비행 시 비행계획을 제출하여야 하는 데 포함사항이 아닌 것은?

① 항공기의 식별부호 　② 항공기 탑재 장비

③ 출발비행장 및 출발예정시간 　④ 보안 준수사항

**27** 초경량동력비행장치를 소유한 자는 지방항공청장에게 신고하여야 한다. 이때 첨부하여야 할 것이 아닌 것은?

① 장비의 제원 및 성능표

② 소유하고 있음을 증명하는 서류

③ 비행안전을 확보하기 위한 기술상의 기준에 적합함을 증명하는 서류

④ 비행장치의 설계도, 설계 개요서, 부품 목록 등


**28** 다음 중 초경량비행장치를 사용하여 비행 할 때 자격증명이 필요한 것은?

① 패러글라이                    ② 낙하산

③ 회전익 비행장치          ④ 계류식 기구


**29** 다음의 초경량비행장치 중 국토부로 정하는 보험에 가입하여야 하는 것은?

① 영리 목적으로 사용되는 인력 활공기     ② 개인의 취미활동에 사용되는 행글라이더

③ 영리 목적으로 사용되는 동력비행장치     ④ 개인의 취미활동에 사용되는 낙하산


**30** 다음 중 초경량비행장치에 속하지 않는 것은?

① 동력비행장치                ② 회전익 비행장치

③ 패러플레인                  ④ 비행선


**31** 신고를 하지 않아도 되는 초경량비행장치는?

① 동력비행장치                ② 인력활공기

③ 회전익비행장치            ④ 초경량헬리콥터


**32** 항공고시보(NOTAM)의 최대 유효기간은?

① 1개월                     ② 3개월

③ 6개월                     ④ 12개월


**33** 초경량비행장치를 소유한 자가 신고 시 누구에게 신고하는가?

① 지방항공청장               ② 국토부 첨단항공과

③ 국토부 자격과            ④ 초경량헬리콥터

**34** 초경량비행장치를 멸실하였을 경우 신고기간은?

① 15일                   ② 30일

③ 3개월                ④ 6개월

**35** 다음 중 초경량비행장치의 비행 가능한 지역은 어느 것인가?

① (RK)R-14           ② UFA

③ MOA               ④ P65

**36** 다음 중 초경량비행장치의 기준이 잘못된 것은?

① 동력비행장치는 1인석에 115kg이하

② 행글라이더 및 패러글러이더는 중량 70kg 이하

③ 무인동력비행장치는 연료 제외 자체 중량 115kg 이하

④ 무인비행선은 연료 제외 자체중량 180kg 이하

**37** 다음 중 회전익 비행장치로 구성된 것은?

| 가. 무인비행기 | 나. 동력비행장치 | 다. 초경량헬리콥터 |
|---|---|---|
| 라. 초경량 자이로플랜 | 마. 행글라이더 | 바. 무인비행선 |

① 가, 나               ② 나, 다

③ 다, 라               ④ 라, 마

# 초경량비행장치 필기기출문제

**01** 다음 중 공항시설법상 유도로 등의 색은?

① 녹색                        ② 청색

③ 백색                        ④ 황색

**02** 항공기에 작용하는 힘에 대한 설명 중 틀린 것은?

① 양력의 크기는 속도의 제곱에 비례한다.     ② 항력은 비행기의 반음각에 따라 변한다.

③ 추력은 비행기의 반음각에 따라 변하지 않는다.   ④ 중력은 속도에 비례한다.

**03** 회전익비행장치의 유동력침하가 발생될 수 있는 비행조건이 아닌 것은?

① 높은 강하율로 오토로테이션 접근 시

② 배풍접근 시

③ 지면효과 밖에서 하버링을 하는 동안 일정 한 고도를 유지하지 않을 것

④ 편대비행 접근 시

**04** 초경량비행장치 비행계획승인 신청 시 포함 되지 않는 것은?

① 비행경로 및 고도                ② 동승자의 소지자격

③ 조종자의 비행경력                ④ 비행장치의 종류 및 형식

**05** 국토교통부령으로 정하는 초경비행장치를 사용하여 비행하려는 사람은 비행안전을 위한 기술상의 기준에 적합하다는 안전성인증을 받아야 한다. 다음 중 안전성 인증대상이 아닌 것은?

① 무인기구류                     ② 무인비행장치

③ 회전익비행장치               ④ 착륙장치가 없는 동력패러글라이더

**06** 국토교통부장관에게 소유신고를 하지 않아도 되는 것은?

① 동력비행장치
② 초경량 헬리콥터
③ 초경량 자이로플레인
④ 계류식 무인비행장치

**07** 회전익무인비행장치의 기체 및 조종기의 배터리 점검사항 중 틀린 것은?

① 조종기에 있는 배터리 연결단자의 헐거워 지거나 접촉불량 여부를 점검한다.
② 기체의 배선과 배터리와의 고정 볼트의 고정 상태를 점검한다.
③ 배터리가 부풀어 오른 것을 사용하여도 문제없다.
④ 기체 배터리와 배선의 연륙부위의 부식을 점검한다.

**08** 항공기의 항행안전을 저해할 우려가 있는 장애물 높이가 지표 또는 수면으로부터 몇 미터 이상이면 항공 장애 표시등 및 항공장애 주간 표지를 설치하여야 하는가? (단, 장애물 제한 구역 외에 한 한다.)

① 50미터
② 100 미터
③ 150미터
④ 200 미터

**09** 자동제어기술의 발달에 따른 항공사고 원인이 될 수 없는 것이 아닌 것은?

① 불충분한 사전학습
② 기술의 진보에 따른 빠른 즉각적 반응
③ 새로운 자동화 장치의 새로운 오류
④ 자동화의 발달과 인간의 숙달 시간차

**10** 회전익비행장치가 제자리 비행 상태로부터 전진비행으로 바뀌는 과도적인 상태는?

① 횡단류 효과
② 전이 비행
③ 자동 회전
④ 지면 효과

**11** 무인헬리콥터의 조종기를 장기간 사용하지 않을 경우 일반적인 관리요령이 아닌 것은?

① 보관온도에 상관없이 보관한다.
② 서늘한 곳에 장소 보관한다.
③ 배터리를 분리해서 보관한다.
④ 케이스에 보관한다.

**12** 초경량비행장치의 멸실 등의 사유로 신고를 말소할 경우에 그 사유가 발생한 날부터 몇일 이내에 지방항 공청장에게 말소신고서를 제출하여야 하는가?

① 5일 ② 10일

③ 15일 ④ 30일

**13** 난기류 (Turbulence)를 발생시키는 주요인이 아닌 것은?

① 안정된 대기상태 ② 바람의 흐름에 대한 장애물

③ 대형 항공기에서 발생하는 후류의 영향 ④ 기류의 수직 대류현상

**14** 동력비행장치는 자체 중량이 몇 킬로그램(Kg) 이하 이어야 하는가?

① 70 Kg ② 100 Kg

③ 115 Kg ④ 250 Kg

**15** 메일 블레이드의 밸런스 측정 방법 중 옳지 않은 것은?

① 메인 블레이드 각각의 무게가 일치 하는지 측정한다.

② 메인 블레이드 각각의 중심(C.G)이 일치 하는지 측정한다.

③ 양손에 들어보아 가벼운 쪽에 밸런싱 테잎을 감아 준다.

④ 양쪽 블레이드의 드레그 홀에 축을 끼워 앞전이 일치하는지 측정한다.

**16** 항공시설, 업무, 절차, 또는 위험요소의 신설, 운영상태 및 그 변경에 관한 정보를 수록하여 전기통신 수단으로 항공종사자들에게 배포하는 공고문은?

① AIC ② AIP

③ AIRAC ④ NOTAM

**17** 다음 중 기압에 대한 설명으로 틀린 것은?

① 일반적으로 고기압권에서는 날씨가 맑고 저기압권에서는 날씨가 흐린 경향을 보인다.

② 북반구 고기압 지역에서 공기흐름은 시계방향으로 회전하면서 확산된다.

③ 등압선의 간격이 클수록 바람이 약하다.

④ 해수면 기압 또는 동일한 기압대를 형성하는 지역을 따라서 그은 선을 등고선이라 한다.

**18** 현재의 지상기온이 31℃ 일 때 3,000피트 상공의 기온은? (단, 조건은 ISA 조건이다)

① 25℃                                    ② 37℃

③ 29℃                                    ④ 34℃

**19** 비행 중 조종기의 배터리 경고음이 울렸을 때 취해야 할 행동은?

① 즉시 기체를 착륙시키고 엔진 시동을 정지 시킨다.

② 경고음이 꺼질 때까지 기다려본다.

③ 재빨리 송신기의 배터리를 예비 배터리로 교환한다.

④ 기체를 원거리로 이동시켜 제자리 비행으로 대기한다.

**20** 다음 연료 여과기에 대한 설명 중 가장 타당한 것은?

① 연료 탱크 안에 고여 있는 물이나 침전물을 외부로 빼내는 역할을 한다.

② 외부 공기를 기화된 연료와 혼합하여 실린더 입구로 공급한다.

③ 엔진 사용 전에 흡입구에 연료를 공급한다.

④ 연료가 엔진에 도달하기 전에 연료의 습기나 이물질을 제거한다.

**21** 바람에 대한 설명으로 틀린 것은?

① 풍속의 단위는 m/s, Knot 등을 사용한다.

② 풍향은 지리학상의 진북을 기준으로 한다.

③ 풍속은 공기가 이동한 거리와 이에 소요되는 시간의 비(比) 이다.

④ 바람은 기압이 낮은 곳에서 높은 곳으로 흘러가는 공기의 흐름이다.

**22** 회전익무인비행장치의 비행 준비사항으로 적절하지 않은 것은?

① 기체 크기                              ② 기체 배터리 상태

③ 조종기 배터리 상태                     ④ 조종사의 건강상태

**23** 회전익 무인비행장치의 비행 준비사항으로 적절하지 않은 것은?

① 기체 크기                              ② 기체 배터리 상태

③ 조종기 배터리 상태                     ④ 조종사의 건강 상태

**24** 안개가 발생하기 적합한 조건이 아닌 것은?

① 대기의 성층이 안정할 것  ② 냉각작용이 있을 것

③ 강한 난류가 존재할 것  ④ 바람이 없을 것


**25** 다음의 〈보기〉 설명에 해당하는 것은?

- 소음의 발생을 억제한다.
- 동력용 엔진의 배기구에 결합되며 엔진열의 발열을 감소시키는 역할도 한다.
- 비행 직후에는 많은 열을 발생시켜 주의가 필요하다.

① 메인 블레이드  ② 테일 블레이드

③ 연료 탱크  ④ 머플러


**26** 초경량비행장치 조종자 자격시험에 응시할 수 있는 최소 연령은?

① 만 12세 이상  ② 만 13세 이상

③ 만 14세 이상  ④ 만 18세 이상


**27** 항공안전법에서 정한 용어의 정의가 맞는 것은?

① 관제구 - 평균해수면으로부터 500미터 이상 높이의 공역으로서 항공교통의 통제를 위하여 지정된 공역

② 항공등화 - 전파, 불빛, 색채 등으로 항공기 항행을 돕기 위한 시설

③ 관제권 - 비행장 및 그 주변의 공역으로서 항공교통의 안전을 위하여 지정된 공역

④ 항행안전시설 - 전파에 의해서만 항공기 항행을 돕기 위한 시설


**28** 초경량비행장치 조종자 전문교육기관이 확보해야 할 지도조종자의 최소비행시간은?

① 50시간  ② 100시간

③ 150시간  ④ 200시간


**29** 항공종사자가 업무를 정상적으로 수행할 수 없는 혈중 알콜 농도의 기준은?

① 0.02% 이상  ② 0.03% 이상

③ 0.05% 이상  ④ 0.5% 이상

**30** 무인 헬리콥터 선회 비행 시 발생하는 슬립과 스키드에 대한 설명 중 가장 적절한 것은?

① 슬립은 헬리콥터 선회 시 기수가 올라가는 현상을 의미한다.

② 슬립과 스키드는 모두 꼬리 회전날개 반토오크가 적절치 못해 발생한다.

③ 스키드는 헬리콥터 선회 시 기수가 내려가는 현상을 의미한다.

④ 슬립과 스키드는 헬리콥터 선회 시 기수가 선회 중심 방향으로 돌아가는 현상을 의미한다.

**31** 주로 봄과 가을에 이동성 고기압과 함께 동진해 와서 따뜻하고 건조한 일기를 나타내는 기단은?

① 오호츠크해기단        ② 양쯔강기단

③ 북태평양기단        ④ 적도기단

**32** 공기밀도에 관한 설명으로 틀린 것은?

① 온도가 높아질수록 공기밀도도 증가한다.

② 일반적으로 공기밀도는 하층보다 상층이 낮다.

③ 수증기가 많이 포함될수록 공기밀도는 감소 한다.

④ 국제표준대기(ISA)의 밀도는 건조공기로 가정했을 때의 밀도이다.

**33** 다음 〈보기〉가 설명하는 용어는?

> 날개골의 임의 지점에 중심을 잡고 받음각의 변화를 주면 기수를 들리고 내리는 피칭모멘트가 발생하는데 이 모멘트의 값이 받음각에 관계없이 일정한 지점을 말한다.

① 압력중심 (Center of Pressure)        ② 공력중심 (Aerodynamic Center)

③ 무게중심 (Center of Gravity)        ④ 평균공력시위 (Mean Aerodynamic Chord)

**34** 초경량비행장치에 의하여 중사고가 발생한 경우 사고조사를 담당하는 기관은?

① 관할 지방항공청        ② 항공교통관제소

③ 교통안전공단        ④ 항공 철도사고조사위원회

**35** 다음 중 무인회전익비행장치가 고정익형 무인비행기와 비행 특성이 가장 다른 점은?

① 우선회비행        ② 정지비행

③ 좌선회비행        ④ 전진비행

**36** 항공기 날개의 상하부를 흐르는 공기의 압력차에 의해 발생하는 압력의 원리는?

① 작용 - 반작용의 법칙        ② 가속도의 법칙

③ 베르누이의 정리        ④ 관성의 법칙

**37** 구름의 형성 요인 중 가장 관련이 없는 것은?

① 냉각 (Cooling)        ② 수증기 (Water vapor)

③ 온난전선 (Warm front)        ④ 응결핵 (Condensation nuclei)

**38** 다음 중 무인회전익 비행장치에 사용되는 엔진으로 가장 부적합한 것은?

① 왕복엔진        ② 로터리엔진

③ 터보팬 엔진        ④ 가솔린 엔진

**39** 비행 후 기체 점검 사항 중 옳지 않은 것은?

① 동력계통 부위의 볼트 조임상태 등을 점검 하고 조치한다.

② 메인 블레이드, 테일 블레이드의 결합상태, 파손 등을 점검한다.

③ 남은 연료가 있을 경우 호버링 비행하여 모두 소모시킨다.

④ 송 수신기의 배터리 잔량을 확인하여 부족시 충전한다.

**40** 착빙(Icing) 에 대한 설명 중 틀린 것은?

① 양력과 무게를 증가시켜 추진력을 감소시키고 항력은 증가시킨다.

② 거진 착빙도 항공기 날개의 공기역학에 심각한 영향을 줄 수 있다.

③ 착빙은 날개뿐만 아니라 carburetor, pitot관 등에도 발생한다.

④ 습한 공기가 기체 표면에 부딪치면서 결빙이 발생하는 현상이다.

**01** 국제민간항공기구 (ICAO)에서 공식용어로 사용하는 무인항공기 용어는?

① Drone
② UAV
③ RPV
④ RPAS

**02** 고기압 지역에서 저기압 지역으로 고도계 조정 없이 비행하면 고도계는 어떻게 변화하는가?

① 해면 위 실제 고도보다 낮게 지시
② 해면 위 실제 고도 지시
③ 해면 위 실제 고도보다 높게 지시
④ 변화하지 않는다.

**03** 우리나라에 영향을 미치는 기단 중 초여름 장마기에 해양성 한대 기단으로 불연속선의 장마전선을 이루어 양향을 미치는 기단은?

① 시베리아 기단
② 양쯔강 기단
③ 오호츠크 기단
④ 북태평양 기단

**04** 다음 중 법령, 규정, 절차 및 시설 등의 주요한 변경이 장기간 예상되거나 비행기 안전에 영향을 미치는 것의 통지와 기술, 법령 또는 순수한 행정사항에 관한 설명과 조언의 정보를 통지하는 것은 무엇인가?

① 항공고시보 (NOTAM)
② 항공정보간행물 (AIP)
③ 항공정보 회람 (AIC)
④ AIRAC

**05** 대기의 기온이 0℃ 이하에서도 물방울이 액체로 존재하는 것은?

① 응결수
② 과냉각수
③ 수증기
④ 용해수

**06** 다음 중 고기압이나 저기압 시스템의 설명에 관하여 맞는 것은?

① 고기압 지역 또는 마루에서 공기는 올라간다.
② 고기압 지역 또는 마루에서 공기는 내려간다.

③ 저기압 지역 또는 골에서 공기는 정체한다.

④ 저기압 지역 또는 골에서 공기는 내려간다.

**07** 멀티콥터의 비행원리에서 축에 고정된 모터가 시계방향으로 로터를 회전시킬 경우 이 모터 축에는 반시계방향으로 힘이 작용하게 되는데 이것은 뉴톤의 운동법칙 중 무슨 법칙인가?

① 가속도의 법칙　　　　　　　　② 관성의 법칙

③ 작용반작용의 법칙　　　　　　④ 등가속도의 법칙

**08** 다음 중 안전관리제도에 대한 설명으로 틀린 것은?

① 이륙중량이 25kg이상이면 안정성검사와 비행 시 비행승인을 받아야 한다.

② 자체 중량이 12kg이하이면 사업을 하더라도 안정성검사를 받지 않아도 된다.

③ 무게가 약 2kg인 취미, 오락용 드론은 조종자 준수사항을 준수하지 않아도 된다.

④ 자체 중량이 12kg 이상이라도 개인 취미용으로 활용하면 조종자격증명이 필요 없다.

**09** 다음 중 초경량무인비행장치 비행허가 승인에 대한 설명으로 틀린 것은?

① 비행금지구역 비행허가는 군에 받아야 한다.

② 공역이 두 개 이상 겹칠 때는 우선하는 기관에 허가를 받아야 한다.

③ 군 관제권 지역의 비행허가는 군에서 받아야 한다.

④ 민간 관제권 지역의 비행허가는 국토부의 비행승인을 받아야 한다.

**10** 리튬폴리머 (LI-Po) 배터리 취급에 대한 설명으로 옳은 것은?

① 폭발위험이나 화재 위험이 적어 충격에 잘 견딘다.

② 50℃ 이상의 환경에서 사용될 경우 효율이 높아진다.

③ 수중에 장비가 추락했을 경우에는 배터리를 잘 닦아서 사용한다.

④ -10℃ 이하로 사용될 경우 영구히 손상되어 사용불가 상태가 될 수 있다.

**11** 헬리콥터 또는 회전익 비행장치의 특성이 아닌 것은?

① 제자리, 측면, 후방 비행이 가능하다.　　　② 엔진 정지 시 자동 활공이 가능하다.

③ 동적으로 불안하다.　　　　　　　　　　④ 최저 속도를 제한한다.

**12** 대기 중 산소의 분포율은 얼마인가?

① 10%

② 21%

③ 30%

④ 60%

**13** 비행장치의 무게 중심은 주로 어느 축을 따라서 계산되는가?

① 가로축

② 세로축

③ 수직축

④ 세로축과 수직축

**14** 항력과 속도와의 관계 설명 중 틀린 것은?

① 항력은 속도제곱에 비례한다.

② 유해항력은 거의 모든 항력을 포함하고 있어 저속 시 작고, 고속 시 크다.

③ 형상항력은 블레이드가 회전할 때 발생하는 마찰성 저항이므로 속도가 증가하면 점차 증가 한다.

④ 유도항력은 하강풍인 유도기류에 의해 발생하므로 저속과 제자리 비행 시 가장 크며, 속도가 증가할수록 감소한다.

**15** 초경량동력비행장치를 소유한 자는 지방항공청장에게 신고하여야 한다. 이때 첨부하여야 할 것이 아닌 것은?

① 장비의 제원 및 성능표

② 소유하고 있음을 증명하는 서류

③ 비행안전을 확보하기 위한 기술상의 기준에 적합함을 증명하는 서류

④ 비행장치의 설계도, 설계 개요서, 부품 목록 등

**16** 비행교육 후 평가의 원칙으로 적절하지 않는 것은?

① 평가자는 적법한 자격이 없어도 평가할 수 있다.

② 평가 방법은 표준화 되어야 한다.

③ 평가 목적이 이해되어야 한다.

④ 구체적인 평가 결과를 산출한다.

**17** 지표면에서 기온역전이 가장 잘 일어날 수 있는 조건은?

① 바람이 많고 기온차가 매우 높은 낮

② 약한 바람이 불고 구름이 많은 밤

③ 강한 바람과 함께 강한 비가 내리는 낮

④ 맑고 약한 바람이 존재하는 서늘한 밤

**18** 다음 중 초경량비행장치를 사용하여 비행할 때 자격증명이 필요한 것은?

① 패러글라이더
② 낙하산
③ 회전익 비행장치
④ 계류식 기구

**19** 무인헬리콥터에서 주 로터와 함께 회전면의 균형과 안정성을 높여 주는 것은?

① 스테빌라이저 (안정바)
② T/R
③ 드라이브 샤프트
④ 마스트

**20** 무인항공 시스템에서 비행체와 지상통제시스템을 연결시켜 주어 지상에서 비행체를 통제 가능하도록 만들어 주는 장치는 무엇인가?

① 비행체
② 탑재 임무장비
③ 데이터링크
④ 지상통제장비

**21** 산악지형에서의 렌즈형 구름이 나타내는 것은 무엇 때문인가?

① 불안정 공기
② 비구름
③ 난기류
④ 역전형상

**22** 해수면에서의 표준 온도와 기압은?

① 15℃, 29.92" inch. Hg
② 59℉, 29.92"Hg
③ 59℉, 1013.2"inch.Hg
④ 15℃, 1013.2"Hg

**23** 항공기 사격, 대공사격 등으로 인한 위험으로부터 항공기의 안전을 보호하거나 그 밖의 이유로 비행허가를 받지 아니한 항공기의 비행을 제한하는 공역은?

① 비행금지 구역
② 비행제한 구역
③ 군 작전 구역
④ 위험 구역

**24** 무인항공방제 작업 시 조종자, 신호자, 보조자의 설명으로 부적합한 것은?

① 비행에 관한 최종 판단은 작업 허가자가 한다.
② 신호자는 장애물 유무와 방제 끝부분 도착여부를 조종자에게 알려준다.

③ 보조자는 살포하는 약제, 연료 포장 안내 등을 해 준다.

④ 조종자와 신호자는 모두 유자격자로서 교대로 조종작업을 실시한다.

25 베르누이 정리에 대한 바른 설명은?

① 베르누이 정리는 밀도와는 무관하다.

② 유체의 속도가 증가하면 정압이 감소한다.

③ 위치 에너지의 변화에 의한 압력이 동압이다.

④ 정상 흐름에서 정압보가 동압의 합은 일정하지 않다.

26 우박형성과 가장 밀접한 구름은?

① 적운                          ② 적란운

③ 층적운                     ④ 난층운

27 초경량비행장치 사고를 일으킨 조종자 또는 소유자는 사고 발생 즉시 지방항공청장에게 보고하여야 하는데 그 내용이 아닌 것은?

① 초경량비행장치 소유자의 성명 또는 명칭     ② 사고의 정확한 원인분석 결과

③ 사고의 정위                                ④ 사람의 사상 또는 물건의 파손 개요

28 비행교관의 심리적 지도 기법 설명으로 타당한 것은?

① 교관의 입장에서 인간적으로 접근하여 대화를 통해 해결책을 강구

② 교관의 입장에서 인간적으로 접근적으로 대화를 통해 해결책을 강구

③ 경쟁심리를 자극하지 않고 잠재적 장점을 표출

④ 잘못에 대한 질책은 여러 번 반복한다.

29 바람을 느끼고 나뭇잎이 흔들리기 시작할 때의 풍속은 어느 정도인가?

① 0.3~1.5 m/s                  ② 1.6~3.3 m/s

③ 3.4~5.4 m/s                  ④ 5.5~7.9 m/s

**30** 무인비행장치 운용에 따라 조종자가 작성할 문서가 아닌 것은?

① 비행훈련기록부        ② 항공기 이력부

③ 조종사 비행기록부       ④ 정기검사 기록부

**31** 항공법 상 신고를 필요로 하지 아니하는 초경량비행장치의 범위가 아닌 것은?

① 동력을 이용하지 아니하는 비행장치

② 낙하산류

③ 무인비행기 및 무인회전익 비행장치 중에서 연료의 무게를 제외한 자체무게가 12kg 이하인 것

④ 군사 목적으로 사용되지 아니하는 초경량비행장치

**32** 태풍이 세력이 약해져서 소멸되기 직전 또는 소멸되어 무엇으로 변하는가?

① 열대성 고기압         ② 열대성 저기압

③ 열대성 폭풍          ④ 편서풍

**33** 회전익 무인비행장치 형태 중에서 상하부에 로터가 장착되어 회전익의 단점인 반토큐 현상을 상쇄시키는 원리를 가진 것은?

① 헬리콥터            ② 멀티콥터

③ 동축반전            ④ 틸트로터

**34** 양력에 관한 설명 중 틀린 것은?

① 합력 상대풍에 수직으로 작용하는 항공역학적인 힘이다.

② 양력계수, 공기밀도, 속도의 제곱, Airfoil 의 면적에 비례한다.

③ 양력계수란 Airfoil에 작용하는 힘에 의해 부양하는 정도를 수치화 한 것이다.

④ 양력의 양은 조종사가 모두 조절가능하다.

**35** 무인항공 방제작업에 필요한 개인 안전장구로 거리가 먼 것은?

① 헬멧              ② 마스크

③ 전파모니터         ④ 위생장갑

**36** 초경량비행장치를 이용하여 비행정보구역 내에 비행 시 비행계획을 제출하여야 하는데 포함사항이 아닌 것은?

① 비행의 방식 및 종류
② 순항속도, 순항고도 및 예정항로
③ 비상 무선주파수 및 구조장비
④ 기장의 연락처

**37** 대기에서 상대습도 100%라는 것은 무엇을 의미하는가?

① 현재의 기온에서 최대 가용 수증기양이 100%가용 가능하다는 것이다.
② 현재의 기온에서 최대 가용 수증기 양 대비 실제 수증기의 양이 100%라는 뜻이다.
③ 현재의 기온에서 최소 가용 수증기 양을 뜻한다.
④ 현재의 기온에서 단위 체적 당 수증기 양이 100%라는 뜻이다.

**38** 헬리콥터 또는 회전익의 자동활동비행 원리 설명 중 틀린 것은?

① 엔진이 정지되는 즉시 회전익 피치를 특정한 음(-)의 값으로 변경한다.
② 하강 시 회전하는 로터에 공력특성이 서로 다른 구역으로 형성된다.
③ 자동 회전구역에서는 로터의 회전할 수 있는 구동력이 발생되며, 로터 익단구역에서는 회전하는 로터에 저항력이 발생한다.
④ 로터의 안쪽 약 50% 영역은 실속구역으로 영각(받음각)이 커져 실속이 일어난다.

**39** 무인항공 시스템의 운용요원과 거리가 먼 것은?

① 비행 교관
② 내부조종사
③ 외부조종사
④ 탑재장비 조종관

**40** 다음 중 비행 후 점검사항이 아닌 것은?

① 수신기를 끈다.
② 송신기를 끈다.
③ 기체를 안전한 곳으로 옮긴다.
④ 열이 식을 때까지 해당부위는 점검하지 않는다.

# 초경량비행장치 필기기출문제

**01** 다음 중 공항시설법상 유도로 등의 색은?

① 녹색

② 백색

③ 청색

④ 황색

**02** 항공기에 작용하는 힘에 대한 설명 중 틀린 것은?

① 양력의 크기는 속도의 제곱에 비례한다.

② 항력은 비행기의 받음각에 따라 변한다.

③ 중력은 속도에 비례한다.

④ 추력은 비행기의 받음각에 따라 변하지 않는다.

**03** 회전익비행장치의 유동력침하가 발생될 수 있는 비행조건이 아닌 것은?

① 높은 강하율로 오토로테이션 접근 시

② 지면효과 밖에서 하버링을 하는 동안 일 정한 고도를 유지하지 않을 때

③ 배풍접근 시

④ 편대비행 접근 시

**04** 공기의 항행안전을 저해할 우려가 있는 장애물 높이가 지표 또는 수면으로부터 몇 미터 이상이면 항공장애 표시등 및 항공장애 주간표지를 설치하여야 하는가?(단 장애물 제한구역 외에 한 한다.)

① 50미터

② 100미터

③ 150미터

④ 200미터

**05** 국토교통부령으로 정하는 초경량비행장 치를 사용하여 비행하려는 사람은 비행 안전을 위한 기술상의 기준에 적합하다 는 안전성인증을 받아야 한다. 다음 중 안전성 인증대상이 아닌 것은?

① 무인기구류

② 무인비행장치

③ 회전익비행장치

④ 착륙장치가 없는 동력패러글라이더

**06** 메인 블레이드의 밸런스 측정 방법 중 옳지 않은 것은?

① 메인 블레이드 각각의 무게가 일치 하는 지 측정한다.

② 메인 블레이드 각각의 중심(C.G)이 일치 하는지 측정한다.

③ 양쪽 블레이드의 드레그 홀에 축을 끼워 앞전이 일치하는지 측정한다.

④ 양손에 들어보아 가벼운 쪽에 밸런싱 테 잎을 감아 준다.

**07** 회전익무인비행장치의 기체 및 조종기 의 배터리 점검사항 중 틀린 것은?

① 배터리가 부풀어 오른 것을 사용하여도 문제없다.

② 기체의 배선과 배터리와의 고정 볼트의 고 정 상태를 점검한다.

③ 조종기에 있는 배터리 연결단자의 헐거워지거나 접촉불량 여부를 점검한다.

④ 기체 배터리와 배선의 연결부위의 부식 을 점검한다.

**08** 초경량비행장치 비행계획승인 신청 시 포함되지 않는 것은?

① 비행경로 및 고도               ② 동승자의 소지자격

③ 조종자의 비행경력             ④ 비행장치의 종류 및 형식

**09** 자동제어기술의 발달에 따른 항공사고 원인이 될 수 없는 것이 아닌 것은?

① 불충분한 사전학습            ② 새로운 자동화 장치의 새로운 오류

③ 기술의 진보에 따른 빠른 즉각적 반응     ④ 자동화의 발달과 인간의 숙달 시간차

**10** 회전익비행장치가 제자리 비행 상태로 부터 전진비행으로 바뀌는 과도적인 상태는?

① 횡단류 효과                 ② 전이 비행

③ 자동 회전                   ④ 지면 효과

**11** 무인멀티콥터의 조종기를 장기간 사용하지 않을 경우 일반적인 관리요령이 아닌 것은?

① 서늘한 곳에 장소 보관한다.        ② 보관온도에 상관없이 보관한다.

③ 배터리를 분리해서 보관한다.        ④ 케이스에 보관한다.

**12** 현재의 지상기온이 31℃ 일 때 3,000피트 상공의 기온은?(단 조건은 ISA 조건이다.)

① 25℃

② 37℃

③ 29℃

④ 34℃

**13** 난기류(Turbulence)를 발생하는 주요인 이 아닌 것은?

① 기류의 수직 대류현상

② 바람의 흐름에 대한 장애물

③ 대형 항공기에서 발생하는 후류의 영향

④ 안정된 대기상태

**14** 동력비행장치는 자체 중량이 몇 킬로그램 이하 이어야 하는가?

① 70킬로그램

② 100킬로그램

③ 115킬로그램

④ 250킬로그램

**15** 국토교통부장관에게 소유신고를 하지 않아도 되는 것은?

① 동력비행장치

② 초경량 헬리콥터

③ 초경량 자이로플레인

④ 계류식 무인비행장치

**16** 항공시설, 업무, 절차 또는 위험요소의 신설, 운영상태 및 그 변경에 관한 정보를 수록하여 전기통신 수단으로 항공종사자들에게 배포하는 공고문은?

① AIC

② AIP

③ AIRAC

④ NOTAM

**17** 안개가 발생하기 적합한 조건이 아닌 것 은?

① 대기의 성층이 안정할 것

② 냉각작용이 있을 것

③ 바람이 없을 것

④ 강한 난류가 존재할 것

**18** 다음 중 기압에 대한 설명으로 틀린 것 은?

① 해수면 기압 또는 동일한 기압대를 형성 하는 지역을 따라서 그은 선을 등고선이 라 한다.

② 북반구 고기압 지역에서 공기흐름은 시계방향으로 회전하면서 확산된다.

③ 등압선의 간격이 클수록 바람이 약하다.

④ 일반적으로 고기압권에서는 날씨가 맑고 저기압권에서는 날씨가 흐린 경향을 보인다.

**19** 초경량비행장치의 멸실 등의 사유로 신고를 말소할 경우에 그 사유가 발생한 날 부터 몇일 이내에 지방항공청장에게 말 소신고서를 제출하여야 하는가?

① 5일                    ② 10일
③ 15일                   ④ 30일

**20** 비행 중 조종기의 배터리 경고음이 울렸 을 때 취해야 할 행동은?

① 즉시 기체를 착륙시키고 엔진 시동을 정지 시킨다.

② 경고음이 꺼질 때까지 기다려본다.

③ 재빨리 송신기의 배터리를 예비 배터리로 교환한다.

④ 기체를 원거리로 이동시켜 제자리 비행으로 대기한다.

21. 초경량비행장치 조종자 자격시험에 응시 할 수 있는 최소 연령은?

① 만 12세 이상              ② 만 13세 이상
③ 만 14세 이상              ④ 만 18세 이상

**22** 바람에 대한 설명으로 틀린 것은?

① 풍속의 단위는 m/s, Knot 등을 사용한다.

② 풍향은 지리학상의 진북을 기준으로 한다.

③ 바람은 기압이 낮은 곳에서 높은 곳으로 흘러가는 공기의 흐름이다.

④ 풍속은 공기가 이동한 거리와 이에 소요 되는 시간의 비(比)이다.

**23** 회전익무인비행장치의 비행 준비사항으로 적절하지 않은 것은?

① 기체크기                  ② 기체 배터리 상태
③ 조종기 배터리 상태         ④ 조종사의 건강상태

**24** 회전익 무인비행장치의 조종사가 비행 중 주의해야 하는 사항이 아닌 것은?

① 휴식장소                  ② 착륙장의 부유물
③ 비행지역의 장애물          ④ 조종사주변의 차량접근

**25** 항공안전법에서 정한 용어의 정의가 맞 는 것은?

① 관제구라 함은 평균해수면으로부터 500미 터 이상 높이의 공역으로서 항공교통의 통 제를 위하여 지정된 공역을 말한다.

② 항공등화라 함은 전파, 불빛, 색채 등으 로 항공기 항행을 돕기 위한 시설을 말 한다.

③ 관제권이라 함은 비행장 및 그 주변의 공역으로서 항공교통의 안전을 위하여 지정된 공역을 말한다.

④ 항행안전시설이라 함은 전파에 의해서만 항공기 항행을 돕기 위한 시설을 말한다.

**26** 전동식 멀티콥터의 기체 구성품과 거리 가 먼 것은?

① 프로펠러
② 모터와 변속기
③ 자동비행장치
④ 클러치

**27** 다음 연료 여과기에 대한 설명 중 가장 타당한 것은?

① 연료 탱크 안에 고여 있는 물이나 침전물을 외부로 빼내는 역할을 한다.

② 외부 공기를 기화된 연료와 혼합하여 린더 입구로 공급한다.

③ 엔진 사용 전에 흡입구에 연료를 공급한다.

④ 연료가 엔진에 도달하기 전에 연료의 습기나 이물질을 제거한다.

**28** 초경량비행장치 조종자 전문교육기관이 확 보해야 할 지도조종자의 최소비행시간은?

① 50시간
② 100시간
③ 150시간
④ 200시간

**29** 항공종사자가 업무를 정상적으로 수행할 수 없는 혈중 알콜농도의 기준은?

① 0.02% 이상
② 0.03% 이상
③ 0.05% 이상
④ 0.5% 이상

**30** 비행장치 또는 항공기에 작용하는 힘의 방향으로 맞는 것은?

① 양력, 마찰, 추력, 항력
② 양력, 무게, 추력, 항력
③ 양력, 무게, 동력, 마찰
④ 양력, 중력, 무게, 추력

31  주로 봄과 가을에 이동성 고기압과 함께 동진해 와서 따뜻하고 건조한 일기를 나타내는 기단은?

①오호츠크해기단 　　　　　　　　②적도기단

③북태평양기단 　　　　　　　　　④양쯔강기단


32  공기밀도에 관한 설명으로 틀린 것은?

①온도가 높아질수록 공기밀도도 증가한다.

②일반적으로 공기밀도는 하층보다 상층이 낮다.

③수증기가 많이 포함될수록 공기밀도는 감소한다.

④국제표준대기(ISA)의 밀도는 건조공기로 가정했을 때의 밀도이다.


33  다음이 설명하는 용어는?

날개골의 임의 지점에 중심을 잡고 받음각의 변화를 주면 기수를 들리고 내리는 피칭모멘트가 발생 하는데
이 모멘트의 값이 받음각에 관계없이 일정 한 지점을 말한다.

①공력중심(Aerodynamic Center) 　　　　②압력중심(Center of Pressure)

③무게중심(Center of Gravity) 　　　　　④평균공력시위(Mean Aerodynamic Chord)


34  초경량비행장치에 의하여 중사고가 발생 한 경우 사고조사를 담당하는 기관은?

①관할 지방항공청 　　　　　　　②항공교통관제소

③교통안전공단 　　　　　　　　　④항공 철도사고조사위원회


35  다음 중 무인회전익비행장치가 고정익형 무인비행기와 비행특성이 가장 다른 점 은?

①우선회비행 　　　　　　　　　　②정지비행

③좌선회비행 　　　　　　　　　　④전진비행


36  항공기 날개의 상하부를 흐르는 공기의 압력차에 의해 발생하는 압력의 원리는?

①작용-반작용의 법칙 　　　　　　②가속도의 법칙

③관성의 법칙 　　　　　　　　　　④베르누이의 정리

**37** 구름의 형성 요인 중 가장 관련이 없는 것은?

① 냉각(Cooling)  
② 수증기(Water vapor)  
③ 응결핵(Condensation nuclei)  
④ 온난전선(Warm front)

**38** 다음 중 무인회전익 비행장치에 사용되는 엔진으로 가정 부적합한 것은?

① 왕복엔진  
② 로터리엔진  
③ 터보팬 엔진  
④ 가솔린 엔진

**39** 비행 후 기체 점검 사항 중 옳지 않은 것은?

① 동력계통 부위의 볼트 조임 상태 등을 점검하고 조치한다.  
② 메인 블레이드, 테일 블레이드의 결합상태, 파손 등을 점검한다.  
③ 남은 연료가 있을 경우 호버링 비행하여 모두 소모시킨다.  
④ 송수신기의 배터리 잔량을 확인하여 부족 시 충전한다.

**40** 착빙(Icing)에 대한 설명 중 틀린 것은?

① 양력과 무게를 증가시켜 추진력을 감소시키고 항력은 증가시킨다.  
② 거친 착빙도 항공기 날개의 공기 역학에 심각한 영향을 줄 수 있다.  
③ 착빙은 날개뿐만 아니라 Carburetor, Pitot관 등에도 발생한다.  
④ 습한 공기가 기체 표면에 부딪치면서 결빙이 발생하는 현상이다.

**01** 무인멀티콥터의 조종기를 장기간 사용하지 않을 경우 일반적인 관리요령이 아닌 것은?

① 서늘한 곳에 장소 보관한다.  　　　　② 보관온도에 상관없이 보관한다.

③ 배터리를 분리해서 보관한다.  　　　　④ 케이스에 보관한다.

**02** 무인멀티콥터 비행 중 조종기의 배터리 경고음이 울렸을 때 취해야 할 행동은?

① 기체를 원거리로 이동시켜 제자리 비행으로 대기한다.

② 경고음이 꺼질 때까지 기다려본다.

③ 재빨리 송신기의 배터리를 예비 배터리로 교환한다.

④ 당황하지 말고 기체를 안전한 장소로 이동하여 착륙시켜 배터리를 교환한다.

**03** 국제민간항공기구(ICAO)에서 공식용어로 사용하는 무인항공기 용어는?

① Drone  　　　　② UAV

③ RPV  　　　　④ RPAS

**04** 리튬폴리머(LI-Po) 배터리 취급에 대한 설명으로 올바른 것은?

① -10℃ 이하로 사용될 경우 영구히 손상 되어 사용불가 상태가 될 수 있다.

② 50℃ 이상의 환경에서 사용될 경우 효율 이 높아진다.

③ 수중에 장비가 추락했을 경우에는 배터리를 잘 닦아서 사용한다.

④ 폭발위험이나 화재 위험이 적어 충격에 잘 견딘다.

**05** 비행교육 후 평가의 원칙으로 적절하지 않는 것은?

① 평가 방법은 표준화 되어야 한다.  　　　　② 평가자는 적법한 자격이 없어도 평가할 수 있다.

③ 평가 목적이 이해되어야 한다.  　　　　④ 구체적인 평가 결과를 산출한다.

**06** 무인항공 시스템에서 비행체와 지상통제시스템을 연결시켜 주어 지상에서 비행체를 통제 가능하도록 만들어 주는 장치는 무엇인가?

① 비행체  ② 탑재 임무장비
③ 지상통제장비  ④ 데이터링크

**07** 무인항공방제 작업 시 조종자, 신호자, 보조자의 설명으로 부적합한 것은?

① 신호자는 장애물 유무와 방제 끝부분 도착여부를 조종자에게 알려준다.
② 비행에 관한 최종 판단은 작업 허가자가 한다.
③ 보조자는 살포하는 약제, 연료 포장 안내 등을 해 준다.
④ 조종자와 신호자은 모두 유자격자로서 교대로 조종작업을 실시한다.

**08** 무인비행장치 운용에 따라 조종자가 작성할 문서가 아닌 것은?

① 비행훈련기록부  ② 비행체 비행기록부
③ 조종사 비행기록북  ④ 장비 정비 기록부

**09** 비행교관의 심리적 지도 기법 설명으로 타당하지 않은 것은?

① 교관의 입장에서 인간적으로 접근하여 대화를 통해 해결책을 강구
② 노련한 심리학자가 되어 학생의 근심, 불안, 긴장 등을 해소
③ 경쟁심리를 자극하지 않고 잠재적 장점 을 표출
④ 잘못에 대한 질책은 여러 번 반복한다.

**10** 무인항공 방제작업에 필요한 개인 안전 장구로 거리가 먼 것은?

① 헬멧  ② 마스크
③ 위생장갑  ④ 풍향풍속계

**11** 비행방향의 반대방향인 공기흐름의 속도 방향과 Airfoil의 시위선이 만드는 사이 각을 말하며, 양력, 항력 및 피치 모멘트 에 가장 큰 영향을 주는 것은?

① 상반각  ② 붙임각
③ 받음각  ④ 후퇴각

**12** 지면효과에 대한 설명으로 맞는 것은?

① 공기흐름 패턴과 함께 지표면의 간섭의 결과이다.

② 날개에 대한 증가된 유해항력으로 공기 흐름 패턴에서 변형된 결과이다.

③ 날개에 대한 공기흐름 패턴의 방해결과 이다.

④ 지표면과 날개 사이를 흐르는 공기 흐름 이 빨라져 유해항력이 증가함으로써 발생하는 현상이나.

**13** 비행장치에 작용하는 힘은?

① 양력, 무게, 추력, 항력　　　　② 양력, 중력, 무게, 추력

③ 양력, 무게, 동력, 마찰　　　　④ 양력, 마찰, 추력, 항력

**14** 양력의 발생원리 설명 중 틀린 것은?

① 정체점에서 발생된 높은 압력의 파장에 의 해 분리된 공기는 후연에서 다시 만난다.

② Airfoil 상부에서는 곡선율과 취부각(붙임각)으로 공기의 이동거리가 길다.

③ Airfoil 하부에서는 곡선율과 취부각(붙임각)으로 공기의 이동거리가 짧다.

④ 모든 물체는 공기의 압력(정압)이 낮은 곳에서 높은 곳으로 이동한다.

**15** 회전익 비행장치의 특성이 아닌 것은?

① 제자리, 측/후방 비행이 가능하다.　　② 최저 속도를 제한한다.

③ 동적으로 불안하다.　　　　　　　④ 엔진 정지 시 자동활동이 가능하다.

**16** 항공기에 작용하는 세 개의 축이 교차되는 곳은 어디인가?

① 가로축의 중간지점　　　　② 압력 중심

③ 무게 중심　　　　　　　④ 세로축의 중간지점

**17** 베르누이 정리에 대한 바른 설명은?

① 정압이 일정하다.　　　　② 전압이 일정하다

③ 동압이 일정하다　　　　④ 동압과 전압의 합이 일정하다.

**18** 멀티콥터의 이동방향이 아닌 것은?

① 전진　　　　　　　　　　　② 후진

③ 회전　　　　　　　　　　　④ 배면

**19** 쿼드 X형 멀티콥터가 전진비행 시 모터 (로터포함)의 회전속도 변화 중 맞는 것은?

① 앞의 두 개가 빨리 회전한다.　　　② 뒤의 두 개가 빨리 회전한다.

③ 좌측의 두 개가 빨리 회전한다.　　④ 우측의 두 개가 빨리 회전한다.

**20** 안정성에 관하여 연결한 것 중 틀린 것은 ?

① 가로 안정성 - rolling　　　　　② 세로 안정성 - pitching

③ 방향 안정성 - yawing　　　　　④ 방향안정성 - rolling & yawing

**21** 다음 중 기상 7대 요소는 무엇인가?

① 기압, 전선, 기온, 습도, 구름, 강수, 바람　　② 기압, 기온, 대기, 안정성, 해수면, 바람, 시정

③ 해수면, 전선, 기온, 난기류, 시정, 바람, 습도　　④ 기압, 기온, 습도, 구름, 강수, 바람, 시정

**22** 운량의 구분 시 하늘의 상태가 5/8~6/8 인 경우를 무엇이라 하는가?

① Sky Clear(SKC/CLR)　　　　　② Scattered(SCT)

③ Overcast(OVC)　　　　　　　④ Broken(BKN)

**23** 다음 중 열량에 대한 내용으로 맞는 것은?

① 물질 10g의 온도를 10℃ 올리는데 요구되는 열

② 물질의 온도가 증가함에 따라 열에너지를 흡수할 수 있는 양

③ 온도계로 측정한 온도

④ 물질의 하위 상태로 변화시키는 데 요구 되는 열에너지

**24** 해수면의 기온과 표준기압은?

① 15℃와 29.92 inch.Hg　　　　② 15℃와 29.92inch.mb

③ 15°°F와 29.92 inch.Hg　　　　④ 15°°F와 29.92inch.mb

**25** 지구의 기상에서 일어나는 변화의 가장 근본적인 원인은?

① 해수면의 온도 상승      ② 구름의 량

③ 지구 표면에 받아들이는 태양 에너지의 변화      ④ 구름의 대이동

**26** 산바람과 골바람에 대한 설명 중 맞는 것은?

① 산악지역에서 낮에 형성되는 바람은 골바람으로 산 아래에서 산 위(정상)로 부는 바람이다.

② 산바람은 산 정상부분으로 불고 골바람 은 산 정상에서 아래로 부는 바람이다.

③ 산바람과 골바람 모두 산의 경사 정도에 따라 가열되는 정도에 따른 바람이다.

④ 산바람은 낮에 그리고 골바람은 밤에 형성된다.

**27** "한랭기단의 찬 공기가 온난기단의 따뜻한 공기 쪽으로 파고 들 때 형성되며 전선 부 근에 소나기나 뇌우, 우박 등 궂은 날씨를 동반하는 전선"을 무슨 전선인가?

① 한랭전선      ② 온난전선

③ 정체전선      ④ 패색전선

**28** 습윤하고 온난한 공기가 한랭한 육지나 수면으로 이동해 오면 하층부터 냉각되어 공기속의 수증기가 응결되어 생기는 안개로 바다에서 주로 발생하는 안개는?

① 활승안개      ② 이류안개

③ 증기안개      ④ 복사안개

**29** 대기 중에서 가장 많은 기체는 무엇인가?

① 산소      ② 수소

③ 이산화탄소      ④ 질소

**30** 다음 중 초경량비행장치 사용사업의 범위가 아닌 경우는?

① 비료 또는 농약살포, 씨앗 뿌리기 등 농업 지원      ② 사진촬영, 육상 및 해상측량 또는 탐사

③ 산림 또는 공원 등의 관측 및 탐사      ④ 지방 행사시 시범 비행

**31** 다음은 무슨 구름인가?

① 권층운                       ② 고층운

③ 층적운                       ④ 난층운

**32** 초경량비행장치의 용어 설명으로 틀린 것은?

① 초경량비행장치의 종류에는 동력비행장치, 행글라이더, 패러글라이더, 기구류 및 무인비행장치 등

② 무인동력 비행장치는 연료의 중량을 제 외한 자체 중량이 120kg 이하인 무인비 행기, 무인헬리콥터 또는 무인 멀티콥터

③ 회전익 비행장치에는 초경량 자이로플레 인, 초경량 헬리콥터 등이 있다.

④ 무인비행선은 연료의 중량을 제외한 자 체 중량이 180kg이하 이고, 길이가 20m 이하인 무인비행선

**33** 다음 중 공항시설법상 유도로 등의 색은?

① 청색                          ② 녹색

③ 백색                          ④ 황색

**34** 초경량비행장치 조종자의 준수사항에 어긋나는 것은?

① 인명이나 재산에 위험을 초래할 우려가 있는 낙하물 투하행위 금지

② 관제공역, 통제공역, 주의공역에서 비행 행위 금지

③ 안개 등으로 지상목표물을 육안으로 식 별할 수 없는 상태에서 비행행위 금지

④ 일몰 후부터 일출 전이라도 날씨가 맑고 밝은 상태에서 비행 행위

**35** 초경량비행장치의 말소신고의 설명 중 틀린 것은?

① 사유 발생일로부터 30일 이내에 신고하여야 한다.

② 비행장치가 멸실된 경우 실시한다.

③ 비행장치의 존재 여부가 2개월 이상 불분명할 경우 실시한다.

④ 비행장치가 외국에 매도된 경우 실시한다.

36 초경량비행장치의 인증검사 종류 중 초도검사 이후 안전성 인증서의 유효기간이 도래하여 새로운 안전성 인증서를 교부받기 위하여 실시하는 검사는 무엇인가?

① 정기검사
② 초도검사
③ 수시검사
④ 재검사

37 무인 멀티콥터의 비행과 관련한 사항 중 틀린 것은?

① 최대 이륙중량 25kg이하 기체는 비행금지구역 및 관제권을 제외한 공역에서 고도 150m이하에서는 비행 승인 없이 비행 이 가능하다.

② 최대 이륙중량 25kg 초과 기체는 전 공역 에서 사전 비행승인 후 비행이 가능하다.

③ 초경량비행장치 전용공역에도 사전 비행 계획을 제출 후 승인을 받고 비행한다.

④ 최대 이륙중량 상관없이 비행금지구역 및 관제권에서는 사전 비행승인 없이는 비행이 불가하다.

38 항공종사자가 업무를 정상적으로 수행할 수 없는 혈중 알콜농도의 기준은?

① 0.02% 이상
② 0.03% 이상
③ 0.05% 이상
④ 0.5% 이상

39 초경량비행장치의 사고 중 항공철도사고 조사위원회가 사고의 조사를 하여야 하는 경우가 아닌 것은?

① 차량이 주기된 초경량비행장치를 파손 시킨 사고

② 초경량비행장치로 인하여 사람이 중상 또는 사망한 사고

③ 비행 중 발생한 화재사고

④ 비행 중 추락, 충돌 사고

40 초경량 비행장치의 등록일련번호 등은 누가 부여하는가?

① 교통안전공단 이사장
② 국토교통부장관
③ 항공협회장
④ 지방항공청장

**01** 리튬폴리머 배터리 사용상의 설명으로 적절한 것은?

① 수명이 다 된 배터리는 그냥 쓰레기들과 같이 버린다.

② 비행 후 배터리 충전은 상온까지 온도가 내려간 상태에서 실시한다.

③ 여행 시 배터리는 화물로 가방에 넣어서 운반이 가능하다.

④ 가급적 전도성이 좋은 금속 탁자 등에 두어 보관한다.

**02** 무인비행장치 탑재임무장비(Payload) 로 볼 수 없는 것은?

① 데이터링크 장비　　　　　　　　　　② 주간(EO) 카메라

③ 적외선(FLIR) 감시카메라　　　　　　④ 통신중계 장비

**03** 무인항공 시스템의 지상지원장비로 볼 수 없는 것은?

① 비행체　　　　　　　　　　　　　　② 발전기

③ 비행체 운반차량　　　　　　　　　　④ 정비지원 차량

**04** 드론에 대한 설명으로 틀린 것은?

① 드론은 대형 무인항공기와 소형 무인항공기를 모두 포함하는 개념이다.

② 일반적으로 우리나라에서는 일정 무게이 하의 소형 무인항공기를 지칭한다.

③ 우리나라 항공안전법은 150kg 이하 무인 항공기를 무인비행장치로 분류하고 있다.

④ 우리나라 항공안전법에 무인멀티콥터는 동력비행장치로 분류하고 있다.

**05** 비행 교관의 기본 구비자질로서 타당하지 않은 것은?

① 교육생에 대한 수용 자세: 교육생의 잘못된 습관이나 조작, 문제점을 지적하기 전에 그 교육생의 특성을 먼저 파악해야 한다.

② 외모 및 습관: 교관으로서 청결하고 단 정한 외모와 침착하고 정상적인 비행 조 작을 해야 한다.

③ 전문적 언어: 전문적인 언어를 많이 사 용하여 교육생들의 신뢰를 얻어야 한다.

④ 화술 능력 구비: 교관으로서 학과과목이 나 조종을 교육시킬 때 적절하고 융통성 있는 화술 능력을 구비해야 한다.

## 06 비행 준비 및 학과교육 단계에서 교육 요령으로 부적절한 것은?

① 교관이 먼저 비행 원리에 정통하고 적용 하라.

② 시뮬레이션 교육을 최소화 시켜라

③ 안전 교육을 철저히 시켜라

④ 교육 기록부 기록 철저

## 07 무인항공방제 작업간 조종자/작업자의 안전 준비 사항이 아닌 것은?

① 옷은 짧은 소매를 입는다.

② 보안경, 마스크 착용

③ 메인로터가 완전히 정지하기까지는, 무의적인 접근을 하지 않을 것

④ 헬멧의 착용

## 08 비상절차 단계의 교육훈련 내용으로 맞지 않는 것은?

① 각 경고등 점등 시 의미 및 조치사항

② GPS 수신 불량에 대한 프로그램 이용 실습

③ 통신 두절로 인한 Return Home 기능 시 범식 교육

④ 제어 시스템 에러 사항에 대한 일회 설명 실시

## 09 다음의 초경량비행장치 중 국토부로 정 하는 보험에 가입하여야 하는 것은?

① 영리 목적으로 사용되는 인력 활공기

② 개인의 취미활동에 사용되는 행글라이더

③ 개인의 취미활동에 사용되는 낙하산

④ 영리 목적으로 사용되는 동력비행장치

## 10 비행교관이 범하기 쉬운 과오가 아닌 것은?

① 자기 고유의 기술은, 자기만의 것으로 소유하고 잘난 체 하려는 태도

② 교육생이 잘못된 조작에 대해 교관의 부드러운 조작 수정

③ 감정에 의해서 표출되는 언어 표현의 사용

④ 교육생의 과오에 대해서 필요 이상의 자기감정을 억제

**11** 멀티콥터가 제자리 비행을 하다가 이동시 키면 계속 정지상태를 유지하려는 것은 뉴톤의 운동법칙 중 무슨 법칙인가?

① 가속도의 법칙                    ② 등가속도의 법칙
③ 작용반작용의 법칙            ④ 관성의 법칙

**12** 회전익 항공기 또는 비행장치 등 회전익 에만 발생하며 블레이드가 회전할 때 공기와 마찰하면서 발생하는 항력은 무슨 항력인가?

① 유도항력                       ② 형상항력
③ 유해항력                       ④ 총항력

**13** 총 무게가 5kg인 비행장치가 45도의 경사로 동 고도로 선회할 때 총하중계수는 얼마인가?

① 5kg                           ② 6kg
③ 7.5kg                       ④ 10kg

**14** 영각(받음각)에 대한 설명 중 틀린 것은?

① Airfoil의 익현선과 합력 상대풍의 사이 각
② 취부각(붙임각)의 변화 없이도 변화될 수 있다.
③ 양력과 항력의 크기를 결정하는 중요한 요소
④ 영각(받음각)이 커지면 양력이 작아지고 영각이 작아지면 양력이 커진다.

**15** 고유의 안정성이란 무엇을 의미 하는가?

① 이착륙 성능이 좋다.           ② 조종이 보다 용이하다.
③ 스핀이 되지 않는다.           ④ 실속이 되기 어렵다.

**16** 회전익 비행장치의 유동력 침하가 발생 될 수 있는 비행조건이 아닌 것은?

① 높은 강하율로 오토 로테이션 접근 시
② 배풍 접근 시
③ 지면효과 밖에서 호버링을 하는 동안 일 정한 고도를 유지하지 않을 때
④ 편대비행 접근 시

17 날개의 상하부를 흐르는 공기의 압력차 에 의해 발생하는 압력의 원리는?

① 작용-반작용의 법칙　　　　　　② 가속도의 법칙

③ 관성의 법칙　　　　　　　　　　④ 베르누이의 정리

18 항력과 속도와의 관계 설명 중 틀린 것은?

① 항력은 속도제곱에 반비례한다.

② 유해항력은 거의 모든 항력을 포함하고 있어 저속 시 작고, 고속 시 크다.

③ 형상항력은 블레이드가 회전할 때 발생 하는 마찰성 저항이므로 속도가 증가하면 점차 증가한다.

④ 유도항력은 하강풍인 유도기류에 의해 발생하므로 저속과 제자리 비행 시 가장 크며, 속도가 증가할수록 감소한다.

19 지면효과에 대한 설명 중 가장 옳은 것은?

① 지면효과에 의해 회전날개 후류의 속도는 급격하게 증가되고 압력은 감소한다.

② 동일 엔진일 경우 지면효과가 나타나는 낮은 고도에서 더 많은 무게를 지탱할 수 있다.

③ 지면효과는 양력 감소현상을 초래하기는 하지만 항공기의 진동을 감소시키는 등 긍정적인 면도 있다.

④ 지면효과는 양력의 급격한 감소현상과 같은 헬리콥터의 비행성에 항상 불리한 영향을 미친다.

20 무인동력비행장치의 수직 이, 착륙비행을 위하여 어떤 조종장치를 조작하는가?

① 엘리베이터　　　　　　　　　② 쓰로틀

③ 에일러론　　　　　　　　　　④ 러더

21 다음 지역 중 우리나라 평균해수면 높이를 0m로 선정하여 평균해수면의 기준 이 되는 지역은?

① 영일만　　　　　　　　　　　② 순천만

③ 강화만　　　　　　　　　　　④ 인천만

22 물질 1g의 온도를 1℃ 올리는데 요구되는 열은?

① 비열　　　　　　　　　　　　② 열량

③ 잠열　　　　　　　　　　　　④ 현열

**23** 대부분의 기상이 발생하는 대기의 층은?

① 대류권                             ② 성층권
③ 중간권                             ④ 열권

**24** 바람이 존재하는 근본적인 원인은?

① 기압차이                        ② 고도차이
③공기밀도 차이                  ④자전과 공전현상

**25** 대기 중의 수증기의 양을 나타내는 것은?

① 습도                             ② 기온
③ 밀도                             ④ 기압

**26** 구름과 안개의 구분 시 발생 높이의 기준은?

① 구름의 발생이 AGL 50ft 이상 시 구름, 50ft이하에서 발생 시 안개
② 구름의 발생이 AGL 70ft 이상 시 구름, 70ft이하에서 발생 시 안개
③ 구름의 발생이 AGL 90ft 이상 시 구름, 90ft이하에서 발생 시 안개
④ 구름의 발생이 AGL 120ft 이상 시 구름, 120ft이하에서 발생 시 안개

**27** 강수 발생률을 강화시키는 것은?

① 난한 하강기류                 ② 수직활동
③ 상승기류                      ④ 수평활동

**28** 습한 공기가 산 경사면을 타고 상승하면 서 팽창함에 따라 공기가 노점이하로 단 열냉각되면서 발생하며, 주로 산악지대 에서 관찰되고 구름의 존재에 관계없이 형성되는 안개는?

① 활승안개                     ② 이류안개
③ 증기안개                     ④ 복사안개

**29** 1기압에 대한 설명 중 틀린 것은?

① 폭 1cm², 높이 76cm의 수은주 기둥     ② 폭 1cm², 높이 1,000km의 공기기둥
③ 760mmHg = 29.92inHg           ④ 1015mbar = 1,015bar

**30** 구름의 형성조건이 아닌 것은?

① 풍부한 수증기 ② 냉각작용
③ 응결핵 ④ 시정

**31** 초경량비행장치를 멸실하였을 경우 신고 기간은?

① 15일 ② 30일
③ 3개월 ④ 6개월

**32** 초경량무인비행장치의 비행안전을 위한 기술상의 기준에 적합하다는 안전성 인 증을 받지 아니하고 비행한 사람의 1차 과태료는 얼마인가?

① 50만원 ② 100만원
③ 250만원 ④ 500만원

**33** 다음 중 초경량비행장치의 비행 가능한 지역은 어느 것인가?

① (RK)R-1 ② MOA
③ UFA ④ P65

**34** 비행장(헬기장 포함) 또는 활주로의 설 치, 폐쇄 또는 운용상 중요한 변경, 비행 금지구역, 비행제한구역, 위험구역의 설 정, 폐지(발효 또는 해제포함) 또는 상태 의 변경 등의 정보를 수록하여 항공종사자들에게 배포하는 공고문은?

① AIC ② AIP
③ AIRAC ④ NOTAM

**35** 초경량비행장치를 소유한 자가 신고 시 누구에게 신고하는가?

① 국토부 자격과 ② 국토부 첨단항공과
③ 지방항공청장 ④ 초경량헬리콥터

**36** 초경량비행장치 운용제한에 관한 설명 중 틀린 것은?

① 인구밀집지역이나 사람이 운집한 장소 상공에서 비행하면 안 된다.
② 인명이나 재산에 위험을 초래할 우려가 있는 낙하 물을 투하하면 안 된다.

③ 보름달이나 인공조명 등이 밝은 곳은 야 간에 비행할 수 있다.

④ 안개 등으로 인하여 지상목표물이 육안 으로 식별할 수 없는 상태에서 비행하여 서는 안 된다.

**37** 다음 중 초경량무인비행장치 비행허가 승인에 대한 설명으로 틀린 것은?

① 비행금지구역(P-73, P-61등) 비행 허가는 군에 받아야 한다.

② 군 관제권 지역의 비행허가는 군에서 받아야 한다.

③ 공역이 두 개 이상 겹칠 때는 우선하는 기관에 허가를 받아야 하다.

④ 민간 관제권 지역의 비행허가는 국토부 의 비행승인을 받아야 한다.

**38** 조종자격증명 취득의 설명 중 맞는 것은?

① 자격증명과 교관자격증명 취득 연령은 모두 만 20세 이상이다.

② 자격증명과 교관자격증명 취득 연령은 모두 만 14세 이상이다.

③ 자격증명 취득 연령은 만 14세, 교관조 종자격증명은 만 20세 이상이다.

④ 자격증명 취득 연령은 만 14세, 교관 조종자격증명은 만 25세 이상이다.

**39** 다음 중 회전익 비행장치로 구성된 것 은?

| 가. 무인비행기 | 나. 동력비행장치 | 다. 초경량헬리콥터 |
|---|---|---|
| 라. 초경량 자이로플랜 | 마. 행글라이더 | 바. 무인비행선 |

① 가, 나      ② 나, 다

③ 다, 라      ④ 라, 마

**40** 다음 중 안전관리제도에 대한 설명으로 틀린 것은?

① 이륙중량이 25kg이상이면 안정성검사와 비행 시 비행승인을 받아야 한다.

② 자체 중량이 12kg이하이면 사업을 하더 라도 안정성검사를 받지 않아도 된다.

③ 무게가 약 2kg인 취미, 오락용 드론은 조 종자 준수사항을 준수하지 않아도 된다.

④ 자체 중량이 12kg이상이라도 개인 취미용으로 활용하면 조종자격증명이 필요 없다.

**01** 전동 무인멀티콥터의 필수 구성품으로 볼 수 없는 것은?

① 프로펠러(또는 로터)　　　　　　② 비행제어장치(FCS)

③ 냉각펌프　　　　　　　　　　　④ 모터와 변속기

**02** 비행제어 시스템의 내부 구성품으로 볼 수 없는 것은?

① IMU　　　　　　　　　　　　② ESC

③ PMU　　　　　　　　　　　　④ GPS

**03** 무인멀티콥터 조종기에 사용에 대한 설명으로 바른 것은?

① 모드 1 조종기는 고도 조종 스틱이 좌측 에 있다.

② 모드 2 조종기는 우측 스틱으로 전후좌우를 모두 조종할 수 있다.

③ 비행모드는 자세제어모드와 수동모드로 구성된다.

④ 조종기 배터리 전압은 보통 6VDC 이하 로 사용한다.

**04** 산업용 무인멀티콥터의 일반적인 비행 전 점검 순서로 맞게 된 것은?

① 프로펠러 → 모터 → 변속기 → 붐/암 → 본체 → 착륙장치→ 임무장비

② 변속기 → 붐/암 → 프로펠러 → 모터 → 본체 → 착륙장차→ 임무장비

③ 임무장비 → 프로펠러 → 모터 → 변속 기 → 붐/암 → 착륙장치 → 본체

④ 임무장비 → 프로펠러 → 변속기 → 모 터 → 붐/암 → 본체 → 착륙장치

**05** 비행제어시스템에서 자세제어와 직접 관련이 있는 센서와 장치가 아닌 것은?

① 가속도센서　　　　　　　　　② 자이로센서

③ 변속기　　　　　　　　　　　④ 모터

**06** 위성항법시스템(GNSS)의 설명으로 틀 린 것은?

① 위성항법시스템에는 GPS, GLONASS, Galileo, Beidou 등이 있다.

② 우리나라에서는 GLONASS는 사용하지 않는다.

③ 위성신호별로 빛의 속도와 시간을 이용 해 거리를 산출한다.

④ 삼각진법을 이용하여 위치를 계산한다.

**07** 농업용 무인멀티콥터로 방제작업을 할 때 조종자의 준비사항으로 볼 수 없는 것은?

① 헬멧의 착용

② 보안경 및 마스크 착용

③ 양방향 무전기

④ 시원한 짧은 소매 복장

**08** 무인항공 방제작업의 살포비행 조종방 법으로 옳은 것은?

① 비행고도는 항상 3m 이내로 한정하여 비행한다.

② 비행고도와 작물의 상태와는 상관이 없다.

③ 비행고도는 기종과 비행체 중량에 따라 서 다르게 적용한다.

④ 살포 폭은 비행고도와 상관이 없이 일정하다.

**09** 무인멀티콥터를 이용한 항공촬영 작업 의 진행 절차로서 부적절한 것은?

① 작업을 위해서 비행체를 신고하고 보험 을 가입하였다.

② 초경량비행장치 사용사업등록을 실시했다.

③ 국방부 촬영허가는 연중 한번만 받고 작 업을 진행했다.

④ 작업 1주 전에 지방항공청에 비행 승인 신청을 하였다.

**10** 비행교관 자질로서 적절한 것은?

① 비행기량이 뛰어난 것을 과시하는 시범 행위

② 전문지식은 필요한 부분만 부분적으로 숙지한다.

③ 문제점을 적하기 전에 교육생의 특성을 먼저 파악한다.

④ 교관의 자기감정을 숨김없이 표출한다.

**11** 블레이드에 대한 설명 중 틀린 것은?

① 익근의 꼬임각이 익단의 꼬임각보다 크게 한다.

② 길이에 따라 익근의 속도는 느리고 익단 의 속도는 빠르게 회전한다.

③ 익근의 꼬임각이 익단의 꼬임각보다 작 게 한다.

④ 익근과 익단의 꼬임각이 서로 다른 이유는 양력의 불균형을 해소하기 위함이다.


**12** 세로 안정성과 관계있는 운동은 무엇인 가?

① Rolling & Yawing　　　　　　② Rolling

③ Pitching　　　　　　　　　　④ Yawing


**13** 베르누이 정리에 대한 바른 설명은?

① 베르누이 정리는 밀도와는 무관하다.

② 정상 흐름에서 정압과 동압의 합은 일정 하지 않다.

③ 위치 에너지의 변화에 의한 압력이 동압 이다.

④ 유체의 속도가 증가하면 정압이 감소한다.


**14** 지면효과를 받을 때의 설명 중 잘못된 것 은?

① 항력의 크기가 증가한다.　　　　　② 받음 각이 증가한다.

③ 양력의 크기가 증가한다.　　　　　④ 같은 출력으로 많은 무게를 지탱할 수 있다.


**15** 다음 중 무인회전익비행장치가 고정익형 무인비행기와 비행특성이 가장 다른 점은?

① 제자리 비행　　　　　　　　　② 우선회 비행

③ 좌선회 비행　　　　　　　　　④ 전진비행


**16** 상대풍의 설명 중 틀린 것은?

① Airfoil에 상대적인 공기의 흐름이다.

② Airfoil의 움직임에 의해 상대풍의 방향 은 변하게 된다.

③ Airfoil이 위로 이동하면 상대풍도 위로 향하게 된다.

④ Airfoil의 방향에 따라 상대풍의 방향도 달라지게 된다.

**17** 비행장치에 작용하는 4가지의 힘이 균형 을 이룰 때는 언제인가?

① 가속중일 때
② 지상에 정지 상태에 있을 때
③ 등 가속도 비행 시
④ 상승을 시작할 때

**18** 실속에 대한 설명 중 틀린 것은?

① 실속의 직접적인 원인은 과도한 받음각이다.
② 실속은 무게, 하중계수, 비행속도 또는 밀도고도에 관계없이 항상 다른 받음각 에서 발생한다.
③ 임계 받음각을 초과할 수 있는 경우는 고속 비행, 저속비행, 깊은 선회비행 등이다.
④ 선회비행 시 원심력과 무게의 조화에 의 해 부과된 하중들이 상호 균형을 이루기 위한 추가적인 양력이 필 요하다.

**19** 토크작용은 어떤 운동법칙에 해당되는가?

① 관성의 법칙
② 가속도의 법칙
③ 작용과 반작용의 법칙
④ 연속의 법칙

**20** 무인헬리콥터와 멀티콥터의 양력발생원 리 중 맞는 것은?

① 멀티콥터 : 고정 피치
② 멀티콥터 : 변동 피치
③ 헬리콥터 : 고정 피치
④ 헬리콥터 : 고정 및 변동 피치

**21** 다음 구름의 종류 중 비가 내리는 구름은?

① Ac
② Ns
③ St
④ Sc

**22** 안정대기 상태란 무엇인가?

① 불안정한 시정
② 지속적 강수
③ 불안정 난류
④ 안정된 기류

**23** 뇌우 형성조건이 아닌 것은?

① 대기의 불안정
② 부한 수증기
③ 강한 상승기류
④ 강한 하강기류

**24** 다음 중 해풍에 대하여 설명한 것 중 가 장 적절한 것은?

① 여름철 해상에서 육지 방향으로 부는 바람

② 낮에 해상에서 육지 방향으로 부는 바람

③ 낮에 육지에서 바다로 부는 바람

④ 밤에 해상에서 육지 방향으로 부는 바람

**25** 다음 중 착빙에 관한 설명 중 틀린 것은?

① 양력을 감소시킨다.

② 항공기의 이륙을 어렵게 하거나 불가능 하게도 할 수 있다.

③ 착빙은 지표면의 기온이 추운 겨울철에 만 발생하며 조심하면 된다.

④ 마찰을 일으켜 항력을 증가시킨다.

**26** 바람을 느끼고 나뭇잎이 흔들리기 시작 할 때의 풍속은 어느 정도인가?

① 0.3~1.5m/sec

② 1.6~3.3m/sec

③ 3.4~5.4m/sec

④ 5.5~7.9m/sec

**27** 푄 현상의 발생조건이 아닌 것은?

① 지형적 상승현상

② 습한 공기

③ 강한 기압경도력

④ 건조하고 습윤단열기온감률

**28** 다음 중 항공기 양력발생에 영향을 미치지 않는 것은?

① 기온

② 습도

③ 바람

④ 기압

**29** 가열된 공기와 냉각된 공기의 수직순환 형태를 무엇이라고 하는가?

① 대류

② 전도

③ 복사

④ 이류

**30** 태풍의 세력이 약해져서 소멸되기 직전 또는 소멸되어 무엇으로 변하는가?

① 열대성 고기압 ② 열대성 저기압

③ 열대성 폭풍 ④ 편서풍

**31** 항공안전법상 신고를 필요로 하지 아니하는 초경량비행장치의 범위가 아닌 것은?

① 동력을 이용하지 아니하는 비행장치

② 낙하산류

③ 무인동력비행장치 중에서 연료의 무게를 제외한 자체 무게가 12kg 이하 인 것

④ 군사 목적으로 사용되지 아니하는 초경량비행장치

**32** 초경량비행장치 조종자 전문교육기관 지 정 기준으로 가장 적절한 것은?

① 비행시간이 100시간 이상인 지도조종자 1명이상 보유

② 비행시간이 150시간 이상인 지도조종자 2명이상 보유

③ 비행시간이 100시간 이상인 실기평가 조 종자 1명이상 보유

④ 비행시간이 150시간 이상인 실기평가 조 종자 2명이상 보유

**33** 초경량비행장치 사고로 분류할 수 없는 것은?

① 초경량비행장치에 의한 사람의 사망, 중상 또는 행방불명

② 초경량비행장치의 덮개나 부분품의 고장

③ 초경량비행장치의 추락, 충돌 또는 화재 발생

④ 초경량비행장치의 위치를 확인할 수 없거나 비행장치에 접근이 불가할 경우

**34** 초경량비행장치를 이용하여 비행 시 유의사항이 아닌 것은?

① 군 방공비상사태 인지 시 즉시 비행을 중지하고 착륙하여야 한다.

② 항공기 부근에는 접근하지 말아야 한다.

③ 유사 초경량비행장치끼리는 가까이 접근 이 가능하다.

④ 비행 중 사주경계를 철저히 하여야 한다.

35 초경량비행장치를 이용하여 비행정보구역 내에 비행 시 비행계획을 제출하여야 하는 데 포함사항이 아닌 것은?

① 항공기의 식별부호　　　　　　　　② 항공기 탑재 장비

③ 출발비행장 및 출발예정시간　　　　④ 보안 준수사항

36 다음 중 법령, 규정, 절차 및 시설 등의 주요한 변경이 장기간 예상되거나 비행 기 안전에 영향을 미치는 것의 통지와 기 술, 법령 또는 순수한 행정사항에 관한 설명과 조언의 정보를 통지하는 것은 무엇인가?

① 항공고시보(NOTAM)　　　　　　② 항공정보간행물(AIP)

③ 항공정보 회람(AIC)　　　　　　　④ AIRAC

37 모든 항공사진촬영은 사전 승인을 득하고 촬영하여야 한다. 그러나 명백히 주요 국가/군사시설이 없는 곳은 허용이 된 다. 이중 명백한 주요 국가/군사시설이 아닌 곳은?

① 국가 및 군사보안목표 시설, 군사시설

② 국립공원

③ 비행금지구역(공익 목적 등인 경우 제한 적으로 허용 가능)

④ 군수산업시설 등 국가 보안상 중요한 시 설 및 지역

38 비행금지, 제한구역 등에 대한 설명 중 틀린 것은?

① 서울지역 R-75내에서는 비행이 금지되어 있다.

② 군/민간 비행장의 관제권은 주변 9.3km까지의 구역이다.

③ 원자력 발전소, 연구소는 주변 18km까 지의 구역이다.

④ P-73, P-518, P-61~65 지역은 비행금지구역이다.

39 위반행위에 대한 과태료 금액이 잘못된 것은?

① 신고번호를 표시하지 않았거나 거짓으로 표시한 경우 1차 위반은 10만원이다.

② 말소 신고를 하지 않은 경우 1차 위반은 5만원이다.

③ 조종자 증명을 받지 아니하고 비행한 경 우 1차 위반은 30만원이다.

④ 조종자 준수사항을 위반한 경우 1차 위 반은 50만원이다.

**40** 초경량비행장치를 이용하여 비행 시 유의사항이 아닌 것은?

① 태풍 및 돌풍 등 악기상 조건하에서는 비행하지 말아야 한다.

② 제원표에 표시된 최대이륙중량을 초과하여 비행하지 말아야 한다.

③ 주변에 지상 장애물이 없는 장소에서 이·착륙하여야 한다.

④ 날씨가 맑은 날이나 보름 달 등으로 시야가 확보되면 야간비행도 하여야 한다.

01 무인멀티콥터에서 비행 간에 열이 발생 하는 부분으로서 비행 후 필히 점검을 해야 할 부분이 아닌 것은?

① 비행제어장치(FCS)  ② 프로펠러(또는 로터)

③ 모터  ④ 변속기

02 GPS 장치의 구성으로 볼 수 없는 것은?

① 변속기  ② 안테나

③ 신호선  ④ 수신기

03 위성항법시스셈(GNSS) 대한 설명으로 옳은 것은?

① GPS는 미국에서 개발 및 운용하고 있으 며 전세계에 20개의 위성이 있다.

② GLONASS는 유럽에서 운용하는 것으로 24개의 위성이 구축되어 있다.

③ 중국은 독자 위성항법시스템이 없다.

④ 위성신호의 오차는 통상 10m이상이며 이를 보정하기 위한 SBAS 시스템은 정 지궤도위성을 이용한다.

04 지자기센서의 보정(Calibration)이 필요 한 시기로 옳은 것은?

① 비행체를 처음 수령하여 시험비행을 한 후 다음날 다시 비행할 때.

② 10km 이상 이격된 지역에서 비행을 할 경우

③ 비행체가 GPS모드에서 고도를 잘 잡지 못할 경우

④ 전진비행 시 좌측으로 바람과 상관없이 벗어나는 경우

05 현재 무인멀티콥터의 기술적 해결 과제 로 볼 수 없는 것은?

① 장시간 비행을 위한 동력 시스템  ② 비행체 구성품의 내구성 확보

③ 비행제어시스템 신뢰성 개선  ④ 농업 방제장치 개발

**06**  무인항공방제 간 사고의 주된 요인으로 볼 수 없는 것은?

① 방제 전날 사전 답사를 하지 않았다.

② 숙달된 조종자로서 신호수를 배치하지 않는다.

③ 주 조종자가 교대 없이 혼자서 방제작업 을 진행한다.

④ 비행 시작 전에 조종자가 장애물 유무를 육안 확인한다.


**07**  무인항공 방제작업의 살포비행 조종방 법으로 옳지 않은 것은?

① 멀티콥터 중량이 큰 15리터 모델과 20리 터 모델로 살포할 때 3m 이상의 고도로 비행한다.

② 작물의 상태와 종류에 따라 비행고도를 다르게 적용한다.

③ 비행고도는 기종과 비행체 중량에 따라 서 다르게 적용한다.

④ 살포 폭은 비행고도와 상관이 없이 일정 하다.


**08**  무인멀티콥터의 활용분야로 볼 수 없는 것은?

① 항공방제사업                    ② 항공촬영 분야 사업

③ 인원 운송 사업                  ④ 공간정보 활용


**09**  무인멀티콥터 비행의 위험관리 사항으로 부적절한 것은?

① 비행장치(지상장비의 상태, 충전기 등)        ② 환경(기상상태, 주위 장애물 등)

③ 조종자(건강상태, 음주, 피로, 불안 등)        ④ 비행(비행목적, 계획, 긴급도, 위험도)


**10**  교육생에 대한 교관의 학습 지원 요령으로 부적절한 것은?

① 학생의 특성과 상관없이 표준화된 한가 지 교수 방법 적용

② 정확한 표준 조작 요구

③ 긍정적인 면을 강조

④ 교관이 먼저 비행원리에 정통하고 적용한다.


**11**  수평 직전비행을 하다가 상승비행으로 전 환 시 받음각(영각)이 증가하면 양력은 어떻게 변화하는가?

① 순간적으로 감소한다.               ② 순간적으로 증가한다.

③ 변화가 없다.                      ④ 지속적으로 감소한다.

**12** 실속에 대한 설명 중 틀린 것은?

① 실속은 무게, 하중계수, 비행속도, 밀도 고도와 관계없이 항상 같은 받음각 속에 서 발생한다.

② 실속의 직접적인 원인은 과도한 취부각 때문이다.

③ 임계 받음각을 초과할 수 있는 경우는 고속비행, 저속비행, 깊은 선회비행이다.

④ 날개의 윗면을 흐르는 공기 흐름이 조기에 분리되어 형성된 와류가 확산되어 더 이상 양력을 발생하지 못할 때 발생한다.

**13** 멀티콥터나 무인회전익비행장치의 착륙 조작 시 지면에 근접 시 힘이 증가되고 착륙 조작이 어려워지는 것은 어떤 현상 때문인가?

① 전이성향 때문
② 지면효과를 받기 때문
③ 양력불균형 때문
④ 횡단류효과 때문

**14** 멀티콥터의 이동비행 시 속도가 증가될 때 통상 나타나는 현상은?

① 고도가 올라간다.
② 고도가 내려간다.
③ 기수가 좌로 돌아간다.
④ 기수가 우로 돌아간다.

**15** 무인동력비행장치의 전, 후진비행을 위 하여 어떤 조종장치를 조작하는가?

① 쓰로틀
② 엘리베이터
③ 에일러론
④ 러더

**16** 멀티콥터 암의 한쪽 끝에 모터와 로터를 장착하여 운용할 때 반대쪽에 작용하는 힘의 법칙은 무엇인가?

① 관성의 법칙
② 가속도의 법칙
③ 작용과 반작용의 법칙
④ 연속의 법칙

**17** 유도기류의 설명 중 맞는 것은?

① 취부각(붙임각)이 "0"일 때 Airfoil을지 나는 기류는 상, 하로 흐른다.

② 취부각의 증가로 영각(받음각)이 증가하면 공기는 위로 가속하게 된다.

③ 공기가 로터 블레이드의 움직임에 의해 변화된 하강기류를 말한다.

④ 유도기류 속도는 취부 각이 증가하면 감소한다.

**18** 베르누이 정리에 의한 압력과 속도와 의 관계는?

① 압력증가, 속도 증가
② 압력증가, 속도 감소
③ 압력증가, 속도 일정
④ 압력감소, 속도 일정

**19** 블레이드가 공기를 지날 때 표면마찰(점 성마찰)로 인해 발생하는 마찰성 저항으로 회전익 항공기에서만 발생하며 마찰 항력이라고도 하는 항력은?

① 형상항력
② 유해항력
③ 유도항력
④ 총항력

**20** 다음 중 날개의 받음각에 대한 설명이다. 틀린 것은?

① 비행 중 받음각은 변할 수 있다.
② 공기흐름의 속도방향과 날개 골의 시위 선이 이루는 각이다.
③ 받음각이 증가하면 일정한 각까지 양력 과 항력이 증가한다.
④ 기체의 중심선과 날개의 시위선이 이루는 각이다.

**21** 국제 구름 기준에 의한 구름을 잘 구분한 것은 어느 것인가?

① 높이에 따른 상층운, 중층운, 하층운, 수직으로 발달한 구름
② 층운, 적운, 난운, 권상운
③ 층운, 적란운, 권운
④ 운량에 따라 작은 구름, 중간 구름, 큰 구름 그리고 수직으로 발달한 구름

**22** 안개의 시정조건은?

① 3마일 이하로 제한
② 7마일 이하로 제한
③ 9마일 이하로 제한
④ 12마일 이하로 제한

**23** 이슬비란 무엇인가?

① 빗방울 크기가 직경 0.5mm 이하일 때
② 빗방울 크기가 직경 0.9mm 이하일 때
③ 빗방울 크기가 직경 0.95mm 이하일 때
④ 빗방울 크기가 직경 1.2mm 이하일 때

**24** 다음 중 고기압이나 저기압 시스템의 설명에 관하여 맞는 것은?

① 고기압 지역 또는 마루에서 공기는 올라간다.　② 저기압 지역 또는 골에서 공기는 정체한다.

③ 고기압 지역 또는 마루에서 공기는 내려간다.　④ 저기압 지역 도는 골에서 공기는 내려간다.

**25** 이류안개가 가장 많이 발생하는 지역은 어디인가?

① 해안지역　　　　　　　　　　② 산 경사지

③ 수평 내륙지역　　　　　　　　④ 산간 내륙지역

**26** 항공정기기상 보고에서 바람 방향, 즉 풍 향의 기준은 무엇인가?

① 자북과 도북　　　　　　　　　② 진북

③ 도북　　　　　　　　　　　　④ 자북

**27** 우리나라에 영향을 미치는 기단 중 초여 름 장마기에 해양성 한대 기단으로 불연 속선의 장마전선을 이루어 영향을 미치는 기단은?

① 시베리아 기단　　　　　　　　② 양쯔강 기단

③ 오호츠크 기단　　　　　　　　④ 북태평양 기단

**28** 해륙풍과 산곡풍에 대한 설명 중 잘못 연결된 것은?

① 낮에 바다에서 육지로 공기가 이동하는 것을 해풍이라 한다.

② 밤에 육지에서 바다로 공기가 이동하는 것을 육풍이라 한다.

③ 낮에 골짜기에서 산 정상으로 공기가 이 동하는 것을 곡풍이라 한다.

④ 밤에 산 정상에서 산 아래로 공기가 이 동하는 것을 곡풍이라 한다.

**29** 다음 중 안개에 관한 설명 중 틀린 것은?

① 적당한 바람만 있으면 높은 층으로 발달 해 간다.

② 공중에 떠돌아다니는 작은 물방울 집단으로 지표면 가까이에서 발생한다.

③ 수평가시거리가 3km이하가 되었을 때 안개라고 한다.

④ 공기가 냉각되고 포화상태에 도달하고 응결하기 위한 핵이 필요하다.

**30** 짧은 거리 내에서 순간적으로 풍향과 풍 속이 급변하는 현상으로 뇌우, 전선, 깔때기 형태의 바람, 산악파 등에 의해 형성되는 것은?

① 돌풍
② 윈드시어
③ 회오리바람
④ 토네이도

**31** 다음 중 초경량비행장치의 기준이 잘 못 된 것은?

① 동력비행장치는 1인석에 115kg이하
② 행글라이더 및 패러글러이더는 중량 70kg이하
③ 무인동력비행장치는 연료 제외 자체중량 115kg이하
④ 무인비행선은 연료 제외 자체중량 180kg 이하

**32** 조종자 준수사항으로 틀린 것은?

① 사람이 많은 아파트 놀이터 등에서 비행 은 가능하다.
② 야간에 비행은 금지되어 있다.
③ 음주, 마약을 복용한 상태에서 비행은 금지되어 있다.
④ 사고나 분실에 대비하여 비행장치에 소유자 이름과 연락처를 기재하여야 한다.

**33** 초경량비행장치 조종자 전문교육기관 지정을 위해 국토교통부 장관에게 제출할 서류가 아닌 것은?

① 전문교관의 현황
② 교육시설 및 장비의 현황
③ 교육훈련계획 및 교육훈련 규정
④ 보유한 비행장치의 제원

**34** 초경량비행장치의 변경신고는 사유발생 일로부터 몇일 이내에 신고하여야 하는 가?

① 30일
② 45일
③ 60일
④ 90일

**35** 초경량비행장치 운용시간으로 가장 맞는 것은?

① 일출부터 일몰 30분전까지
② 일출 30분전부터 일몰까지
③ 일출 후 30분부터 일몰 30분 전까지
④ 일출부터 일몰까지

**36** 초경량비행장치로 위규비행을 한 자가 지방항공청장이 고지한 과태료 처분에 이의가 있어 이의를 제기 할 수 있는 기간은?

① 고지를 받은 날로부터 10일 이내       ② 고지를 받은 날로부터 20일 이내

③ 고지를 받은 날로부터 30일 이내       ④ 고지를 받은 날로부터 60일 이내

**37** 다음 중 초경량비행장치의 비행 가능한 지역은 어느 것인가

① CP-16                              ② R35

③ UA-14                             ④ P-73A

**38** 초경량무인비행장치 비행 시 조종자 준수사항을 3차 위반할 경우 항공안전법 에 따라 부과되는 과태료는 얼마인가?

① 20만원                            ② 100만원

③ 150만원                           ④ 200만원

**39** 항공고시보(NOTAM)의 최대 유효기간 은?

① 1개월                             ② 3개월

③ 6개월                             ④ 9개월

**40** 다음 공역 중 통제공역이 아닌 것은?

① 비행금지 구역                      ② 비행제한 구역

③ 초경량비행장치 비행제한 구역        ④ 군 작전구역

**01** 다음이 설명하는 용어는?

> "날개골의 임의 지정에 중심을 잡고 받음각의 변화를 주면 기수를 들고 내리게 하는 피칭 모멘트가 발생하는데 이 모멘트의 값이 받음각에 관계없이 일정한 지점을 말함"

① 압력중심                 ② 공력중심

③ 무게중심                 ④ 평균공력시위

**02** 다음 중 무인동력장치 Mode 2의 수직하강을 하기 위한 올바른 설명은?

① 왼쪽 조정간을 올린다.          ② 왼쪽 조정간을 내린다.

③ 엘리베이터 조정간을 올린다.     ④ 에이러론 조정간을 조정한다.

**03** 국제민간항공기구(ICAO)에서 공식용어로 사용하는 무인항공기 용어는?

① Drone                 ② UAV

③ RPV                  ④ RPAS

**04** 착빙에 대한 설명 중 틀린 것은?

① 양력과 무게를 증가시켜 추진력을 감소시키고 항력은 증가시킨다.

② 거친 착빙도 항공기 날개의 공기 역학에 심각한 영향을 줄 수 있다.

③ 착빙은 날개뿐만 아니라 Carburetor, Pitot관 등에도 발생한다.

④ 습한 공기가 기체 표면에 부딪치면서 결빙이 발생하는 현상이다.

**05** 다음 공역 중 주의공역이 아닌 것은?

① 훈련구역                 ② 비행제한구역

③ 위험구역                 ④ 경계구역

**06** 초경량비행장치 조종자 자격시험에 응시할 수 있는 최소 연령은?

① 만 12세 이상               ② 만 14세 이상

③ 만 18세 이상               ④ 만 20세 이상

**07** 국토교통부장관에게 소유신고를 하지 않아도 되는 장치는?

① 동력비행장치               ② 초경량 헬리콥터

③ 초경량 자이로플레인       ④ 계류식 무인비행장치

**08** 우리나라에 영향을 미치는 기단 중 초 여름 장마기에 해양성 한대기단으로 불연속선의 장마전선을 이루어 영량을 미치는 기단은?

① 시베리아기단               ② 양쯔강기단

③ 오호츠크 기단             ④ 북태평양 기단

**09** 초경량비행장치의 비행계획승인 신청 시 포함되진 않는 것은?

① 비행경로 및 고도           ② 동승자의 자격 소지

③ 조종자의 비행 경력        ④ 비행장치의 종류 및 형식

**10** 해수면의 기온과 표준기압은?

① 15℃와 29.92 inch. Hg     ② 15℃와 29.92inch. mb

③ 15°F와 29.92 inch. Hg     ④ 15°F와 29.92inch. mb

**11** 다음 중 초경량비행장치의 비행 가능한 지역은 어느 것인가?

① R-14                   ② UA

③ MOA                  ④ P65

**12** 1000ft당 상온의 기온은 몇도 씩 감소하는가?(단, ICAO의 표준 대기 조건)

① 1℃                   ② 2℃

③ 3℃                   ④ 4℃

**13** 태풍의 세력이 약해져서 소멸되기 직전 또는 소멸되어 무엇으로 변하는가?

① 열대성 고기압　　　　　　　　② 열대성 저기압

③ 열대성 폭풍　　　　　　　　　④ 편서풍

**14** 다음 중 토크작용과 관련된 뉴튼의 법칙은?

① 관성의 법칙　　　　　　　　　② 가속도의 법칙

③ 작용과 반작용의 법칙　　　　　④ 베르누이 법칙

**15** 다음 중 초경량무인비행장치 비행허가 승인에 대한 설명으로 틀린 것은?

① 비행금지구역(P73, P61등) 비행허가는 군에 받아야 한다.

② 공역이 두 개 이상 겹칠 때는 우선하는 기관에 허가를 받아야 한다.

③ 군 관제권 지역의 비행허가는 군에서 받아야 한다.

④ 민간 관제권 지역의 비행허가는 국토부의 비행승인을 받아야 한다.

**16** 초경량비행장치 운영 시 범칙금으로 가장 높은 것은?

① 신고변경을 하지 않을 경우　　　② 조종자 증명 없이 비행한 경우

③ 조종자 비행준수사항을 위반한 경우　④ 안전성 인증검사를 받지 않고 비행한 경우

**17** 다음 중 자세를 잡기 위해 로터의 속도를 조종하는 장치는 무엇인가?

① ESC　　　　　　　　　　　　② GPS

③ 자이로센서　　　　　　　　　　④ 가속도센서

**18** 항공기의 항행안전을 저해할 우려가 있는 장애물 높이가 지표 또는 수면으로부터 몇 미터 이상이면 항공 장애 표시등 및 항공장애 주간 표지를 설치하여야 하는가?(단, 장애물 제한 구역 외에 한 한다.)

① 50미터　　　　　　　　　　　② 100미터

③ 150미터　　　　　　　　　　　④ 200미터

**19** 초경량비행장치의 멸실 등의 사유로 신고를 말소한 경우에 그 사유가 발생한 날부터 몇 이내에 지방항공 청장에게 말소신고서를 제출하여야 하는가?

① 5일　　　　　　　　　　　　　　　② 10일
③ 15일　　　　　　　　　　　　　　④ 30일

**20** 항공시설 업무, 절차 또는 위험요소의 시설, 운영상태 및 그 변경에 관한 정보를 수록하여 전기통신 수단으로 항공종사자들에게 배포하는 공고문은?

① AIC　　　　　　　　　　　　　　② AIP
③ AIRAC　　　　　　　　　　　　　④ NOTAM

**21** 다음 연료 여과기에 대한 설명 중 가장 타당한 것은?

① 연료 탱크 안에 고여 있는 물이나 침전물을 외부로부터 빼내는 역할을 한다.
② 외부공기를 기화된 연료와 혼합하여 실린더 입구로 공급한다.
③ 엔진 사용 전에 흡입구에 연료를 공급한다.
④ 연료가 엔진에 도달하기 전에 연료의 습기나 이물질을 제거한다.

**22** 초경량비행장치 조종자 전문교육기관이 확보해야할 지도조종자의 최소 비행시간은?

① 50시간　　　　　　　　　　　　② 100시간
③ 150시간　　　　　　　　　　　　④ 200시간

**23** 무인 헬리콥터 선회 비행 시 발생하는 슬립과 스키드에 대한 설명 중 가장 적절한 것은?

① 슬립은 헬리콥터 선회 시 기수가 올라가는 현상을 의미한다.
② 슬립과 스키드는 모두 꼬리 회전날개 반토오크가 적절치 못해 발생한다.
③ 스키드는 헬리콥터 선회 시 기수가 내려가는 현상을 의미한다.
④ 슬립과 스키드는 헬리콥터 선회 시 기수가 선회 중심 방향으로 돌아가는 현상을 의미한다.

**24** 주로 봄과 가을에 이동성 고기압과 함께 동진해 와서 따뜻하고 건조한 일기를 나타내는 기단은?

① 오호츠크해기단　　　　　　　　② 양쯔강기단
③ 북태평양기단　　　　　　　　　　④ 적도기단

**25** 안개가 발생하기 적합한 조건이 아닌 것은?

① 대기의 성층이 안정할 것 　　　　② 냉각작용이 있을 것

③ 강한 난류가 존재할 것 　　　　　④ 바람이 없을 것


**26** 다음의 설명에 해당하는 것은?

① 메인 블레이드 　　　　　　　　② 테일 블레이드

③ 연료 탱크 　　　　　　　　　　④ 머플러


**27** 기체에 착빙에 대한 설명 중 틀린 것은?

① 양력과 무게를 증가시켜 추진력을 감소시킨다.

② 습도한 공기가 기체 표면에 부딪치면서 결빙이 발생한다.

③ 착빙은 Carburetor, Pitot관 등에도 생긴다.

④ 거친 착빙도 날개의 공기 역학에 영향을 줄 수 있다.


**28** 다음 중 무인회전익 비행장치에 사용되는 엔진으로 가장 부적합한 것은?

① 왕복엔진 　　　　　　　　　　② 로터리엔진

③ 터보팬엔진 　　　　　　　　　④ 가솔린엔진


**29** 비행 후 기체점검 사항 중 옳지 않은 것은?

① 동력계통 부위의 볼트 조임 상태 등을 점검하고 조치한다.

② 메인 블레이트, 테일 블레이드의 결합상태, 파손 등을 점검한다.

③ 남은 연료가 있을 경우 호버링 비행하여 모두 소모시킨다.

④ 송수신기의 배0터리 잔량을 확인하고 부족 시 충전한다.


**30** 우리나라 항공법의 기본이 되는 국제 법은?

① 일본 동경협약 　　　　　　　　② 국제민간항공조약 및 같은 조약의 부속서

③ 미국의 항공법 　　　　　　　　④ 중국의 항공법

**31** 대부분의 기상이 발생하는 대기의 층은?

① 대류권 　　　　　　　　　　　　② 성층권

③ 중간권 　　　　　　　　　　　　④ 열권

**32** 물방울이 비행장치의 표면에 부딪치면서 표면을 덮은 수막이 천천히 얼어붙고 투명하고 단단한 착빙은 무엇인가?

① 싸락눈 　　　　　　　　　　　　② 거친 착빙

③ 서리 　　　　　　　　　　　　　④ 맑은 착빙

**33** 초경량 비행장치의 운용시간은 언제부터 언제인가?

① 일출부터 일몰 30분전까지 　　　② 일출부터 일몰까지

③ 일몰부터 일출까지 　　　　　　　④ 일출 30분후부터 일몰 30분전까지

**34** 기압 고도계를 장비한 비행기가 일정한 계기 고도를 유지하면서 기압이 낮은 곳에서 높은 곳으로 비행할 때 기압 고도계의 지침의 상태는?

① 실제고도 보다 높게 지시한다. 　　② 실제고도와 일치한다.

③ 실제고도 보다 낮게 지시한다. 　　④ 실제고도보다 높게 지시한 후에 서서히 일치한다.

**35** 북반구 고기압과 저기압의 회전방향으로 오른 것은?

① 고기압-시계방향, 저기압-시계방향 　　② 고기압-시계방향, 저기압-반시계방향

③ 고기압-반시계방향, 저기압-시계방향 　④ 고기압-반시계방향, 저기압-반시계방향

**36** 해양의 특성인 많은 습기를 함유하고 비교적 찬 공기 특성을 지니고 늦봄, 초여름에 높새바람과 장마전선을 동반한 기단은?

① 오호츠크기단 　　　　　　　　　② 양쯔강기단

③ 북태평양기단 　　　　　　　　　④ 적도기단

**37** 리튬 폴리머 배터리 보관 시 주의사항이 아닌 것은?

① 더운 날씨에 차량에 배터리를 보관하지 말 것, 적합한 보관 장소의 온도는 22도~28도이다.

② 배터리를 낙하, 충격, 파손 또는 인위적으로 합선 시키지 말 것

③ 손상된 배터리나 전력 수준이 50%이상인 상태에서 배송하지 말 것

④ 추운 겨울에는 화로나 전열기 등 열원 주변처럼 뜨거운 장소에 보관할 것

**38**  리튬 폴리머 배터리 취급/보관 방법으로 부적절한 설명은?

① 배터리가 부풀거나, 누유 또는 손상된 상태일 경우에는 수리하여 사용한다.

② 빗속이나 습기가 많은 장소에 보관하지 말 것

③ 정격 용량 및 장비별 지정된 정품 배터리를 사용하여야 한다.

④ 배터리는 −10~40도의 온도 범위에서 사용한다.

**39**  지상 METAR 보고에서 바람 방향, 즉 풍향의 기준은 무엇인가?

① 자북                     ② 진북

③ 도북                     ④ 자북과 도북

**40**  회전익 비행장치가 호버링 상태로부터 전진비행으로 바뀌는 과도적인 상태는?

① 횡단류 효과             ② 전이 비행

③ 자동 회전               ④ 지면 효과

 정답 제1회

| 1 | ④ | 9 | ② | 17 | ④ | 25 | ① | 33 | ② |
|---|---|---|---|----|---|----|---|----|---|
| 2 | ① | 10 | ② | 18 | ① | 26 | ① | 34 | ④ |
| 3 | ② | 11 | ① | 19 | ① | 27 | ③ | 35 | ① |
| 4 | ④ | 12 | ④ | 20 | ③ | 28 | ③ | 36 | ② |
| 5 | ③ | 13 | ③ | 21 | ③ | 29 | ④ | 37 | ① |
| 6 | ④ | 14 | ① | 22 | ② | 30 | ③ | 38 | ① |
| 7 | ① | 15 | ② | 23 | ③ | 31 | ② | 39 | ④ |
| 8 | ③ | 16 | ④ | 24 | ① | 32 | ③ | 40 | ④ |

 정답 제2회

| 1 | ① | 9 | ④ | 17 | ③ | 25 | ④ | 33 | ④ |
|---|---|---|---|----|---|----|---|----|---|
| 2 | ④ | 10 | ② | 18 | ③ | 26 | ③ | 34 | ③ |
| 3 | ④ | 11 | ② | 19 | ② | 27 | ① | 35 | ③ |
| 4 | ③ | 12 | ① | 20 | ④ | 28 | ③ | 36 | ④ |
| 5 | ④ | 13 | ① | 21 | ① | 29 | ③ | 37 | ④ |
| 6 | ① | 14 | ① | 22 | ① | 30 | ② | 38 | ② |
| 7 | ④ | 15 | ① | 23 | ② | 31 | ② | 39 | ④ |
| 8 | ① | 16 | ② | 24 | ② | 32 | ② | 40 | ④ |

 정답 제3회

| 1 | ③ | 9 | ① | 17 | ① | 25 | ① | 33 | ① |
|---|---|---|---|----|---|----|---|----|---|
| 2 | ④ | 10 | ② | 18 | ① | 26 | ④ | 34 | ① |
| 3 | ② | 11 | ① | 19 | ① | 27 | ④ | 35 | ③ |
| 4 | ④ | 12 | ④ | 20 | ① | 28 | ① | 36 | ① |
| 5 | ② | 13 | ④ | 21 | ① | 29 | ② | 37 | ③ |
| 6 | ③ | 14 | ③ | 22 | ② | 30 | ④ | 38 | ② |
| 7 | ② | 15 | ② | 23 | ① | 31 | ④ | 39 | ① |
| 8 | ③ | 16 | ③ | 24 | ④ | 32 | ④ | 40 | ④ |

정답 제4회

| 1 | ③ | 9 | ③ | 17 | ② | 25 | ④ | 33 | ④ |
|---|---|---|---|----|---|----|---|----|---|
| 2 | ② | 10 | ② | 18 | ② | 26 | ③ | 34 | ④ |
| 3 | ① | 11 | ② | 19 | ② | 27 | ④ | 35 | ③ |
| 4 | ③ | 12 | ③ | 20 | ④ | 28 | ③ | 36 | ② |
| 5 | ③ | 13 | ② | 21 | ③ | 29 | ③ | 37 | ③ |
| 6 | ② | 14 | ③ | 22 | ① | 30 | ① | 38 | ① |
| 7 | ① | 15 | ① | 23 | ④ | 31 | ② | 39 | ③ |
| 8 | ④ | 16 | ② | 24 | ③ | 32 | ① | 40 | ② |

 정답 제5회

| 1 | ④ | 9 | ④ | 17 | ② | 25 | ① | 33 | ① |
|---|---|---|---|----|---|----|---|----|---|
| 2 | ④ | 10 | ① | 18 | ① | 26 | ④ | 34 | ① |
| 3 | ② | 11 | ④ | 19 | ① | 27 | ③ | 35 | ② |
| 4 | ④ | 12 | ③ | 20 | ① | 28 | ③ | 36 | ③ |
| 5 | ④ | 13 | ④ | 21 | ② | 29 | ③ | 37 | ③ |
| 6 | ③ | 14 | ② | 22 | ② | 30 | ④ | | |
| 7 | ① | 15 | ② | 23 | ② | 31 | ② | | |
| 8 | ④ | 16 | ④ | 24 | ② | 32 | ② | | |

 정답 제6회

| 1 | ② | 11 | ① | 21 | ④ | 31 | ② | 33 | ② |
|---|---|----|---|----|---|----|---|----|---|
| 2 | ④ | 12 | ③ | 22 | ① | 32 | ① | 34 | ④ |
| 3 | ③ | 13 | ① | 23 | ① | 33 | ② | 35 | ① |
| 4 | ② | 14 | ③ | 24 | ③ | 34 | ④ | 36 | ② |
| 5 | ① | 15 | ③ | 25 | ④ | 35 | ② | 37 | ① |
| 6 | ④ | 16 | ④ | 26 | ③ | 36 | ③ | 38 | ① |
| 7 | ③ | 17 | ④ | 27 | ③ | 37 | ③ | 39 | ④ |
| 8 | ③ | 18 | ① | 28 | ② | 38 | ③ | 40 | ④ |

정답 제7회

| 1 | ④ | 11 | ④ | 21 | ③ | 31 | ④ | 33 | ② |
|---|---|----|---|----|---|----|---|----|---|
| 2 | ③ | 12 | ② | 22 | ① | 32 | ② | 34 | ④ |
| 3 | ③ | 13 | ② | 23 | ② | 33 | ③ | 35 | ① |
| 4 | ③ | 14 | ① | 24 | ① | 34 | ④ | 36 | ② |
| 5 | ② | 15 | ③ | 25 | ② | 35 | ③ | 37 | ① |
| 6 | ② | 16 | ① | 26 | ② | 36 | ④ | 38 | ① |
| 7 | ③ | 17 | ④ | 27 | ② | 37 | ② | 39 | ④ |
| 8 | ③ | 18 | ③ | 28 | ② | 38 | ④ | 40 | ④ |

 정답 제8회

| 1 | ③ | 9 | ③ | 17 | ④ | 25 | ③ | 33 | ① |
|---|---|----|---|----|---|----|---|----|---|
| 2 | ③ | 10 | ② | 18 | ① | 26 | ④ | 34 | ④ |
| 3 | ② | 11 | ② | 19 | ③ | 27 | ④ | 35 | ② |
| 4 | ③ | 12 | ① | 20 | ① | 28 | ② | 36 | ④ |
| 5 | ① | 13 | ④ | 21 | ③ | 29 | ① | 37 | ④ |
| 6 | ④ | 14 | ③ | 22 | ③ | 30 | ② | 38 | ③ |
| 7 | ① | 15 | ④ | 23 | ① | 31 | ④ | 39 | ③ |
| 8 | ② | 16 | ④ | 24 | ① | 32 | ① | 40 | ① |

 정답 제9회

| 1 | ② | 9 | ④ | 17 | ② | 25 | ③ | 33 | ① |
|---|---|----|---|----|---|----|---|----|---|
| 2 | ④ | 10 | ④ | 18 | ④ | 26 | ① | 34 | ④ |
| 3 | ④ | 11 | ③ | 19 | ② | 27 | ① | 35 | ① |
| 4 | ① | 12 | ① | 20 | ④ | 28 | ② | 36 | ① |
| 5 | ② | 13 | ① | 21 | ④ | 29 | ④ | 37 | ③ |
| 6 | ④ | 14 | ④ | 22 | ④ | 30 | ④ | 38 | ① |
| 7 | ② | 15 | ② | 23 | ② | 31 | ④ | 39 | ① |
| 8 | ① | 16 | ③ | 24 | ① | 32 | ② | 40 | ② |

## 정답 제10회

| 1 | ② | 9 | ④ | 17 | ④ | 25 | ① | 33 | ③ |
|---|---|---|---|----|---|----|---|----|---|
| 2 | ① | 10 | ② | 18 | ① | 26 | ① | 34 | ④ |
| 3 | ① | 11 | ④ | 19 | ② | 27 | ③ | 35 | ③ |
| 4 | ④ | 12 | ② | 20 | ② | 28 | ① | 36 | ③ |
| 5 | ③ | 13 | ③ | 21 | ④ | 29 | ④ | 37 | ③ |
| 6 | ② | 14 | ④ | 22 | ① | 30 | ④ | 38 | ③ |
| 7 | ① | 15 | ② | 23 | ① | 31 | ① | 39 | ③ |
| 8 | ④ | 16 | ③ | 24 | ① | 32 | ① | 40 | ③ |

## 정답 제11회

| 1 | ③ | 9 | ③ | 17 | ③ | 25 | ③ | 33 | ② |
|---|---|---|---|----|---|----|---|----|---|
| 2 | ② | 10 | ③ | 18 | ② | 26 | ② | 34 | ③ |
| 3 | ② | 11 | ③ | 19 | ③ | 27 | ③ | 35 | ④ |
| 4 | ① | 12 | ① | 20 | ① | 28 | ④ | 36 | ③ |
| 5 | ④ | 13 | ④ | 21 | ② | 29 | ① | 37 | ② |
| 6 | ② | 14 | ② | 22 | ④ | 30 | ② | 38 | ① |
| 7 | ④ | 15 | ① | 23 | ④ | 31 | ④ | 39 | ④ |
| 8 | ③ | 16 | ③ | 24 | ② | 32 | ① | 40 | ④ |

## 정답 제12회

| 1 | ② | 9 | ① | 17 | ③ | 25 | ① | 33 | ④ |
|---|---|---|---|----|---|----|---|----|---|
| 2 | ① | 10 | ① | 18 | ② | 26 | ④ | 34 | ① |
| 3 | ④ | 11 | ② | 19 | ① | 27 | ③ | 35 | ④ |
| 4 | ④ | 12 | ② | 20 | ④ | 28 | ④ | 36 | ③ |
| 5 | ④ | 13 | ② | 21 | ① | 29 | ③ | 37 | ③ |
| 6 | ④ | 14 | ② | 22 | ① | 30 | ② | 38 | ④ |
| 7 | ④ | 15 | ② | 23 | ① | 31 | ③ | 39 | ② |
| 8 | ③ | 16 | ③ | 24 | ③ | 32 | ① | 40 | ④ |

 정답 제13회

| 1 | ② | 9 | ② | 17 | ① | 25 | ③ | 33 | ② |
|---|---|---|---|----|---|----|---|----|---|
| 2 | ② | 10 | ① | 18 | ③ | 26 | ④ | 34 | ③ |
| 3 | ④ | 11 | ② | 19 | ③ | 27 | ① | 35 | ② |
| 4 | ① | 12 | ② | 20 | ④ | 28 | ③ | 36 | ① |
| 5 | ② | 13 | ② | 21 | ④ | 29 | ③ | 37 | ④ |
| 6 | ② | 14 | ③ | 22 | ② | 30 | ② | 38 | ① |
| 7 | ④ | 15 | ② | 23 | ② | 31 | ① | 39 | ② |
| 8 | ③ | 16 | ④ | 24 | ② | 32 | ④ | 40 | ② |

# 학과 시험 유형

- 지자기센스, 자이로 센스, GPS에 역할
- 조종자 준수사항 위반 벌금
- 이류안개
- 거리테스트는 : 레인지모드 30 M에서
- 기단에
- 전이양력
- 유도항력
- 지면효과
- 토크작용
- 피치
- 뇌우
- 통제공역
- 목적 및 용어의 정의
- 신고를 요하지 아니하는 초경량 비행장치
- 초경량 비행장치의 신고 및 안전성인증
- 비행후 점검
- 기체의 각 부분과 조종면의 명칭 및 이해

- 추력부분의 명칭 및 이해
- 엔진고장 등 비정상상황 시 절차
- 베터리의 관리 및 점검
- 엔진의 종류 및 특성
- 조종자 및 역할
- 비행장치에 미치는 힘
- 공기흐름의 성질
- 날개 특성 및 형태
- 사용가능기체(GAS)
- 조종자 및 인적요소
- 대기의 구조 및 특성
- 착빙
- 기온과 기압
- 시정 및 시정장애현상
- 바람과 지형
- 뇌우 및 난기류 등

# 부록

## 초경량비행장치
### (무인멀티콥터)

# 1 초경량비행장치(무인멀티콥터)

## 총 칙

### 1.1 목적

이 표준서는 초경량비행장치 무인멀티콥터 조종자 실기시험의 신뢰와 객관성을 확보하고 초경량 비행장치 조종자의 지식 및 기량 등의 확인과정을 표준화하여 실기시험 응시자에 대한 공정한 평가를 목적으로 한다.

### 1.2 실기시험표준서 구성

초경량비행장치 무인멀티콥터 실기시험 표준서는 제1장 총칙, 제2장 실기영역, 제3장 실기영역세부기준으로 구성되어 있으며, 각 실기영역 및 실기영역 세부기준은 해당 영역의 과목들로 구성되어 있다.

### 1.3 일반사항

초경량비행장치 무인멀티콥터 실기시험위원은 실기시험을 시행할 때 이 표준서로 실시하여야 하며 응시자는 훈련을 할 때 이 표준서를 참조할 수 있다.

## 1.4 실기시험표준서 용어의 정의

① **"실기영역"**은 실제 비행할 때 행하여지는 유사한 비행기동들을 모아놓은 것이며, 비행 전 준비 부터 시작하여 비행종료 후의 순서로 이루어져 있다. 다만, 실기시험위원은 효율적이고 완벽한 시험이 이루어 질 수 있다면 그 순서를 재배열하여 실기시험을 수행할 수 있다.

② **"실기과목"**은 실기영역 내의 지식과 비행기동/절차 등을 말한다.

③ **"실기영역의 세부기준"**은 응시자가 실기과목을 수행하면서 그 능력을 만족스럽게 보여주어야 할 중요한 요소들을 열거 한 것으로, 다음과 같은 내용을 포함하고 있다.

- 응시자의 수행능력 확인이 반드시 요구되는 항목
- 실기과목이 수행되어야 하는 조건
- 응시자가 합격될 수 있는 최저 수준

④ **"안정된 접근"**이라 함은 최소한의 조종간 사용으로 초경량비행장치를 안전하게 착륙시킬 수 있 도록 접근하는 것을 말한다. 접근할 때 과도한 조종간의 사용은 부적절한 무인멀티콥터 조작으로 간주된다.

⑤ **"권고된"**이라 함은 초경량비행장치 제작사의 권고 사항을 말한다.

⑥ **"지정된"**이라 함은 실기시험위원에 의해서 지정된 것을 말한다.

## 1.5 실기시험표준서의 사용

① 실기시험위원은 시험영역과 과목의 진행에 있어서 본 표준서에 제시된 순서를 반드시 따를 필 요는 없으며 효율적이고 원활하게 실기시험을 진행하기 위하여 특정 과목을 결합하거나 진행 순서를 변경할 수 있다. 그러나 모든 과목에서 정하는 목적에 대한 평가는 실기시험 중 반드시 수행되어야 한다.

② 실기시험위원은 항공법규에 의한 초경량비행장치 조종자의 준수사항 등을 강조하여야 한다.

## 1.6 실기시험표준서의 적용

① 초경량비행장치 조종자증명시험에 합격하려고 하는 경우 이 실기시험표준서에 기술되어 있는 적절한 과목들을 완수하여야 한다.

② 실기시험위원들은 응시자들이 효율적이고 주어진 과목에 대하여 시범을 보일 수 있도록 지시 나 임무를 명확히 하여야 한다. 유사한 목표를 가진 임무가 시간 절약을 위해서 통합되어야 하

지만, 모든 임무의 목표는 실기시험 중 적절한 때에 시범보여져야 하며 평가되어야 한다.

③ 실기시험위원이 초경량비행장치 조종자가 안전하게 임무를 수행하는 능력을 정확하게 평가하는 것은 매우 중요한 것이다.

④ 실기시험위원의 판단하에 현재의 초경량비행장치나 장비로 특정 과목을 수행하기에 적합하지 않을 경우 그 과목은 구술평가로 대체할 수 있다.

## 1.7 초경량비행장치 무인멀티콥터 실기시험 응시요건

초경량비행장치 무인멀티콥터 실기시험 응시자는 다음 사항을 충족하여야 한다. 응시자가 시험을 신청할 때에 접수기관에서 이미 확인하였더라도 실기시험위원은 다음 사항을 확인할 의무를 지닌다.

① 최근 2년 이내에 학과시험에 합격하였을 것.

② 조종자증명에 한정될 비행장치로 비행교육을 받고 초경량비행장치 조종자증명 운영세칙에서 정한 비행경력을 충족할 것.

③ 시험당일 현재 유효한 항공신체검사증명서를 소지할 것.

## 1.8 실기시험 중 주의산만(Distraction)의 평가

사고의 대부분이 조종자의 업무부하가 높은 비행단계에서 조종자의 주의산만으로 인하여 발생된 것으로 보고되고 있다. 비행교육과 평가를 통하여 이러한 부분을 강화시키기 위하여 실기시험위원은 실기시험 중 실제로 주의가 산만한 환경을 만든다. 이를 통하여 시험위원은 주어진 환경 하에서 안전한 비행을 유지하고 조종실의 안과 밖을 확인하는 응시자의 주의분배 능력을 평가할 수 있는 기회를 갖게 된다.

## 1.9 실기시험위원의 책임

① 실기시험위원은 관계 법규에서 규정한 비행계획 승인 등 적법한 절차를 따르지 않았거나 초경량비행장치의 안전성 인증을 받지 않은 경우(관련규정에 따른 안전성인증 면제 대상 제외) 실기시험을 실시해서는 안 된다.

② 실기시험위원은 실기평가가 이루어지는 동안 응시자의 지식과 기술이 표준서에 제시된 각 과목의 목적과 기준을 충족하였는지의 여부를 판단할 책임이 있다.

③ 실기시험에 있어서 "지식"과 "기량" 부분에 대한 뚜렷한 구분이 없거나 안전을 저해하는 경우 구술시험으로 진행할 수 있다.

④ 실기시험의 비행부분을 진행하는 동안 안전요소와 관련된 응시자의 지식을 측정하기 위하여 구술시험을 효과적으로 진행하여야 한다.

⑤ 실기시험위원은 응시자가 정상적으로 임무를 수행하는 과정을 방해하여서는 안 된다.

⑥ 실기시험을 진행하는 동안 시험위원은 단순하고 기계적인 능력의 평가보다는 응시자의 능력이 최대로 발휘될 수 있도록 기회를 제공하여야 한다.


## 1.10 실기시험 합격수준

실기시험위원은 응시자가 다음 조건을 충족할 경우에 합격판정을 내려야 한다.

① 본 표준서에서 정한 기준 내에서 실기영역을 수행해야 한다.
② 각 항목을 수행함에 있어 숙달된 비행장치 조작을 보여주어야 한다.
③ 본 표준서의 기준을 만족하는 능숙한 기술을 보여 주어야 한다.
④ 올바른 판단을 보여 주어야 한다.


## 1.11 실기시험 불합격의 경우

응시자가 수행한 어떠한 항목이 표준서의 기준을 만족하지 못하였다고 실기시험위원이 판단하였다면 그 항목은 통과하지 못한 것이며 실기시험은 불합격 처리가 된다. 이러한 경우 실기시험위원이나 응시자는 언제든지 실기시험을 중지할 수 있다. 다만 응시자의 요청에 의하여 시험은 계속될 수 있으나 불합격 처리된다.

실기시험 불합격에 해당하는 대표적인 항목들은 다음과 같다.
① 응시자가 비행안전을 유지하지 못하여 시험위원이 개입한 경우.
② 비행기동을 하기 전에 공역확인을 위한 공중경계를 간과한 경우.
③ 실기영역의 세부내용에서 규정한 조작의 최대 허용한계를 지속적으로 벗어난 경우.
④ 허용한계를 벗어났을 때 즉각적인 수정 조작을 취하지 못한 경우 등이다.
⑤ 실기시험시 조종자가 과도하게 비행자세 및 조종위치를 변경한 경우

## 2.1 구술 관련 사항

### 2.1.1 기체에 관련한 사항

① 비행장치 종류에 관한 사항
② 비행허가에 관한 사항
③ 안전관리에 관한 사항
④ 비행규정에 관한 사항
⑤ 정비규정에 관한 사항

### 2.1.2 조종자에 관련한 사항

① 신체조건에 관한 사항
② 학과합격에 관한 사항
③ 비행경력에 관한 사항
④ 비행규정에 관한 사항
⑤비행허가에 관한 사항

### 2.1.3 공역 및 비행장에 관련한 사항

① 기상정보에 관한 사항
② 이·착륙장 및 주변 환경에 관한 사항

### 2.1.4 일반지식 및 비상절차

① 비행규칙에 관한 사항
② 비행계획에 관한 사항
③ 비상절차에 관한 사항

### 2.1.5 이륙 중 엔진 고장 및 이륙 포기

① 이륙 중 엔진 고장에 관한 사항

② 이륙 포기에 관한 사항

## 2.2 실기 관련 사항

### 2.2.1 비행 전 절차

① 비행 전 점검
② 기체의 시동
③ 이륙 전 점검

### 2.2.2 이륙 및 공중조작

**1) 이륙비행**

② 공중 정지비행(호버링)
③ 직진 및 후진 수평비행
④ 비행규정에 관한 사항
⑤ 삼각비행
⑥ 원주비행(러더턴)
⑦ 비상조작

### 2.2.3 착륙조작

① 정상접근 및 착륙
② 측풍접근 및 착륙

### 2.2.4 비행 후 점검

① 비행 후 점검
② 비행기록

## 2.3 종합능력 관련사항

① 계획성
② 판단력
③ 규칙의 준수
④ 조작의 원활성
⑤ 안전거리 유지

○ 실비행시험

| 영 역 | 항 목 | 평 가 기 준 |
|---|---|---|
| 비행 전 절차 | 비행 전 점검 | 제작사에서 제공된 점검리스트에 따라 점검할 수 있을것 |
| | 기체의 시동 | 정상적으로 비행장치의 시동을 걸수 있을 것 |
| | 이륙전 점검 | 이륙전 점검을 정상적으로 수행할수 있을 것<br>*이륙전 점검이 필요한 비행장치만 해당 |
| 이륙 및 공중조작 | 이륙비행 | 가. 이륙위치에서 이륙하여 스키드 기준 고도(3~5m) 까지 상승 후 호버링<br>*** 기준고도 설정 후 모든 기동은 설정한 고도와 동일하게 유지**<br>나. 호버링중 에일러론, 엘리베이터, 러더 이상유무 점검<br>다. 세부기준<br>·이륙시 기체쏠림이 없을 것<br>·수직상승할 것<br>·상승속도가 너무 느리거나 빠르지 않고 일정할 것<br>·기수방향을 유지할 것<br>·측풍시 기체의 자세 및 위치를 유지할 수 있을 것 |
| | 공중 정지비행 (호버링) | 가. 호버링 위치(A지점)로 이동하여 기준고도에서 5초이상 호버링<br>나. 기수를 좌측(우측)으로 90도 돌려 5초이상 호버링<br>다. 기수를 우측(좌측)으로 180도 돌려 5초이상 호버링<br>라. 기수가 전방을 향하도록 좌측(우측)으로 90도 돌려 호버링<br>마. 세부기준<br>·고도변화 없을 것(상하 0.5m까지 인정)<br>·기수전방, 좌측, 우측 호버링시 위치이탈 없을 것<br>(무인멀티콥터 중심축 기준 반경 1m까지 인정) |
| | 직진 및 후진 수평비행 | 가. A지점에서 E지점까지 50m 전진 후 3~5초 동안 호버링<br>나. A지점까지 후진비행<br>다. 세부기준<br>·고도변화 없을 것(상하 0.5m까지 인정)<br>·경로이탈 없을 것<br>(무인멀티콥터 중심축 기준 좌우 1m까지 인정)<br>·속도를 일정하게 유지할 것(지나치게 빠르거나 느린속도, 기동중 정지 등이 없을 것)<br>·E지점을 초과하지 않을 것 (5m까지 인정)<br>·기수 방향이 전방을 유지할 것 |

| 영 역 | 항 목 | 평 가 기 준 |
|---|---|---|
| **착륙조작** | 정상접근 및 착륙 (자세모드) | 가. 비상착륙장에서 이륙하여 기준고도로 상승 후 5초간 호버링<br>나. 최초 이륙지점까지 수평 비행 후 착륙<br>다. 세부기준<br>·기수 방향 유지<br>·수평비행시 고도변화 없을 것 (상하 0.5m까지 인정)<br>·경로이탈이 없을 것 (무인멀티콥터 중심축 기준 1m까지 인정)<br>·속도를 일정하게 유지할 것<br> (지나치게 빠르거나 느린속도, 기동중 정지 등이 없을 것)<br>·착륙직전 위치 수정 1회 이내 가능<br>·무인멀티콥터 중심축을 기준으로 착륙장의 이탈이 없을 것 |
| | 측풍접근 및 착륙 | 가. 기준고도까지 이륙 후 기수방향 변화 없이 D지점(B지점)으로 직선경로(최단경로)로 이동<br>나. 기수를 바람방향(D지점 우측, B지점 좌측을 가정)으로 90도 돌려 5초간 호버링<br>다. 기수방향의 변화 없이 이륙지점까지 직선경로(최단경로)로 수평 비행하여 5초간 호버링후 착륙<br>라. 세부 기준<br>·수평비행시 고도변화 없을 것 (상하 0.5m까지 인정)<br>·경로이탈이 없을 것 (무인멀티콥터 중심축 기준 1m까지 인정)<br>·속도를 일정하게 유지할 것<br> (지나치게 빠르거나 느린속도, 기동중 정지 등이 없을 것)<br>·착륙직전 위치 수정 1회 이내 가능<br>·무인멀티콥터 중심축을 기준으로 착륙장의 이탈이 없을 것 |
| **비행후 점검** | 비행 후 점검 | 착륙 후 점검 절차 및 항목에 따라 점검 실시 |
| | 비행기록 | 로그북 등에 비행 기록을 정확하게 기재 할 수 있을것 |
| **종합능력** | 계획성 | 실기시험 항목 전체에 대한 종합적인 기량을 평가 |
| | 판단력 | |
| | 규칙의 준수 | |
| | 조작의 원활성 | |
| | 안전거리 유지 | |

참점

## 무인헬리콥터 및 무인멀티콥터 실비행장 표준 규격

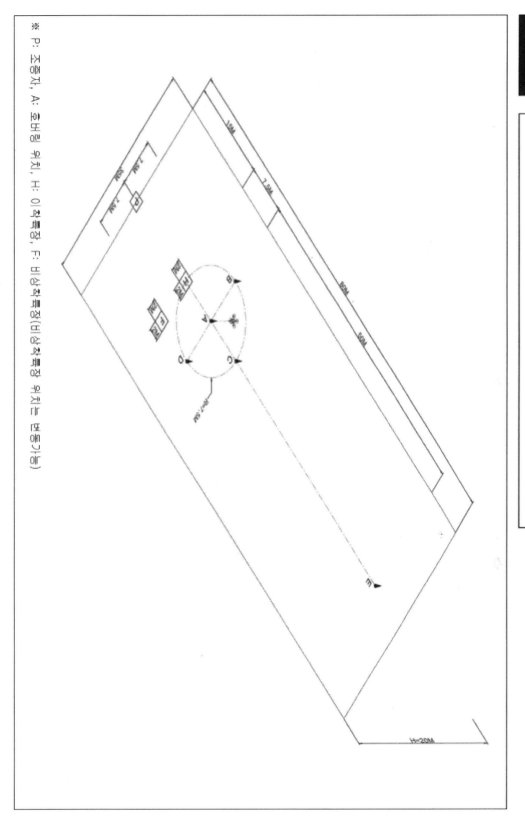

※ P: 조종자, A: 훈버링 위치, H: 이착륙장, F: 비상착륙장(비상착륙장 위치는 변동가능)

# 무인멀티콥터(드론) 국가자격증 이론&필기 수험서

1판 1쇄 인쇄 2018년 11월 05일
1판 1쇄 발행 2018년 11월 15일
저     자 송태섭, 임진택, 이우람, 오웅진
발 행 인 이범만
발 행 처 **21세기사** (제406-00015호)
경기도 파주시 산남로 72-16 (10882)
Tel. 031-942-7861     Fax. 031-942-7864
E-mail : 21cbook@naver.com
Home-page : www.21cbook.co.kr
ISBN 978-89-8468-816-2

**정가 28,000원**